液压与气动技术

（第 4 版）

陈桂芳　主编

北京理工大学出版社
BEIJING INSTITUTE OF TECHNOLOGY PRESS

内容简介

本书是根据高等教育的要求而编写的。在编写理念上力求基础理论以应用为目的，以必需、够用为度，贯彻理论联系实际的原则，注重基本概念和原理的阐述，突出理论知识的应用，加强针对性和应用性，注重引入新技术。

全书共10章，主要内容包括：液压传动基础、常用液压元件的结构原理、液压基本回路、典型液压系统实例分析、液压系统的设计及气压传动等。每章后附有思考题与习题，便于学生巩固提高。全书配有大量的工业应用图例，有利于提高学生分析问题和解决问题的能力。

本书可作为高等院校机电一体化、模具、数控、自动化等专业的教材，也可作为相关专业人员和相关技术人员的参考用书。

图书在版编目（CIP）数据

液压与气动技术 / 陈桂芳主编. -- 4版. -- 北京 ：北京理工大学出版社，2018.9（2024.7重印）

ISBN 978-7-5682-6277-4

Ⅰ. ①液… Ⅱ. ①陈… Ⅲ. ①液压传动②气压传动 Ⅳ. ①TH137②TH138

中国版本图书馆CIP数据核字（2018）第204140号

责任编辑：张旭莉　　**文案编辑**：张旭莉
责任校对：周瑞红　　**责任印制**：李志强

出版发行 / 北京理工大学出版社有限责任公司
社　　址 / 北京市丰台区四合庄路6号
邮　　编 / 100070
电　　话 / （010）68914026（教材售后服务热线）
（010）68944437（课件资源服务热线）
网　　址 / http://www.bitpress.com.cn

版 印 次 / 2024年7月第4版第6次印刷
印　　刷 / 廊坊市印艺阁数字科技有限公司
开　　本 / 787 mm×1092 mm　1/16
印　　张 / 14.5
字　　数 / 338千字
定　　价 / 39.80元

丛书编审委员会

前　言

伴随着科学技术的迅猛发展和我国改革开放的不断深入，我国经济建设的水平也迅速提高，人们的思想观念也发生了巨大的变化。当前，高等职业教育已发展成为一种具有巨大影响力的新的教学形式，本教材就是为了适应这种需要而编写的。

本书是高职高专技术教育机电一体化、模具、数控、自动化等专业的教学用书，是作者结合高职高专教学改革的要求及现代工业自动化飞速发展的需求，经过多年的教学、科研及生产的实践，参考最新技术资料编写的，力求满足广大读者的需要。

本书以液压传动技术为主线，阐明了液压与气动技术的基本原理，着重培养学生分析、设计液压与气动基本回路的能力，安装、调试、使用、维护液压与气动系统的能力，诊断和排除液压与气动系统故障的能力。在编写的过程中充分考虑高职高专教育的职业特色和高职学生的学习特点，在教学内容的设计上，注重理论联系实际，在内容的取舍上以必需、够用为度，力求做到少而精。

本书共分 11 章，主要内容包括液压传动基础、常用液压元件的结构原理、液压基本回路、典型液压系统实例分析、液压系统的设计和气压传动等。

本书由三门峡职业技术学院陈桂芳教授任主编，三门峡职业技术学院王凤娟、三门峡豫西机床有限公司辛百灵任副主编，三门峡合鑫机床有限公司王素琴、三门峡豫西机床有限公司张宇、顾卫娟参编。具体编写分工如下：陈桂芳负责第 3 章、第 5 章；王凤娟负责第 1 章、第 2 章、第 4 章、第 10 章；辛百灵负责第 6 章、第 11 章；王素琴负责第 8 章；张宇负责第 7 章；顾卫娟负责第 9 章及附录。

由于编者水平有限，书中存在的错误和不妥之处敬请读者批评指正。

编　者

前　言

AR 内容资源获取说明

——→扫描二维码即可获取本书 AR 内容资源！

Step1：扫描下方二维码，下载安装“4D 书城”APP；

Step2：打开“4D 书城”APP，点击菜单栏中间的扫码图标，再次扫描二维码下载本书；

Step3：在“书架”上找到本书并打开，即可获取本书 AR 内容资源！

目　　录

第1章 液压传动概述

1.1 液压传动的定义和发展概况

1.1.1 液压传动的定义

液压传动的应用

一部完整的机器由原动机部分、传动机构及控制部分、工作机部分（含辅助装置）组成。原动机包括电动机、内燃机等。工作机即完成该机器工作任务的直接工作部分，如剪床的剪刀、车床的刀架等。由于原动机的功率和转速变化范围有限，为了适应工作机的工作力和工作速度的变化范围以及性能的要求，在原动机和工作机之间设置了传动机构，其作用是把原动机输出功率经过变换后传递给工作机。一切机械都有其相应的传动机构，借助于它达到对动力的传递和控制的目的。

传动机构通常分为机械传动、电气传动和流体传动机构。流体传动是以流体为工作介质进行能量转换、传递和控制的传动。它包括液压传动、液力传动和气压传动。

液压传动和液力传动均是以液体作为工作介质进行能量传递的传动方式。液压传动主要是利用液体的压力能来传递能量，而液力传动则主要是利用液体的动能来传递能量。

1.1.2 液压传动的发展概况

液压传动是一门新的学科，虽然从 17 世纪中叶帕斯卡提出静压传动原理，18 世纪末英国制成世界上第一台水压机算起，液压传动技术已有二三百年的历史，但直到 20 世纪 30 年代它才较普遍地用于起重机、机床及工程机械。在第二次世界大战期间，由于战争需要，出现了由响应迅速、精度高的液压控制机构所装备的各种军事武器。第二次世界大战结束后，液压技术迅速转向民用工业，液压技术不断应用于各种自动机及自动生产线。

20世纪60年代以后，液压技术随着原子能、空间技术、计算机技术的发展而迅速发展。因此，液压传动真正的发展也只是近四五十年的事。当前液压技术正向迅速、高压、大功率、高效、低噪声、经久耐用、高度集成化的方向发展。同时，新型液压元件和液压系统的计算机辅助设计（CAD）、计算机辅助测试（CAT）、计算机直接控制（CDC）、机电一体化技术、可靠性技术等方面也是当前液压传动及控制技术发展和研究的方向。

我国的液压技术最初应用于机床和锻压设备，后来又用于拖拉机和工程机械上。我国在从国外引进一些液压元件、生产技术的同时，也进行自行研制和设计，液压元件现已形成了系列，并在各种机械设备上得到了广泛的使用。

1.2 液压传动的工作原理及系统组成

1.2.1 液压传动的工作原理

磨床液压系统

图1-1为磨床工作台液压系统工作原理图。液压泵3在电动机（图中未画出）的带动下旋转，油液由油箱1经过滤器2被吸入液压泵3，由液压泵输入的压力油通过节流阀5、换向阀6进入液压缸7的左腔（或右腔），液压缸的右腔（或左腔）的油液则通过换向阀后流回油箱，工作台9随液压缸中的活塞8实现向右（或左）腔移动，当换向阀处于中位时，工作台停止运动。工作台实现往复运动时，其速度是通过节流阀5调节。当节流阀开大时，进入液压缸的油量增多，工作台的移动速度增大；当节流阀关小时，进入液压缸的油量减小，工作台的移动速度减小。克服负载所需的工作压力则由溢流阀4控制。为了克服移动工作台时所受到的各种阻力，液压缸必然产生一个足够大的推力，这个推力是由液压缸中的油液压力所产生的。要克服的阻力越大，缸中的油液压力越高；反之压力就越低。这种现象说明了液压传动的一个基本原理——压力决定于负载。图1-1中（a）、（b）、（c）分别表示了换向阀处于三个工作位置，阀口P、T、A、B的接通情况。

1.2.2 液压传动的系统组成

根据磨床工作台液压系统工作原理可知，液压传动是以液体作为工作介质来进行工作的。一个完整的液压传动系统由以下几部分组成：

（1）动力元件：是将原动机所输出的机械能转换成液体压力能的元件。其作用是向液压系统提供压力油，最常见的形式为各种液压泵。液压泵是液压系统的心脏。

（2）执行元件：是将液体的压力能转换成机械能以驱动工作机构的元件。这类元件包括各类液压缸和液压马达。

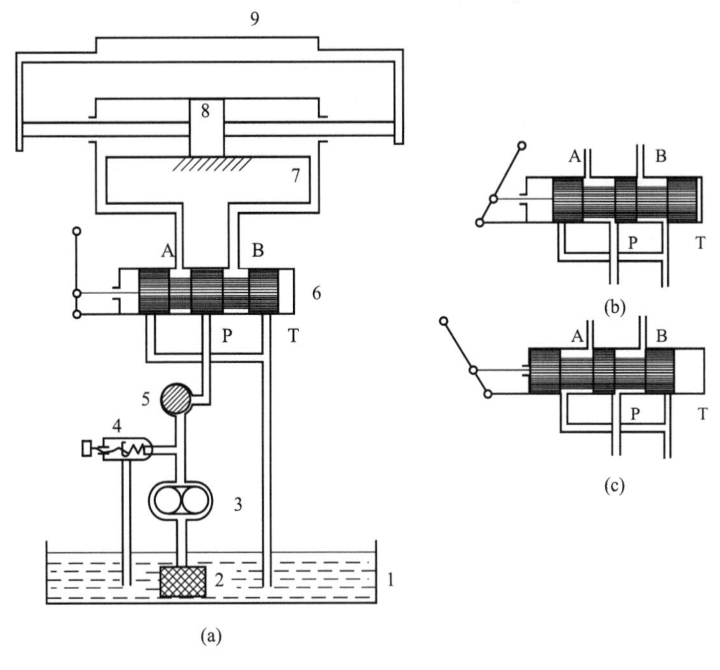

图 1-1 磨床工作台液压传动系统工作原理图

(a) 换向阀处于中位；(b) 换向阀处于右腔；(c) 换向阀处于左腔

1—油箱；2—过滤器；3—液压泵；4—溢流阀；5—节流阀；6—换向阀；7—液压缸；8—活塞；9—工作台

液压千斤顶工作原理

液压千斤顶工作过程

(3) 控制元件：是用来控制或调节液压系统中油液的压力、流量或方向，以保证执行装置完成预期工作的元件。这类元件主要包括各种液压阀，如溢流阀、节流阀以及换向阀等。

(4) 辅助元件：将前面三部分连接在一起，组成一个系统，起储油、过滤、测量和密封等作用。例如管路和接头、油箱、过滤器、蓄能器、密封件和控制仪表等，是液压系统不可缺少的组成部分。

1.3 液压系统的图形符号

图 1-1 所示的液压系统是一种半结构式的工作原理图，它有直观性强、容易理解的优点，当液压系统发生故障时，根据原理图检查十分方便，但图形比较复杂，绘制比较麻烦。为便于阅读、分析、设计和绘制液压系统图，工程实际中，国内外都采用液压元件的图形符号来表示。按照规定，这些图形符号只表示元件的功能，不表示元件的结构和参数，并以元件的静止状态或零位状态来表示。若液压元件无法用图形符号表述时，仍允许采用半结构原理图表示。我国制订了液压与气动元（辅）件图形符号（GB/T 786.1—1993），其中最常用

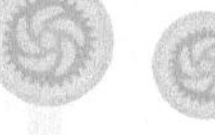

的部分可参见附录。图 1-2 为用图形符号表示的磨床工作台液压传动系统工作原理图。

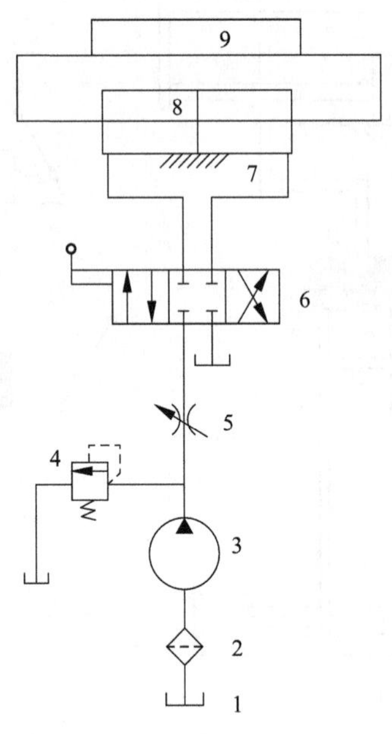

图 1-2　用图形符号表示的磨床工作台液压传动系统工作原理图

1—油箱；2—过滤器；3—液压泵；4—溢流阀；5—节流阀；6—换向阀；7—液压缸；8—活塞；9—工作台

1.4　液压传动的特点

1.4.1　液压传动的主要优点

液压传动之所以能得到广泛的应用，是由于它与机械传动、电气传动相比具有以下的主要优点：

（1）由于液压传动是油管连接，所以借助油管的连接可以方便灵活地布置传动机构，这是比机械传动优越的地方。例如，在井下抽取石油的泵可采用液压传动来驱动，以克服长驱动轴效率低的缺点。由于液压缸的推力很大，又加之极易布置，在挖掘机等重型工程机械上，已基本取代了老式的机械传动，不仅操作方便，而且外形美观大方。

（2）液压传动装置的质量轻、结构紧凑、惯性小。例如，相同功率液压马达的体积为电动机的 12%～13%。液压泵和液压马达单位功率的重量指标，目前是发电机和电动机的 $\frac{1}{10}$，液压泵和液压马达可小至 0.002 5 N/W（牛/瓦），发电机和电动机则约为 0.03 N/W。

（3）可在大范围内实现无级调速。借助阀或变量泵、变量马达，可以实现无级调速，调速范围可达1∶2 000，并可在液压装置运行的过程中进行调速。

（4）传递运动均匀平稳，负载变化时速度较稳定。正因为此特点，金属切削机床中的磨床传动现在几乎都采用液压传动。

（5）液压装置易于实现过载保护——借助于设置溢流阀等，同时液压元件能自行润滑，因此使用寿命长。

（6）液压传动容易实现自动化——借助于各种控制阀，特别是采用液压控制和电气控制结合使用时，能很容易地实现复杂的自动工作循环，而且可以实现遥控。

（7）液压元件已实现了标准化、系列化和通用化，便于设计、制造和推广使用。

1.4.2　液压传动主要缺点

（1）液压系统中的漏油等因素，影响运动的平稳性和正确性，使得液压传动不能保证严格的传动比。

（2）液压传动对油温的变化比较敏感，温度变化时，液体黏性变化，引起运动特性的变化，使得工作的稳定性受到影响，所以它不宜在温度变化很大的环境条件下工作。

（3）为了减少泄漏，以及为了满足某些性能上的要求，液压元件的配合件制造精度要求较高，加工工艺较复杂。

（4）液压传动要求有单独的能源，不像电源那样使用方便。

（5）液压系统发生故障不易检查和排除。

总之，液压传动的优点是主要的，随着设计制造和使用水平的不断提高，有些缺点正在逐步加以克服。液压传动有着广泛的发展前景。

思考题与习题

1-1　何谓液压传动？液压传动的基本原理是什么？

1-2　液压传动系统若能正常工作，必须由哪几部分组成？各组成部分的作用是什么？

1-3　与其他传动方式相比较，液压传动有哪些主要特点？

第2章 液压流体力学基础

2.1 液压油的主要性质及选用

2.1.1 液压油的主要性质

液压油是液压传动系统中的传动介质，而且还对液压装置的机构、零件起着润滑、冷却和防锈作用。液压传动系统的压力、温度和流速在很大的范围内变化，因此液压油的质量优劣直接影响液压系统的工作性能。所以，合理的选用液压油是很重要的。

1. 液体的可压缩性

当液体受压力作用体积减小的特性称为液体的可压缩性。在常温下，一般认为油液是不可压缩的，但当液压油中混有空气时，其抗压缩能力会显著降低。所以，应尽量减少油液中混入的气体及其他易挥发物质的含量，以减少对液压系统的不良影响。

2. 液体的黏性

液体在外力作用下流动时，由于液体分子间的内聚力而产生一种阻碍液体分子之间进行相对运动的内摩擦力。液体的这种产生内摩擦力的性质称为液体的黏性。

由于液体具有黏性，当流体发生剪切变形时，流体内就产生阻滞变形的内摩擦力，由此可见，黏性表征了流体抵抗剪切变形的能力。处于相对静止状态的流体中不存在剪切变形，因而也不存在变形的抵抗，只有当运动流体流层间发生相对运动时，流体对剪切变形的抵抗，也就是黏性才表现出来。黏性所起的作用为阻滞流体内部的相互滑动，在任何情况下它都只能延缓滑动的过程而不能消除这种滑动。

黏性的大小可用黏度来衡量。黏度是衡量流体黏性的主要指标，是影响流动液体的重要物理性质。

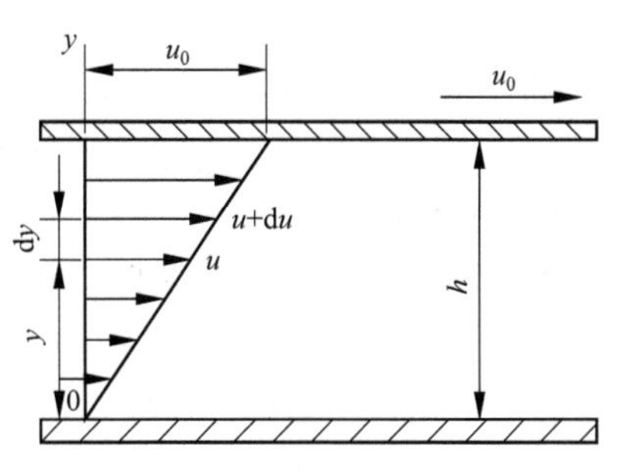

图 2-1　液体的黏性示意图

当液体流动时，由于液体与固体壁面的附着力及流体本身的黏性使流体内各处的速度大小不等，以流体沿如图 2-1 所示的平行平板间的流动情况为例，设上平板以速度 u_0 向右运动，下平板固定不动。紧贴于上平板上的流体黏附于上平板上，其速度与上平板相同；紧贴于下平板上的流体黏附于下平板，其速度为零；中间流体的速度按线性分布。我们把这种流动看成是许多无限薄的流体层在运动，当运动较快的流体层在运动较慢的流体层上滑过时，两层间由于黏性就产生内摩擦力的作用。根据实际测定的数据所知，流体层间的内摩擦力 F 与流体层的接触面积 A 及流体层的相对流速 $\mathrm{d}u$ 成正比，而与此二流体层间的距离 $\mathrm{d}y$ 成反比，即

$$F=\mu A\frac{\mathrm{d}u}{\mathrm{d}y} \tag{2-1}$$

以 $\tau=F/A$ 表示切应力，则有

$$\tau=\frac{F}{A}=\mu\frac{\mathrm{d}u}{\mathrm{d}y} \tag{2-2}$$

式中　μ——衡量流体黏性的比例系数，称为绝对黏度或动力黏度；

$\mathrm{d}u/\mathrm{d}y$——流体层间速度差异的程度，称为速度梯度。

上式是液体内摩擦定律的数学表达式。当速度梯度变化时，μ 为不变常数的流体称为牛顿流体，μ 为变数的流体称为非牛顿流体。除高黏性或含有大量特种添加剂的液体外，一般的液压用流体均可看作是牛顿流体。

流体的黏度通常有三种不同的测试单位。

1）绝对黏度 μ

绝对黏度又称动力黏度，它直接表示流体的黏性即内摩擦力的大小。动力黏度 μ 在物理意义上讲，是当速度梯度 $\mathrm{d}u/\mathrm{d}y = 1$ 时，单位面积上的内摩擦力的大小。动力黏度的国际（SI）计量单位为牛顿·秒/米^2，符号为 $\mathrm{N\cdot s/m^2}$，或为帕·秒，符号为 $\mathrm{Pa\cdot s}$。其计算公式为

$$\mu=\frac{F}{A\frac{\mathrm{d}u}{\mathrm{d}y}} \tag{2-3}$$

2）运动黏度 ν

运动黏度是绝对黏度 μ 与密度 ρ 的比值，即

$$\nu=\frac{\mu}{\rho} \tag{2-4}$$

式中　ν——液体的运动黏度，$\mathrm{m^2/s}$；

ρ——液体的密度，$\mathrm{kg/m^3}$。

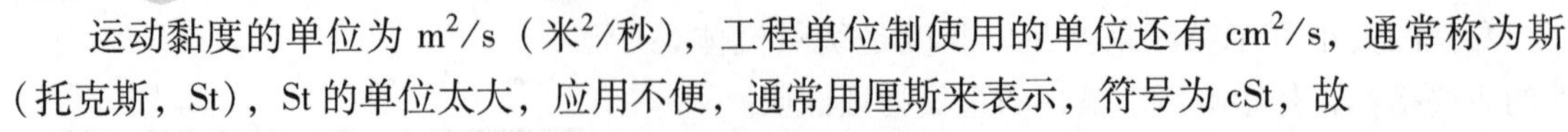

运动黏度的单位为 m^2/s（米^2/秒），工程单位制使用的单位还有 cm^2/s，通常称为斯（托克斯，St），St 的单位太大，应用不便，通常用厘斯来表示，符号为 cSt，故

$$1cSt = 10^{-2}St = 10^{-6}\ m^2/s。$$

3）相对黏度

相对黏度是以相对于蒸馏水的黏性的大小来表示该液体的黏性的。相对黏度又称条件黏度。各国采用的相对黏度单位有所不同，有的用赛氏黏度，有的用雷氏黏度。

我国采用恩氏黏度。恩氏黏度的测定方法如下：测定 200 mL 某一温度的被测液体在自重作用下流过直径 2.8 mm 小孔所需的时间 t_1，然后测出同体积的蒸馏水在 20 ℃时流过同一孔所需时间 t_0（t_0 = 50～52 s），t_1 与 t_0 的比值即为流体的恩氏黏度值。恩氏黏度用符号 °E 表示。被测液体温度 t ℃时的恩氏黏度用符号 $°E_t$ 表示：

$$°E_t = \frac{t_1}{t_0} \tag{2-5}$$

工业上一般以 20 ℃、50 ℃和 100 ℃作为测定恩氏黏度的标准温度，并相应地以符号 $°E_{20}$、$°E_{50}$和$°E_{100}$来表示。

知道恩氏黏度以后，利用下列的经验公式，将恩氏黏度换算成运动黏度，其换算关系式为

$$\nu = \left(7.31°E_t - \frac{6.31}{°E_t}\right) \times 10^{-6} m^2/s \tag{2-6}$$

3. 黏温特性

油液的黏度随温度变化的性质称为黏温特性。液压油黏度对温度的变化是十分敏感的，当温度升高时，其分子之间的内聚力减小，黏度就随之降低。不同种类的液压油，它的黏度随温度变化的规律也不同。油液黏度的变化直接影响到液压系统的性能和泄漏量，因此希望油液黏度随温度的变化越小越好。

2.1.2　液压油的选用

1. 液压油的使用要求

液压传动系统用的液压油一般应满足的要求有：对人体无害且成本低廉；黏度适当，黏温特性好；润滑性能好，防锈能力强；质地较为纯净；对金属和密封件的相容性好；抗泡沫性和抗乳化性好；体积膨胀系数较小；燃点高，凝点低等；氧化稳定性好，不变质等。针对不同的液压系统，则需根据具体情况突出某些方面的使用性能要求。

2. 选用

正确而合理地选用液压油，乃是保证液压设备高效率正常运转的前提。

液压油可根据液压元件生产厂样本和说明书所推荐的品种号数来选用，或者根据液压系统的工作压力、工作温度、液压元件种类及经济性等因素全面考虑，一般是先确定适用的黏度范围，再选择合适的液压油品种。同时还要考虑液压系统工作条件的特殊要求，如在寒冷地区工作的系统则要求油的黏度指数高、低温流动性好、凝固点低；伺服系统则要求油质纯、压缩性小；高压系统则要求油液抗磨性好。在选用液压油时，黏度是一个重要的参数。黏度的高低将影响运动部件的润滑、缝隙的泄漏以及流动时的压力损失、系统的发热温升

等。所以，在环境温度较高，工作压力高或运动速度较低时，为减少泄漏，应选用黏度较高的液压油，否则相反。

表2-1是常见液压油系列品种。液压油牌号中的数字表示在40 ℃下油液运动黏度的平均值（单位为cSt）。原名栏内为过去的牌号，其中的数字表示在50 ℃时油液运动黏度的平均值（单位为cSt）。

但是总的来说，应尽量选用较好的液压油，虽然初始成本要高些，但由于优质油使用寿命长，对元件损害小，所以从整个使用周期看，其经济性要比选用劣质油好些。

表2-1　常见液压油系列品种

种类	牌号		原名	用途
	油名	代号		
普通液压油	N_{32}号液压油 $N_{68}G$号液压油	YA-N_{32} YA-$N_{68}G$	20号精密机床液压油 40号液压—导轨油	用于环境温度0 ℃～45 ℃工作的各类液压泵的中、低压液压系统
抗磨液压油	N_{32}号抗磨液压油 N_{150}号抗磨液压油 $N_{168}K$号抗磨液压油	YA-N_{32} YA-N_{150} YA-$N_{168}K$	20号抗磨液压油 80号抗磨液压油 40号抗磨液压油	用于环境温度-10 ℃～40 ℃工作的高压柱塞泵或其他泵的中、高压系统
低温液压油	N_{15}号低温液压油 $N_{46}D$号低温液压油	YA-N_{15} YA-$N_{46}D$	低凝液压油 工程液压油	用于环境温度-20 ℃至高于40 ℃工作的各类高压油泵系统
高黏度指数液压油	$N_{32}H$号高黏度指数液压油	YD-$N_{32}H$		用于温度变化不大且对黏温性能要求更高的液压系统

2.2　流体静力学基础

液压传动是以液体作为工作介质进行能量传递的，因此要研究液体处于相对平衡状态下的力学规律及其实际应用。所谓相对平衡是指液体内部各质点间没有相对运动，至于液体本身完全可以和容器一起如同刚体一样做各种运动。因此，液体在相对平衡状态下不呈现黏性，不存在切应力，只有法向的压应力，即静压力。本节主要讨论液体的平衡规律、压强分布规律以及液体对物体壁面的作用力。

2.2.1　液体的压力及其性质

作用在液体上的力有两种类型：一种是质量力，另一种是表面力。

质量力作用在液体所有质点上，它的大小与质量成正比。属于这种力的有重力、惯性力等。单位质量液体受到的质量力称为单位质量力，只受重力作用的流体单位质量力在数值上等于重力加速度。

表面力作用于所研究液体的表面上，如法向力、切向力。表面力可以是其他物体（例如活塞、大气层）作用在液体上的力，也可以是一部分液体作用在另一部分液体上的力。对于液体整体来说，其他物体作用在液体上的力属于外力，而液体间作用力属于内力。由于理想液体质点间的内聚力很小，液体不能抵抗拉力或切向力，即使是微小的拉力或切向力都会使液体发生流动。因为静止液体不存在质点间的相对运动，也就不存在拉力或切向力，所以静止液体只能承受压力。

所谓静压力是指静止液体单位面积上所受的法向力，用 p 表示。

液体内某质点处的法向力 ΔF 对其微小面积 ΔA 比值的极限称为静压力 p，即

$$p=\lim_{\Delta A\to 0}\frac{\Delta F}{\Delta A} \tag{2-7}$$

若法向力均匀地作用在面积 A 上，则压力表示为

$$p=F/A \tag{2-8}$$

式中　A——液体有效作用面积；

　　F——液体有效作用面积 A 上所受的法向力。

静压力具有下述两个重要特征：

（1）液体静压力垂直于作用面，其方向与该面的法线方向一致。

（2）静止液体中，任何一点所受到的各方向的静压力都相等。

2.2.2　液体静力学基本方程及其物理意义

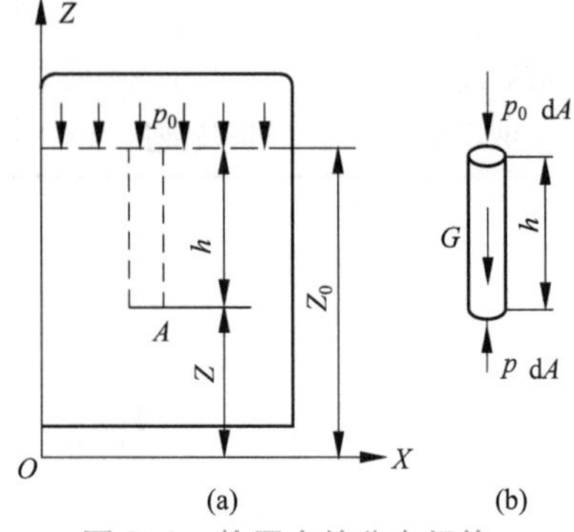

图 2-2　静压力的分布规律

（a）装满液体的容器；（b）液柱分离体

静止液体内部受力情况可用图 2-2 来说明。设容器中装满液体，在任意一点 A 处取一微小面积 dA，该点距液面深度为 h，距 OX 轴的距离为 Z，容器液平面距 OX 轴的距离为 Z_0。为了求得任意一点 A 的压力，可取 $dA\cdot h$ 这个液柱为分离体［见图 2-2（b）］。根据静压力的特性，作用于这个液柱上的力在各方向都呈平衡，现求各作用力在 Z 方向的平衡方程。微小液柱顶面上的作用力为 p_0dA（方向向下）和液柱本身的重力 $G=\rho ghdA$（方向向下），液柱底面对液柱的作用力为 pdA（方向向上），则平衡方程为

$$pdA=p_0dA+\rho ghdA \tag{2-9}$$

故

$$p=p_0+\rho gh \tag{2-10}$$

式中　p_0——作用在液面上的压力；

　　ρ——液体密度。

分析式（2-10）可知：

（1）静止液体中任一点的压力均由两部分组成，即液面上的表面压力 p_0 和液体自重而

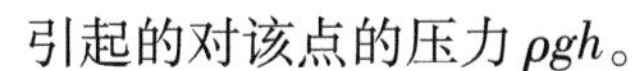

引起的对该点的压力 ρgh。

（2）静止液体内的压力随液体距液面的深度变化呈线性规律分布，且在同一深度上各点的压力相等。压力相等的所有点组成的面为等压面，很显然，在重力作用下静止液体的等压面为一个水平面。

（3）可通过下述三种方式使液面产生压力 p_0：通过固体壁面（如活塞）使液面产生压力；通过气体使液面产生压力；通过不同质的液体使液面产生压力。

2.2.3　压力的传递

帕斯卡原理：若在处于密封容器中静止液体的部分边界面上施加外力使其压力发生变化，只要液体仍保持其原来的静止状态不变，则液体中任一点的压力均将发生同样大小的变化。其原理的应用见图 2-3。

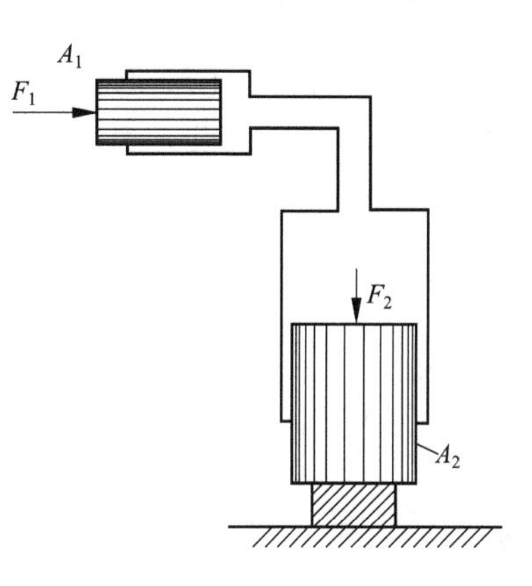

图 2-3　帕斯卡原理的应用

液压传动是依据帕斯卡原理实现力的传递、放大和方向变换的。

液压系统的压力完全取决于外负载。

2.2.4　绝对压力、相对压力和真空度

1. 绝对压力

以绝对真空为零点而计量的压力叫绝对压力。考虑大气压影响，在测量计算时，大气压不为零值参与计算，即得出绝对压力的数值。例如，1 标准大气压 $=1.01\times10^5$ Pa，就是一个绝对压力数值。

2. 相对压力与真空度

以大气压为零而计量的压力叫相对压力。工程上常用相对压力。工程上用压力表测量压力。工业用压力表在大气压中标定为零压，所以，只能测得相对压力，故称表压力。“大气压为零”是一个相对压力。相对压力有正负之别：如果流体压力高于大气压力，其相对压力为正值，取高于大气压力的部分；如果流体压力低于大气压力，其相对压力为负值，取低于大气压力的部分。

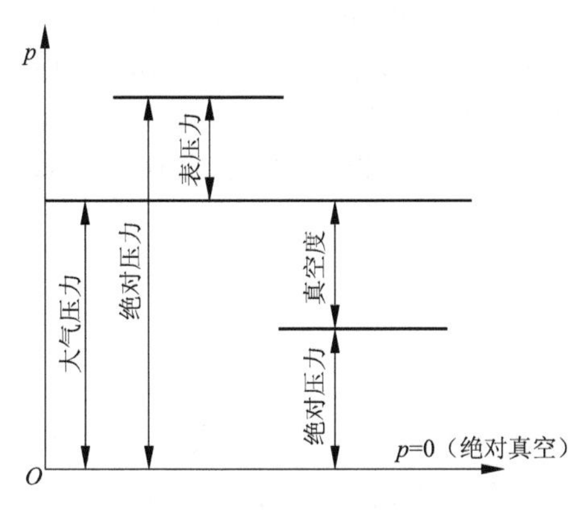

图 2-4　绝对压力、相对压力和真空度的相互关系

负的相对压力的绝对值（低于大气压力的部分）叫真空度。

高于大气压力的压力不存在真空度概念。绝对压力、相对压力和真空度的相互关系如图 2-4 所示。请注意箭头方向。真空度的最大值不得超过当地的大气压值。在工程计算中，无其他特别说明时，均指相对压力（表压力）。绝对压力、相对压力和真空度的关系为：

（1）绝对压力 = 大气压力 + 表压力

（2）表压力 = 绝对压力 − 大气压力

（3）真空度=大气压力-绝对压力

压力单位为帕斯卡，简称帕，符号为 Pa，1 Pa=1 N/m^2。由于此单位很小，工程上使用不便，因此常采用千帕或兆帕来表示，如 1 MPa=10^6 Pa。

2.2.5 液体作用在固体壁面上的力

在液压传动中，略去液体自重产生的压力，液体中各点的静压力是均匀分布的，且垂直作用于受压表面。因此，当承受压力的表面为平面时，液体对该平面的总作用力 F（F'为其反作用力）为液体的压力 p 与受压面积 A 的乘积，其方向与该平面相垂直。如压力油作用在直径为 D 的柱塞上，则有

$$F=pA=p\frac{\pi}{4}D^2 \tag{2-11}$$

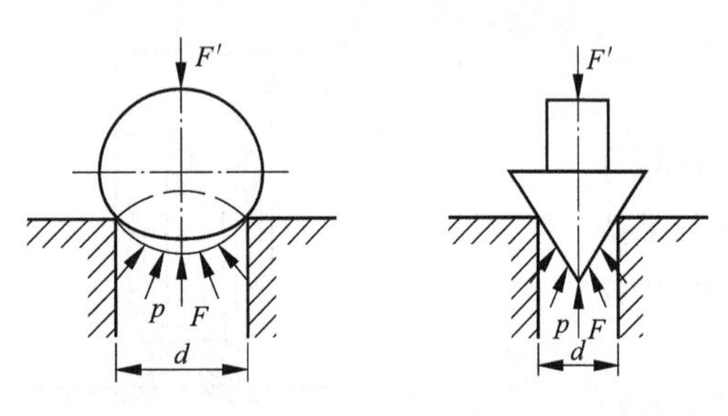

图 2-5　液压力作用在曲面上的力

当固体壁面为一个曲面时，如图 2-5 所示的球面和圆锥面，液体作用在固体壁面上某一方向的作用力 F 等于液体的净压力 p 和曲面在该方向上的投影面积 A 的乘积，即

$$F=pA=p\frac{\pi}{4}d^2 \tag{2-12}$$

式中　d——承压部分曲面投影圆的直径。

2.3 流体动力学基础

在液压传动系统中，液压油总是在不断的流动中，因此要研究液体在外力作用下的运动规律及作用在流体上的力及这些力和流体运动特性之间的关系。本节主要讨论三个基本方程式，即液流的连续性方程、伯努利方程和动量方程。前两个方程描述了压力、流速与流量之间的关系，以及液体能量相互间的变换关系，后者描述了流动液体与固体壁面之间作用力的关系。

2.3.1 基本概念

1. 理想液体和稳定流动

液体具有黏性，并在流动时表现出来，因此研究流动液体时就要考虑其黏性，而液体的黏性阻力是一个很复杂的问题，这就使得对流动液体的研究变得复杂。因此，引入理想液体的概念，理想液体就是指没有黏性、不可压缩的液体。首先对理想液体进行研究，然后再通过实验验证的方法对所得的结论进行补充和修正。这样，不仅使问题简单化，而且得到的结论在实际应用中仍具有足够的精确性。一般把既具有黏性又可压缩的液体称为实际液体。

液体流动时，若液体中任何一点的压力、速度和密度都不随时间而变化，则这样的流动称为稳定流动。如果在压力、速度和密度中有一个量随时间变化，就称为不稳定流动。稳定流动与时间无关，研究比较方便，而不稳定流动研究起来比较复杂。

2. 迹线、流线、流管、流束和过流断面

（1）迹线：迹线是流场中液体质点在一段时间内运动的轨迹线。

（2）流线：流线是流场中液体质点在某一瞬间运动状态的一条空间曲线。在该线上各点的液体质点的速度方向与曲线在该点的切线方向重合。

（3）流管：某一瞬时 t 在流场中画一封闭曲线，经过曲线的每一点作流线，由这些流线组成的表面称流管。

（4）流束：充满在流管内的流线的总体，称为流束。

（5）过流断面：垂直于液体流动方向的截面称为过流断面。

3. 流量和平均流速

（1）流量：单位时间内通过过流断面的液体的体积称为流量，用 q 表示，单位为 m^3/s，实际中常用单位为 L/min 或 mL/s。

（2）平均流速：在实际液体流动中，由于黏性摩擦力的作用，过流断面上流速 u 的分布规律难以确定，因此引入平均流速的概念，即认为过流断面上各点的流速均为平均流速，用 v 来表示，则通过过流断面的流量 q 就等于平均流速乘以过流断面面积 A。于是有 $q=vA$，则平均流速为

$$v=\frac{q}{A} \tag{2-13}$$

4. 液体的流动状态

实际液体具有黏性，是产生流动阻力的根本原因。然而流动状态不同，则阻力大小也是不同的，所以先研究两种不同的流动状态。

（1）层流：在液体运动时，如果质点没有横向脉动，不引起液体质点混杂，而是层次分明，能够维持安定的流束状态，这种流动称为层流。

（2）湍流：如果液体流动时质点具有脉动速度，引起流层间质点相互错杂交换，这种流动称湍流。

液体流动时究竟是层流还是湍流，须用雷诺数来判别。

实验证明，液体在圆管中的流动状态不仅与管内的平均流速 v 有关，还和管径 d、液体的运动黏度 ν 有关。但是，真正决定液流状态的却是这三个参数所组成的一个称为雷诺数 Re 的量纲为 1 的数：

$$Re=\frac{v\times d}{\nu} \tag{2-14}$$

由式（2-14）可知，液流的雷诺数如相同，它的流动状态也相同。当液流的雷诺数 Re 小于临界雷诺数时，液流为层流；反之，液流大多为湍流。常见的液流管道的临界雷诺数由实验求得，如表 2-2 所示。

表 2-2　常见液流管道的临界雷诺数

管道的材料与形状	$Re_{临}$	管道的材料与形状	$Re_{临}$
光滑的金属圆管	2 000～2 320	带槽装的同心环状缝隙	700
橡胶软管	1 600～2 000	带槽装的偏心环状缝隙	400
光滑的同心环状缝隙	1 100	圆柱形滑阀阀口	260
光滑的偏心环状缝隙	1 000	锥状阀口	20～100

对于非圆截面的管路来说，Re 可用下式计算：

$$Re=\frac{4vR}{\nu} \tag{2-15}$$

式中　R——过流断面的水力半径。

R 等于液流的有效截面积 A 和它的湿周（有效截面的周界长度）x 之比，即

$$R=\frac{A}{x} \tag{2-16}$$

又如正方形的管道，边长为 b，则湿周为 $4b$，因而水力半径为 $R=b/4$。水力半径的大小，对管道的通流能力影响很大。水力半径大，表明流体与管壁的接触少，同流能力强；水力半径小，表明流体与管壁的接触多，同流能力差，容易堵塞。

2.3.2　液流连续性方程

能量守恒是自然界的客观规律，不可压缩液体的流动过程也遵守能量守恒定律。在流体力学中这个规律用称为连续性方程的数学形式来表达的。

其中不可压缩流体作定常流动的连续性方程为

$$v_1A_1=v_2A_2 \tag{2-17}$$

由于过流断面是任意取的，如图 2-6 所示，则有

$$q=v_1A_1=v_2A_2=v_3A_3=\cdots=常数 \tag{2-18}$$

式中　v_1，v_2——分别是流管过流断面 A_1 及 A_2 上的平均流速。

式（2-18）表明通过流管内任一过流断面上的流量相等，当流量一定时，任一过流断面上的通流面积与流速成反比，则有任一通流断面上的平均流速为

$$v=\frac{q}{A} \tag{2-19}$$

2.3.3　伯努利方程

能量守恒是自然界的客观规律，流动液体也遵守能量守恒定律，这个规律是用伯努利方程的数学形式来表达的。为了讨论方便，我们先讨论理想液体的流动情况，然后再扩展到实际液体的流动情况。

1. 理想液体的伯努利方程

为研究的方便，一般将液体作为没有黏性摩擦力的理想液体来处理，所以，在流动过程

中没有能量损失。由于它具有一定的速度，所以除了具有位置势能和压力能外，还具有动能。如图 2-6 所示，取该管上任意两截面 1-1 和 2-2，假定截面积分别为 A_1，A_2，两截面上液体的压力分别为 p_1、p_2，速度分别为 v_1 和 v_2，由基准 0-0 算起的标高分别为 z_1、z_2。根据能量守恒定律，有

$$\frac{1}{2}mv_1^2+mgz_1+mg\frac{p_1}{\rho g}=\frac{1}{2}mv_2^2+mgz_2+mg\frac{p_2}{\rho g} \tag{2-20}$$

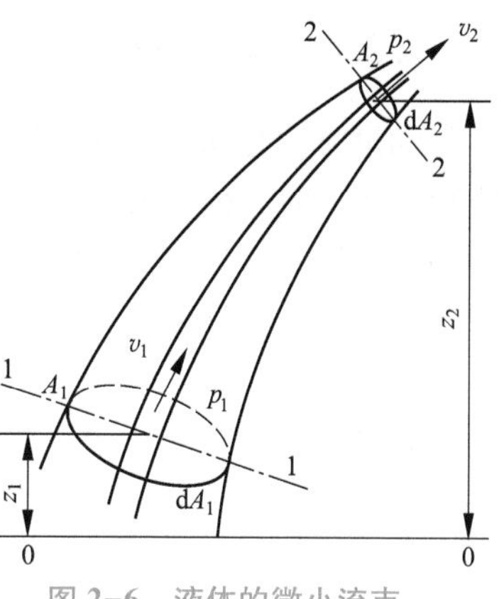

图 2-6　液体的微小流束连续性流动示意图

若等式两边同除以质量 m，即可得单位质量液体的能量方程为

$$\frac{v_1^2}{2}+z_1g+\frac{p_1}{\rho}=\frac{v_2^2}{2}+z_2g+\frac{p_2}{\rho} \tag{2-21}$$

对伯努利方程可作如下的理解：

（1）伯努利方程式是一个能量方程式，它表明在空间各相应通流断面处流通液体的能量守恒规律。

（2）理想液体的伯努利方程只适用于重力作用下的理想液体作定常活动的情况。

（3）任一微小流束都对应一个确定的伯努利方程式，即对于不同的微小流束，它们的常量值不同。

伯努利方程的物理意义为：在密封管道内作定常流动的理想液体在任意一个通流断面上具有三种形式的能量，即压力能、势能和动能。三种能量的总和是一个恒定的常量，而且三种能量之间是可以相互转换的，即在不同的通流断面上，同一种能量的值会是不同的，但各断面上的总能量值都是相同的。

2. 实际液体微小流束的伯努利方程

由于液体存在着黏性，其黏性力在起作用，并表示为对液体流动的阻力，实际液体的流动要克服这些阻力，表示为机械能的消耗和损失，因此，当液体流动时，液流的总能量或总比能在不断地减少（油管的压力损失为 Δp_{w}）。所以，实际液体微小流束的伯努利方程为

$$\frac{p_1}{\rho g}+z_1+\frac{v_1^2}{2g}=\frac{p_2}{\rho g}+z_2+\frac{v_2^2}{2g}+\Delta p_{\mathrm{w}} \tag{2-22}$$

3. 实际液体总流的伯努利方程

$$\frac{p_1}{\rho g}+z_1+\frac{\alpha_1 v_1^2}{2g}=\frac{p_2}{\rho g}+z_2+\frac{\alpha_2 v_2^2}{2g}+\Delta p_{\mathrm{w}} \tag{2-23}$$

伯努利方程的适用条件为：

（1）稳定流动的不可压缩液体，即密度为常数；

（2）液体所受质量力只有重力，忽略惯性力的影响；

（3）所选择的两个过流断面必须在同一个连续流动的流场中是渐变流（即流线近于平行线，有效截面近于平面），而不考虑两截面间的流动状况。

2.3.4 动量方程

动量方程是动量定理在流体力学中的具体应用。流动液体的动量方程是流体力学的基本方程之一，它是研究液体运动时作用在液体上的外力与其动量的变化之间的关系。在液压传动中，在计算液流作用在固体壁面上的力时，应用动量方程去解决就比较方便。

流动液体的动量方程为：

$$\boldsymbol{F}=\rho q\left(\beta_2\boldsymbol{v}_2-\beta_1\boldsymbol{v}_1\right) \tag{2-24}$$

它是一个矢量表达式，液体对固体壁面的作用力 $\boldsymbol{F}$ 与液体所受外力 $\boldsymbol{F}$ 大小相等、方向相反。β_1、β_2 为相应截面的动量修正系数。

2.4 管路中液流的压力损失

实际黏性液体在流动时存在阻力，为了克服阻力就要消耗一部分能量，这样就有能量损失。在液压传动中，能量损失主要表现为压力损失，这就是实际液体流动的伯努利方程式中的 Δp_w 项的含义。液压系统中的压力损失分为两类，一类是油液沿等直径直管流动时所产生的压力损失，称之为沿程压力损失。这类压力损失是由液体流动时的内、外摩擦力所引起的。另一类是油液流经局部障碍（如弯头、接头、管道截面突然扩大或收缩）时，由于液流的方向和速度的突然变化，在局部形成旋涡引起油液质点间，以及质点与固体壁面间相互碰撞和剧烈摩擦而产生的压力损失称之为局部压力损失。

压力损失过大也就是液压系统中功率损耗的增加，这将导致油液发热加剧、泄漏量增加、效率下降和液压系统性能变坏。

在液压技术中，研究阻力的目的是：

（1）为了正确计算液压系统中的阻力。

（2）为了找出减少流动阻力的途径。

（3）为了利用阻力所形成的压差 Δp 来控制某些液压元件的动作。

2.4.1 沿程压力损失

液体在直管中流动时的压力损失是由液体流动时的摩擦引起的，称之为沿程压力损失，它主要取决于管路的长度、内径、液体的流速和黏度等。液体的流态不同，沿程压力损失也不同。液体在圆管中层流流动在液压传动中最为常见，因此，在设计液压系统时，常希望管道中的液流保持层流流动的状态。

1. 层流时的压力损失

在液压传动中，液体的流动状态多数是层流流动，在这种状态下液体流经直管的压力损失可以通过理论计算求得。

1）液体在流通截面上的速度分布规律

如图2-7（a）所示，液体在直径 d 的圆管中作层流运动，圆管水平放置，在管内取一段与管轴线重合的小圆柱体，设其半径为 r，长度为 l。在这一小圆柱体上沿管轴方向的作

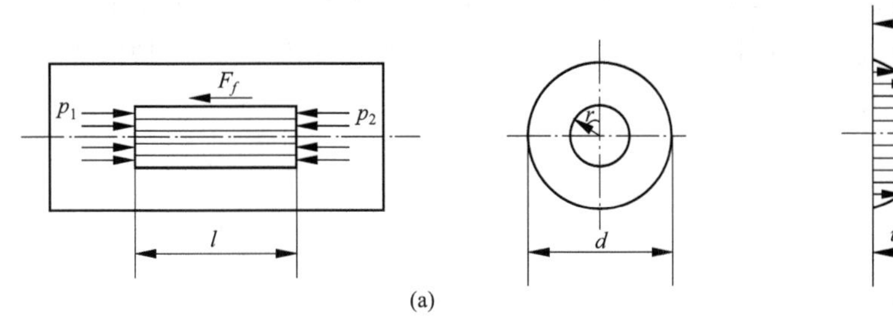

图2-7 圆管中的层流

（a）液体在圆管中作层流运动；（b）圆管中液体流速分布

用力有：左端压力 p_1，右端压力 p_2，圆柱面上的摩擦力为 F_f，则其受力平衡方程式为

$$\pi (p_1-p_2) r^2-F_f=0 \tag{2-25}$$

2）沿程压力损失

层流状态时，液体流经直管的沿程压力损失可从式（2-26）求得

$$\Delta p_\lambda=\lambda \frac{l}{d}\frac{\rho v^2}{2} \tag{2-26}$$

式中 Δp_λ——沿程压力损失，Pa；

l——管路长度，m；

v——液流速度，m/s；

d——管路内径，m；

ρ——液体的密度，kg/m^3；

λ——沿程阻力系数。

λ 的理论值为 $\lambda=64/Re$，而实际由于各种因素的影响，对光滑金属管取 $\lambda=75/Re$，对橡胶管取 $\lambda=80/Re$。

液体层流时，黏性力起主导作用，液体质点受黏性的约束，不能随意运动。将 λ 代入式（2-26）可得，层流的压力损失 Δp 与流速 v 成正比，即

$$\Delta p=\frac{32\mu l/v}{d^2} \tag{2-27}$$

2. 湍流时的压力损失

层流流动中各质点有沿轴向的规则运动，而无横向运动。湍流的重要特性之一是液体各质点不再是有规则的轴向运动，而是在运动过程中互相渗混和脉动。这种极不规则的运动，引起质点间的碰撞，并形成旋涡。

液体湍流时，惯性力起主导作用，黏性力不能约束它。湍流时的压力损失 Δp 与流速 v 的1.75～2次方（$v^{1.75}\sim v^2$）成正比。由此可见，湍流能量损失比层流大得多。由于湍流流动现象的复杂性，完全用理论方法加以研究，至今尚未获得令人满意的结果。

2.4.2 局部压力损失

局部压力损失是液体流经阀口、弯管、过流断面变化等所引起的压力损失。液流通过这些地方时，由于液流方向和速度均发生变化，形成旋涡（如图2-8），使液体的质点间相互撞击，从而产生较大的能量损耗。

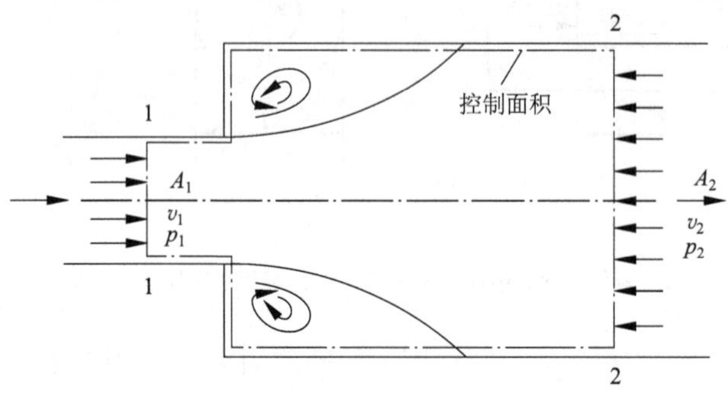

图2-8 突然扩大处的局部损失

局部压力损失的计算式可以表达成如下：

$$\Delta p_{\zeta}=\zeta\frac{\rho v^2}{2} \tag{2-28}$$

式中 Δp_{ζ}——局部压力损失，Pa；

ζ——局部阻力系数，其值仅在液流流经突然扩大的截面时可以用理论推导方法求得，其他情况均须通过实验来确定；

v——液体的平均流速，一般情况下指局部阻力下游处的流速。

2.4.3 阀的压力损失

各厂家在产品样本中已注明了额定流量时阀的压力损失 Δp_v。如果实际使用中流量不符合额定流量时，阀口压力损失 Δp_v 可用下式求得

$$\Delta p_v=\Delta p_n\left(\frac{q}{q_n}\right)^2 \tag{2-29}$$

式中 Δp_v——额定流量时的压力损失，MPa；

Δp_n——阀的压力损失，MPa；

q_n——阀的额定流量，m^3/s；

q——阀的实际流量，m^3/s。

2.4.4 管路系统的总压力损失

液压系统的管路通常由若干段管道组成，其中每一段又串联诸如弯头、控制阀、管接头等形成的局部阻力装置，因此管路系统的总压力损失等于所有沿程压力损失和所有局部压力损失之和，即

$$\Delta p=\sum\Delta p_{\lambda}+\sum\Delta p_{\zeta}=\sum\lambda\frac{l}{d}\frac{\rho v^2}{2}+\sum\zeta\frac{\rho v^2}{2} \tag{2-30}$$

在液压传动中，管路一般都不长，而控制阀、弯头、管接头等的局部阻力则较大，沿程压力损失比局部压力损失小得多。因此，大多数情况下总的压力损失只包括局部压力损失和长管的沿程损失，只对这两项进行讨论计算。

2.4.5 减少压力损失的措施

管路系统中总的压力损失等于所有沿段压力损失与所有局部压力损失之和。沿段压力损失可以通过计算公式算出；局部压力损失一般可通过实验确定，也可通过查阅有关设计手册或液压产品说明书中获得。

减少压力损失，提高液压系统性能主要有以下措施：

（1）缩短管道长度，减少管道弯曲，尽量避免管道截面的突然变化。

（2）减小管道内壁表面粗糙度，使其尽可能光滑。

（3）选用的液压油黏度应适当。

液压油的黏度低可降低液流的黏性摩擦，但可能无法保证液流为层流；黏度高虽可以保证液流为层流，但黏性摩擦却会大幅增加。所以液压油的黏度应在保证液流为层流的基础上，尽量减少黏性摩擦。

（4）管道应有足够大的通流面积，将液流的速度限制在适当的范围内。

2.5 液体在小孔和缝隙中的流动

在液压传动系统中常遇到油液流经小孔或间隙的情况，例如节流调速中的节流小孔、液压元件相对运动表面间的各种间隙。研究液体流经这些小孔和间隙的流量压力特性，对于研究节流调速性能、计算泄漏都是很重要的。

2.5.1 液体在小孔中的流动

液体流经小孔的情况可以根据孔长 l 与孔径 d 的比值分为三种情况：$l/d \leqslant 0.5$ 时，称为薄壁小孔；$0.5 < l/d \leqslant 4$ 时，称为短孔；$l/d > 4$ 时，称为细长孔。

1. 液流流经薄壁小孔的流量

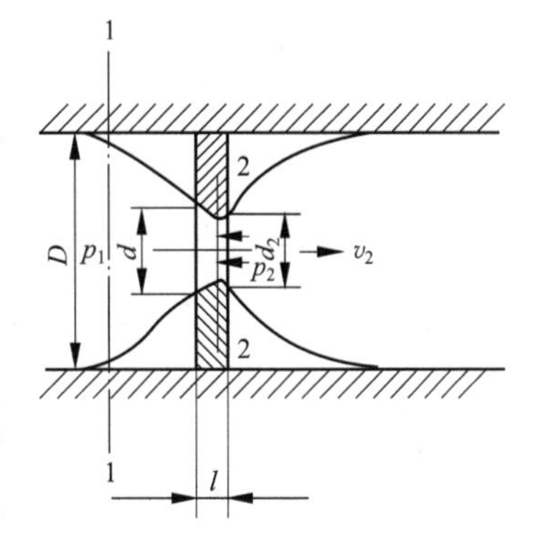

图 2-9 液体在薄壁小孔中的流动

液体流经薄壁小孔的情况如图 2-9 所示。液流在小孔上游大约 $d/2$ 处开始加速并从四周流向小孔。由于流线不能突然转折到与管轴线平行，在液体惯性的作用下，外层流线逐渐向管轴方向收缩，逐渐过渡到与管轴线方向平行，从而形成收缩截面 A_c。对于圆孔，约在小孔下游 $d/2$ 处完成收缩。通常把最小收缩面积 A_c 与孔口截面积之比值称为收缩系数 C_c，即 $C_c = A_c/A_0$，其中 A_0 为小孔的过流断面积。

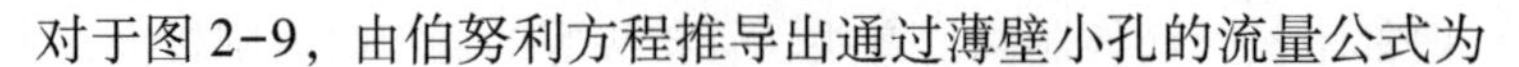

对于图 2-9，由伯努利方程推导出通过薄壁小孔的流量公式为

$$q=C_qA_0\sqrt{\Delta p\frac{2}{\rho}} \tag{2-31}$$

2. 液流流经细长孔和短孔的流量

液体流经短孔的流量可用薄壁小孔的流量公式，但流量系数 C_q 不同，一般取 $C_q=0.82$。短孔比薄壁小孔制造简单，适合作固定节流元件用。

由式（2-31）可知，油液流经细长小孔的流量与小孔前后的压差 Δp 的一次方呈正比，同时由于公式中也包含油液的黏度 μ，因此流量受油温变化的影响较大。为了分析问题的方便起见，可用下式表示，即

$$q=KA_0\Delta p^m \tag{2-32}$$

式中　m——指数，当孔口为薄壁小孔时，$m=0.5$，当孔口为细长孔时，$m=1$；

K——孔口的通流系数，当孔口为薄壁孔时，$K=C_d\ (2/\rho)^{0.5}$，当孔口为细长孔时，$K=d^2/32\mu l$。

2.5.2　液体在缝隙中的流动

液压元件内各零件间有相对运动，必须要有适当间隙。间隙过大，会造成泄漏；间隙过小，会使零件卡死。如图 2-10 所示的泄漏是由压差和间隙造成的。内泄漏的损失转换为热能，使油温升高，外泄漏污染环境，两者均影响系统的性能与效率，因此，研究液体流经间隙的泄漏量、压差与间隙量之间的关系，对提高元件性能及保证系统正常工作是必要的。间隙中的流动一般为层流，一种是压差造成的流动称压差流动，另一种是相对运动造成的流动称剪切流动，还有一种是在压差与剪切同时作用下的流动。

1. 平行平板间隙的液体流动

平行平板间隙的液体流动见图 2-11。

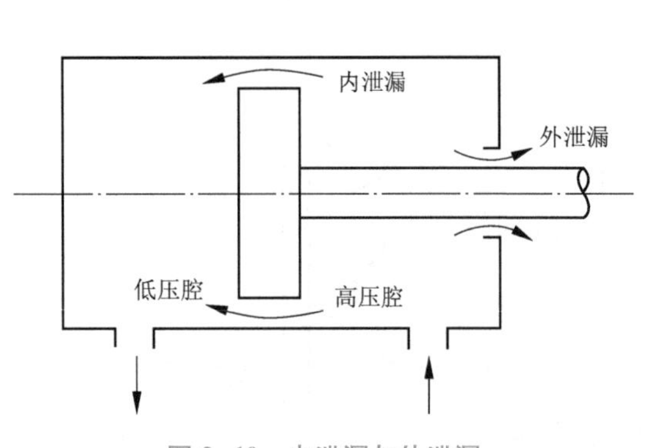

图 2-10　内泄漏与外泄漏

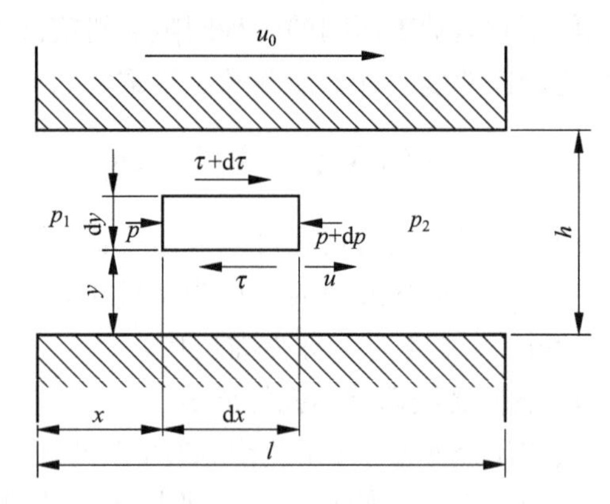

图 2-11　平行平板间隙的液体流动

1）压差流动

上、下两平行平板无相对运动，两平行板缝隙高为 h，长度为 l，宽度为 b，b 和 l 一般比 h 大得多，缝隙两端压差为 $\Delta p=p_1-p_2$。液体在间隙两端的压差的作用下流动，称为压差流动。其泄漏量可用下式表示：

$$q=\frac{bh^3}{12\mu l}\Delta p \tag{2-33}$$

2）剪切流动

当一平板不动，另一平板以速度 u_0 作相对运动时，由于油液存在黏度，紧贴相对运动的平板上的油液以 u_0 速度运动，紧贴于不动平板上的油液保持静止，中间液体的速度呈线性分布，液体作剪切流动，故其平均流速 $v=u_0/2$。于是平板运动而使液体通过平板间的间隙的泄漏流量为

$$q=vA=\frac{u_0}{2}bh \tag{2-34}$$

3）压差和剪切流动

压差和剪切液体流动的泄漏量为

$$q=\frac{bh^3}{12\mu l}\Delta p\pm\frac{u_0}{2}bh \tag{2-35}$$

2. 圆柱环形间隙的液体流动

1）同心环形间隙在压差作用下的液体流动

图2-12所示为同心环形间隙的液体流动，当 $h/r\ll 1$ 时，可以将环形间隙间的液体流动近似地看作是平行平板间隙间的液体流动，只要将 $b=\pi d$ 代入式（2-35），就可得到这种情况下的液体流动的泄漏流量，即

$$q=\frac{\pi dh^3}{12\mu l}\Delta p\pm\frac{\pi dh}{2}u_0 \tag{2-36}$$

该式中“+”号和“-”号的确定同式（2-35）。

2）偏心环形间隙的液体流动

液压元件中经常出现偏心环状的情况，例如活塞与油缸不同心时就形成了偏心环状间隙。图2-13表示了偏心环状间隙的液流简图。孔半径为 R，其圆心为 O，轴半径为 r，其圆心为 O_1，偏心距 e，设半径在任一角度 α 时，两圆柱表面间隙为 h，其泄漏流量可用下式计算：

$$q=\frac{\pi dh^3}{12\mu l}\Delta p\ (1+1.5e^2)\ \pm\frac{\pi dhu_0}{2} \tag{2-37}$$

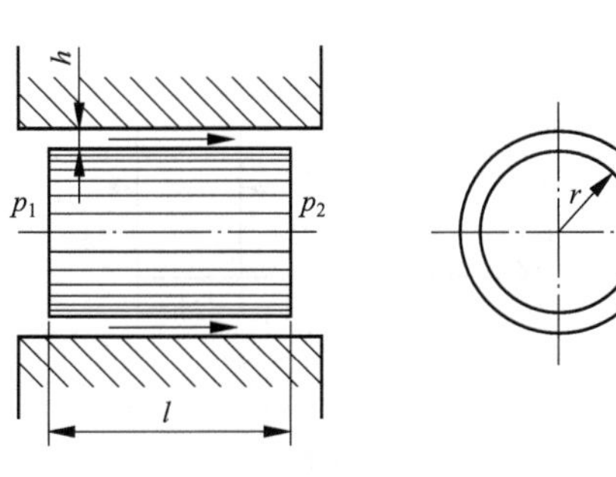

图2-12　同心环形间隙的液流

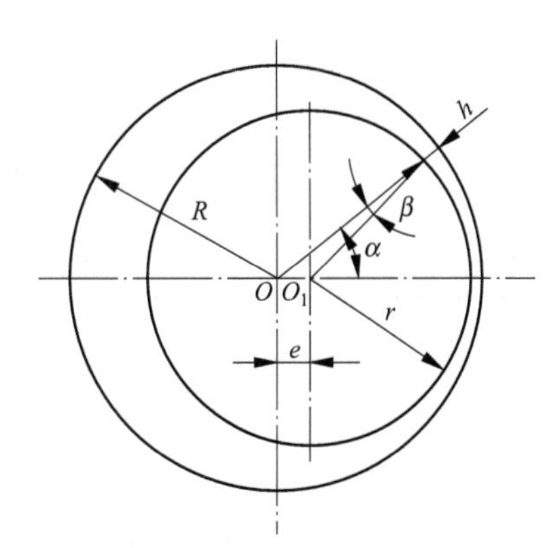

图2-13　偏心环状间隙的液流

式中等号右边第一项为压差流动的流量，第二项为纯剪切流动的泄漏，当长圆柱表面相对短圆柱表面的运动方向与压差流动方向一致时取“+”号，反之取“-”号，当内外圆柱同心（$e=0$）时，即为式（2-36）。

由式（2-37）可以看出，当$e=0$即为同心环状间隙。当$e=1$，即最大偏心$e=h_0$时，其流量为同心时流量的2.5倍，这说明偏心对泄漏量的影响。所以对液压元件的同心度应有适当要求。

2.6 液压冲击及气穴现象

2.6.1 液压冲击和冲击压力

1. 液压冲击

在液压系统中，当极快地换向或关闭液压回路时，致使液流速度急速地改变（变向或停止），由于流动液体的惯性或运动部件的惯性，会使系统内的压力发生突然升高或降低，这种现象称为液压冲击（水力学中称为水锤现象）。在研究液压冲击时，必须把液体当作弹性物体，同时还须考虑管壁的弹性。

首先讨论一下水锤现象的发展过程。如图2-14所示，为某液压传动油路的一部分。管路A的入口端装有蓄能器，出口端装有快速电磁换向阀。当换向阀打开时，管中的流速为v_0，压力为p_0，现在来研究当阀门突然关闭时，阀门前及管中压力变化的规律。

当阀门突然关闭时，如果认为液体是不可压缩的，则管中整个液体将如同刚体一样同时静止下来。但实验证明并非如此，事实上只有紧邻着阀门的一层厚度为Δl的液体于Δt时间内首先停止流动。之后，液体被压缩，压力增高Δp，如图2-15所示，同时管壁亦发生膨胀。在下一个无限小时间Δt段后，紧邻着的第二层液体层又停止下来，其厚度亦为Δl，也受压缩，同时这段管子也膨胀了些。以此类推，第三层、第四层液体逐层停止下来，并产生增压。这样就形成了一个高压区和低压区分界面（称为增压波面），它以速度c从阀门处开始向蓄能器方向传播。我们称c为水锤波的传播速度，它实际上等于液体中的声速。

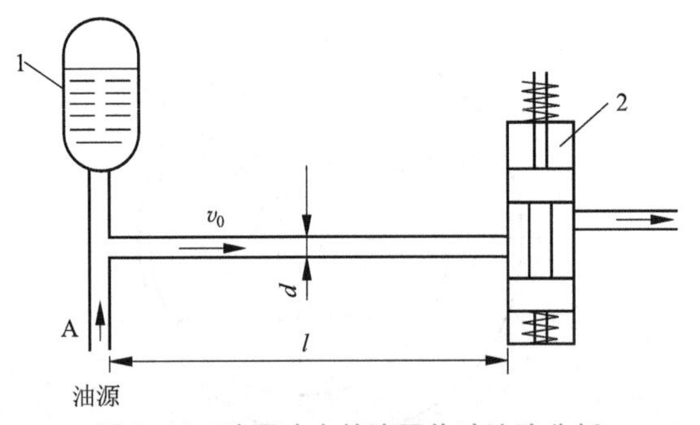

图2-14 液压冲击的液压传动油路分析
1—蓄能器；2—电磁换向阀

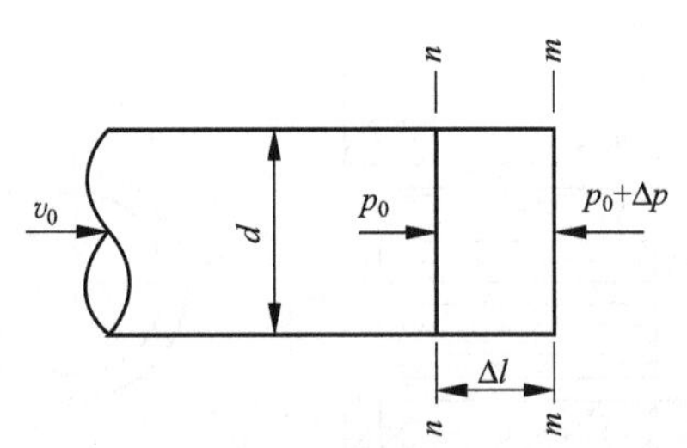

图2-15 阀门突然关闭时的受力分析

在阀门关闭 $t_1=l/c$ 时刻后，水锤压力波面到达管路入口处。这时，在管长 l 中全部液体都已依次停止了流动，而且液体处在压缩状态下。这时来自管内方面的压力较高，而在蓄能器内的压力较低。显然这种状态是不能平衡的，可见管中紧邻入口处第一层的液体将会以速度 v_0 冲向蓄能器中。与此同时，第一层液体层结束了受压状态，水锤压力 Δp 消失，恢复到正常情况下的压力，管壁也恢复了原状。这样，管中的液体高压区和低压区的分界面即减压波面，将以速度 c 自蓄能器向阀门方向传播。

在阀门关闭 $t_2=2\ l/c$ 时刻后，全管长 l 内的液体压力和体积都已恢复了原状。

这时要特别注意，当在 $t_2=2\ l/c$ 的时刻末，紧邻阀门的液体由于惯性作用，仍然企图以速度 v_0 向蓄能器方向继续流动。就好像受压的弹簧，当外力取消后，弹簧会伸长得比原来还要长，因而处于受拉状态。这样就使得紧邻阀门的第一层液体开始受到“拉松”，因而使压力突然降低 Δp。同样第二层第三层依次放松，这就形成了减压波面，仍以速度 c 向蓄能器方向传去。当阀门关闭 $t_3=3\ l/c$ 时刻后，减压波面到达水管入口处，全管长的液体处于低压而且是静止状态。这时蓄能器中的压力高于管中压力，当然不能保持平衡。在这一压力差的作用下，液体必然由蓄能器流向管路中去，使紧邻管路入口的第一层液体层首先恢复到原来正常情况下的速度和压力。这种情况依次一层一层地以速度 c 由蓄能器向阀门方向传播，直到经过 $t_4=4\ l/c$ 时传到阀门处。这时管路内的液体完全恢复到原来的正常情况，液流仍以速度 v_0 由蓄能器流向阀门。这种情况和阀门未关闭之前完全相同。因为现在阀门仍在关闭状态，故此后将重复上述四个过程。如此周而复始地传播下去，如果不是由于液压阻力和管壁变形消耗了一部分能量，这种情况将会永远继续下去。图 2-16 表示在紧邻阀门前的压力随时间变化的图形。由图看出，该处的压力每经过 2 l/c 时间段，互相变换一次。

图 2-16 是理想情况。实际上由于液压阻力及管壁变形需要消耗一定的能量，因此它是一个逐渐衰减的复杂曲线，如图 2-17 所示。

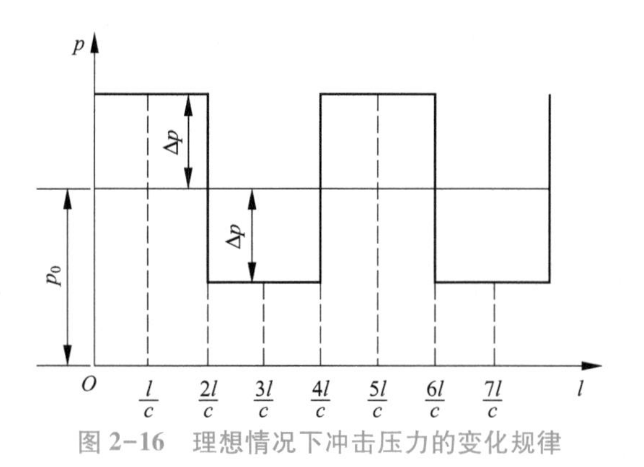

图 2-16 理想情况下冲击压力的变化规律

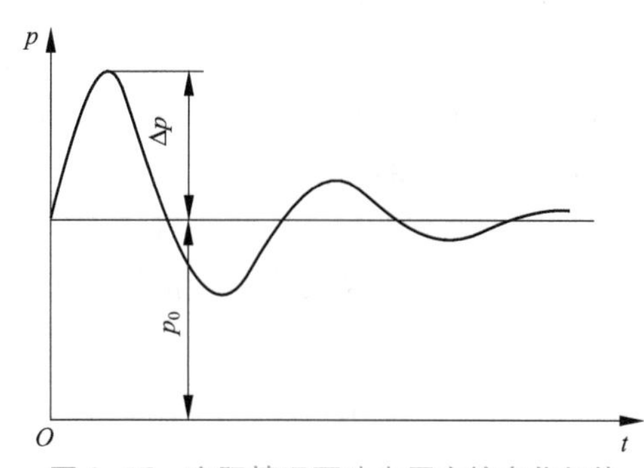

图 2-17 实际情况下冲击压力的变化规律

2. 液压冲击压力

液压冲击的危害是很大的。发生液压冲击时管路中的冲击压力往往急增很多倍，而使按工作压力设计的管道破裂。此外，所产生的液压冲击波会引起液压系统的振动和冲击噪声。因此在液压系统设计时要考虑这些因素，应当尽量减少液压冲击的影响。为此，一般可采用如下措施：

（1）缓慢关闭阀门，削减冲击波的强度；

（2）在阀门前设置蓄能器，以减小冲击波传播的距离；

（3）应将管中流速限制在适当范围内，或采用橡胶软管，也可以减小液压冲击；

（4）在系统中装置安全阀，可起卸载作用；

（5）降低机械系统的振动。

2.6.2 气穴

一般液体中溶解有空气，水中溶解有约2%体积的空气，液压油中溶解有6%～12%体积的空气。成溶解状态的气体对油液体积弹性模量没有影响，成游离状态的小气泡则对油液体积弹性模量产生显著的影响。空气的溶解度与压力成正比。当压力降低时，原先压力较高时溶解于油液中的气体成为过饱和状态，于是就要分解出游离状态微小气泡，其速率是较低的，但当压力低于空气分离压 p_g 时，溶解的气体就要以很高速度分解出来，成为游离微小气泡，并聚合长大，使原来充满油液的管道变为混有许多气泡的不连续状态，这种现象称为空穴现象。油液的空气分离压随油温及空气溶解度而变化，当油温 $t=50$ ℃时，$p_g<4\times10^6$ Pa（0.4 bar①）（绝对压力）。

管道中发生空穴现象时，气泡随着液流进入高压区时，体积急剧缩小，气泡又凝结成液体，形成局部真空，周围液体质点以极大速度来填补这一空间，使气泡凝结处瞬间局部压力可高达数百巴，温度可达近千度。在气泡凝结附近壁面，因反复受到液压冲击与高温作用，以及油液中逸出气体具有较强的酸化作用，使金属表面产生腐蚀。因空穴产生的腐蚀，一般称为气蚀。泵吸入管路连接、密封不严使空气进入管道，回油管高出油面使空气冲入油中而被泵吸油管吸入油路以及泵吸油管道阻力过大，流速过高均是造成空穴的原因。

此外，当油液流经节流部位，流速增高，压力降低，在节流部位前后压的压力比 $p_1/p_2\geqslant3.5$ 时，将发生节流空穴。

空穴现象会引起系统的振动，产生冲击、噪声、气蚀使工作状态恶化，应采取如下预防措施：

（1）限制泵吸油口离油面高度，泵吸油口要有足够的管径，滤油器压力损失要小，自吸能力差的泵用辅助供油。

（2）管路密封要好，防止空气渗入。

（3）节流口压力降要小，一般控制节流口前后压力比 $p_1/p_2<3.5$。

（4）液压零件应选用抗腐蚀能力强的金属材料，合理设计，增加零件的机械强度，提高零件的表面加工质量。

思考题与习题

2-1　为什么压力会有多种不同测量与表示单位？

① 1 bar $=10^5$ Pa

2-2　为什么说压力是能量的一种表现形式？

2-3　为什么能依据雷诺数来判别流态？它的物理意义是什么？

2-4　为什么减缓阀门的关闭速度可以降低液压冲击？

2-5　为什么在液压传动中对管道内油液的最大流速要加以限制？

2-6　如图所示，充满液体的倒置U形管，一端位于一液面与大气相通的容器中，另一端位于一密封容器中。容器与管中液体相同，密度 $\rho=1\ 000\ \mathrm{kg/m^3}$。在静止状态下，$h_1=0.5\ \mathrm{m}$，$h_2=2\ \mathrm{m}$，试求在 A、B 两处的真空度。

2-7　如图所示安全阀，按设计当压力为 $p=3\ \mathrm{MPa}$ 时阀应开启，弹簧刚度 $k=8\ \mathrm{N/mm}$。活塞直径分别为 $D=22\ \mathrm{mm}$，$D_0=20\ \mathrm{mm}$。试确定该阀的弹簧预压缩量。

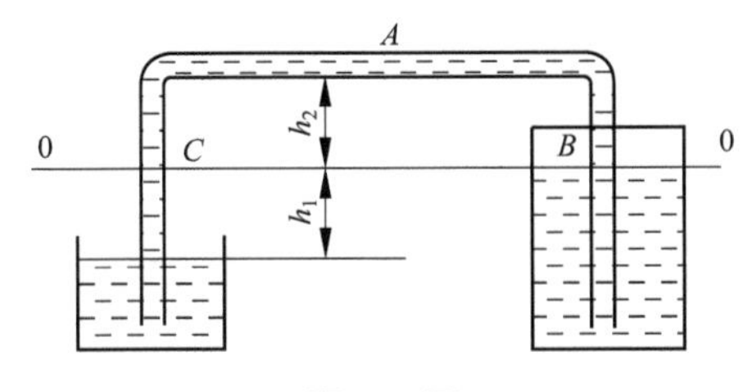

题2-6图

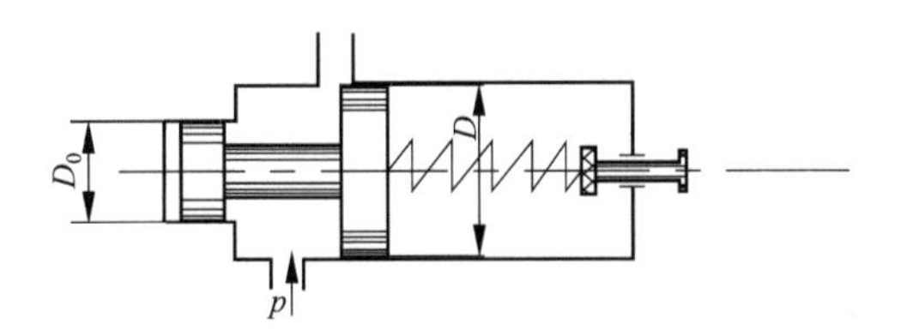

题2-7图

2-8　如图所示，一直径 $D=30\ \mathrm{m}$ 的储油罐，其近底部的出油管直径 $d=20\ \mathrm{mm}$，出油管中心与储油罐液面相距 $H=20\ \mathrm{m}$。设油液密度 $\rho=900\ \mathrm{kg/m^3}$，假设在出油过程中油罐液面高度不变，出油管处压力表读数为0.045 MPa，忽略一切压力损失且动能修正系数均为1的条件下，试求装满体积为10 000 L的油车需要的时间。

2-9　如图所示，喷管流量计直径 $D=50\ \mathrm{mm}$，喷管出口直径 $d=30\ \mathrm{mm}$，局部阻力系数 $\zeta=0.8$，油液密度 $\rho=800\ \mathrm{kg/m^3}$，喷管前后压力差由水银差压计读数 $h=175\ \mathrm{mm}$，试求通过管道的流量 q。

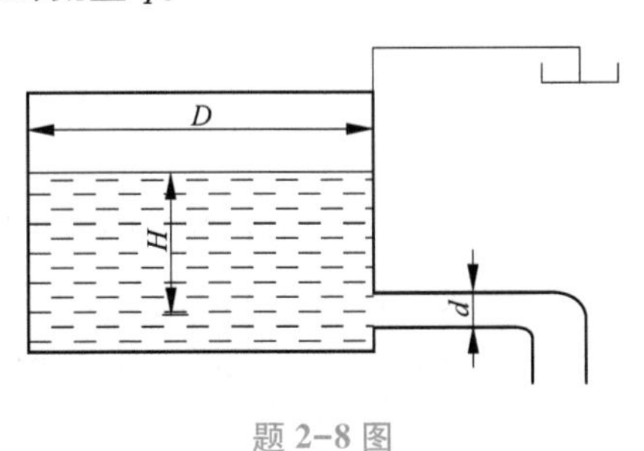

题2-8图

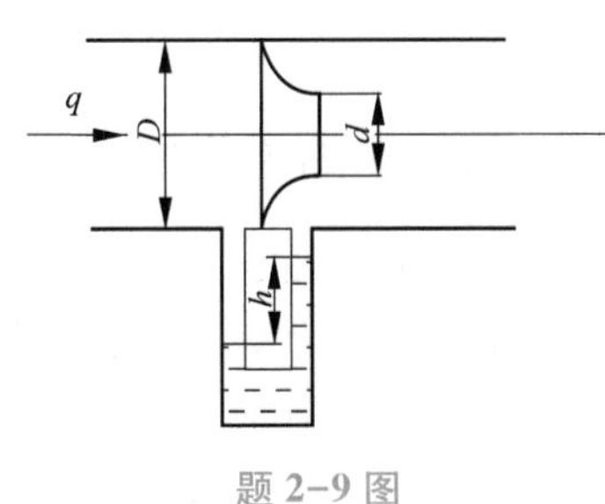

题2-9图

第3章 液压动力元件

液压泵是液压系统的动力元件。它将输入的机械能转换为工作液体的压力能，为液压系统提供一定流量的压力液体，是系统的动力源。

3.1 液压动力元件概述

3.1.1 液压泵的工作原理

液压泵的工作原理如图 3-1 所示，电动机带动凸轮 1 旋转时，柱塞 2 在凸轮和弹簧 3 的作用下，在缸体的柱塞孔内左、右往复移动，缸体与柱塞之间构成了容积可变的密封工作腔 4。柱塞 2 向右移动时，工作腔容积变大，形成局部真空，油液中的油便在大气压力作用下通过单向阀 5 流入泵体内，单向阀 6 关闭，防止系统油液回流，这时液压泵吸油。柱塞向左移动时，工作腔容积变小，油液受挤压，便经单向阀 6 压入系统，单向阀 5 关闭，避免油液流回油箱，这时液压泵压油。若凸轮不停地旋转，泵就不断地吸油和压油。

由此可见，泵是靠密封工作腔的容积变化进行工作的。根据工作腔的容积变化而进行吸油和排油是液压泵的共同特点，因而这种泵又称为容积泵。液压泵正常工作必备的条件是：

（1）有周期性的密封容积变化。密封容积由小变大时吸油，由大变小时压油。

（2）有配流装置。配流装置的作用是保证密封容积在吸油过程中与油箱相通，同时关闭供油通路；压油时与供油管路相通而与油箱切断。图 3-1 中的单向阀 5 和单向阀 6 就是配流装置，配流装置的形式随着泵的结构差异而不同。

（3）吸油过程中，油箱必须和大气相通。

3.1.2　液压泵的性能参数

1. 液压泵的压力

液压泵的压力参数分为工作压力和额定压力。

1）工作压力 p

液压泵的工作压力是指液压泵出口处的实际压力值。其大小由外界负载决定：当负载增加时，液压泵的压力升高；当负载减少时，液压泵压力下降。

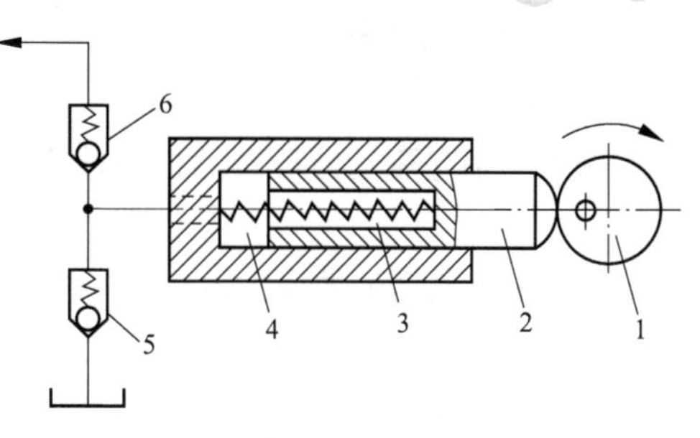

图 3-1　液压泵工作原理图

1—凸轮；2—柱塞；3—弹簧；4—密封工作腔；5—单向阀；6—单向阀

2）额定压力 p_n

液压泵的额定压力是指液压泵在连续工作过程中允许达到的最高压力。额定压力值的大小由液压泵零部件的结构强度和密封性来决定。超过这个压力值，液压泵有可能发生机械或密封方面的损坏。

由于液压传动的用途不同，系统所需要的压力也不同，为了便于液压元件的设计、生产和使用，将压力分为几个等级，见表 3-1。

表 3-1　压力分级

压力分级	低压	中压	中高压	高压	超高压
压力/MPa	≤2.5	>2.5～8	>8～16	>16～32	>32

2. 液压泵的排量

排量 V 是指在无泄漏情况下，液压泵转一转所能排出的油液体积。可见，排量的大小只与液压泵中密封工作容腔的几何尺寸和个数有关。

3. 液压泵的流量

1）理论流量 q_{Vt}

液压泵的理论流量是指在无泄漏情况下，液压泵单位时间内输出的油液体积。其值等于泵的排量 V 和泵轴转数 n 的乘积，即

$$q_{Vt}=Vn \tag{3-1}$$

2）实际流量 q_V

液压泵的实际流量是指单位时间内液压泵实际输出油液体积。由于工作过程中泵的出口压力不等于零，因而存在内部泄漏量 Δq（泵的工作压力越高，泄漏量越大），使泵的实际流量小于泵的理论流量，即

$$q_V=q_{Vt}-\Delta q \tag{3-2}$$

显然，当液压泵处于卸荷（非工作）状态时，这时输出的实际流量近似为理论流量。

3）额定流量 q_{Vn}

液压泵的额定流量是指泵在额定转数和额定压力下输出的实际流量。

4. 液压泵的功率

1）输入功率 P_i

输入功率是驱动液压泵的机械功率，由电动机或柴油机给出，即

$$P_i = T_i 2\pi n \tag{3-3}$$

式中　T_i——泵轴上的实际输入转矩。

2）输出功率 P_0

输出功率是液压泵输出的液压功率，即泵的实际流量 q_V 与泵的工作压力 p 的乘积：

$$P_0 = pq_V \tag{3-4}$$

5. 液压泵的效率

实际上，液压泵在工作中是有能量损失的，这种损失分为容积损失和机械损失。

1）容积损失和容积效率 η_V

容积损失主要是液压泵内部泄漏造成的流量损失。容积损失的大小用容积效率表征，即

$$\eta_V = \frac{q_V}{q_{Vt}} = \frac{q_V}{Vn} \tag{3-5}$$

2）机械损失和机械效率 η_m

由于泵内各种摩擦（机械摩擦、液体摩擦），泵的实际输入转矩 T_i 总是大于其理论转矩 T_t，这种损失称为机械损失。机械损失的大小用机械效率表征，即

$$\eta_m = \frac{T_t}{T_i} = \frac{pV}{2\pi T_i} \tag{3-6}$$

3）液压泵的总效率 η

泵的总效率是泵的输出功率与输入功率之比，即

$$\eta = \frac{P_0}{P_i} = \eta_V \eta_m \tag{3-7}$$

液压泵的总效率、容积效率和机械效率可以通过实验测得。

3.1.3　液压泵的分类

液压泵按结构形式不同可分为齿轮泵、叶片泵、柱塞泵和螺杆泵等；按流量能否改变可分为定量泵和变量泵；按液流方向能否改变可分为单向泵和双向泵。

3.2　齿　轮　泵

齿轮泵的种类很多，按工作压力大致可分为低压齿轮泵（$p \leqslant 2.5$ MPa）、中压齿轮泵（$p > 2.5 \sim 8$ MPa）、中高压齿轮泵（$p > 8 \sim 16$ MPa）和高压齿轮泵（$p > 16 \sim 32$ MPa）四种。目前国内生产和应用较多的是中、低压和中高压齿轮泵，高压齿轮泵正处在发展和研制阶段。

齿轮泵按啮合形式的不同，可分为内啮合和外啮合两种，其中外啮合齿轮泵应用更广泛，而内啮合齿轮泵则多为辅助泵。

齿轮泵工作原理

3.2.1 外啮合齿轮泵

1. 外啮合齿轮泵的工作原理

图3-2所示为外啮合齿轮泵的工作原理图。在泵的壳体1内有一对外啮合齿轮，即主动齿轮2和从动齿轮3。由于齿轮端面与壳体端盖之间的缝隙很小，齿轮齿顶与壳体内表面的间隙也很小，因此可以看成将齿轮泵壳体内分隔成左、右两个密封容腔。当齿轮按图示方向旋转时，右侧的齿轮逐渐脱离啮合，露出齿间。因此这一侧的密封容腔的体积逐渐增大，形成局部真空，油箱中的油液在大气压力的作用下经泵的吸油口进入这个腔体，因此这个容腔称为吸油腔。随着齿轮的转动，每个齿间中的油液从右侧被带到了左侧。在左侧的密封容腔中，轮齿逐渐进入啮合，使左侧密封容腔的体积逐渐减小，把齿间的油液从压油口挤压输出的容腔称为压油腔。当齿轮泵不断地旋转时，齿轮泵的吸、压油口不断地吸油和压油，实现了向液压系统输送油液的过程。在齿轮泵中，吸油区和压油区由相互啮合的轮齿和泵体分隔开来，因此没有单独的配油机构。

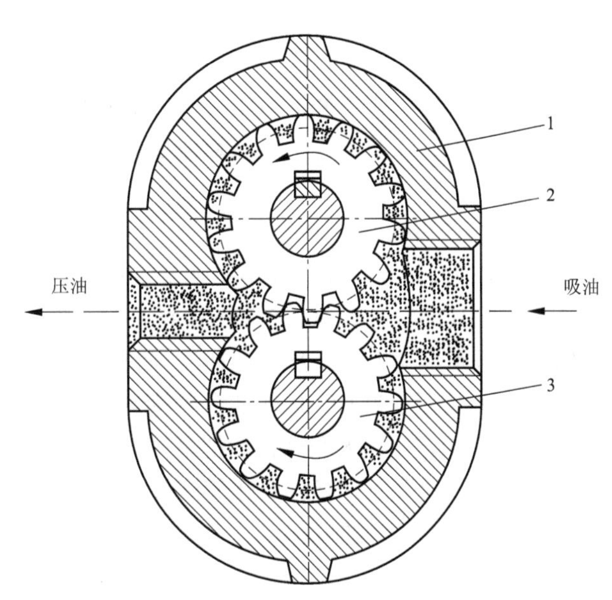

图3-2 外啮合齿轮泵的工作原理图

1—壳体；2—主动齿轮；3—从动齿轮

在齿轮泵工作的过程中，只要齿轮旋转方向不变，吸、压油腔的位置也是确定不变的，轮齿啮合线一直起着分隔吸、压油腔的作用，所以不需要单独的配流装置。

2. 齿轮泵的流量和脉动率

外啮合齿轮泵的排量可近似看作是两个啮合齿轮的齿谷容积之和。若假设齿谷容积等于轮齿体积，则当齿轮齿数为z，模数为m，分度圆直径为d，有效齿高为h，齿宽为b时，根据齿轮参数计算公式有$d=mz$，$h=2m$，齿轮泵的排量近似为

$$V=\pi dhb=2\pi zm^2b \tag{3-8}$$

实际上，齿谷容积比轮齿体积稍大一些，并且齿数越少误差越大，因此，在实际计算中用3.33～3.50来代替上式中的π值，齿数少时取大值。齿轮泵的排量为

$$V=(6.66\sim7)\ zm^2b \tag{3-9}$$

由此得齿轮泵的输出流量为

$$q=(6.66\sim7)\ zm^2bn\eta_V \tag{3-10}$$

式中 n——泵的转速；

η_V——泵容积效率。

实际上，由于齿轮泵在工作过程中，排量是转角的周期函数，存在排量脉动，瞬时流量也是脉动的。

流量脉动会直接影响到系统工作的平稳性，引起压力脉动，使管路系统产生振动和噪声。如果脉动频率与系统的固有频率一致，还将引起共振，加剧振动和噪声。若用 q_{max}、q_{min}来表示最大、最小瞬时流量，q_0 表示平均流量，则流量脉动率为

$$\sigma=\frac{q_{max}-q_{min}}{q_0} \tag{3-11}$$

它是衡量容积式泵流量品质的一个重要指标。在容积式泵中，齿轮泵的流量脉动最大，并且齿数越少，脉动率越大，这是外啮合齿轮泵的一个弱点。相应的内啮合齿轮泵比外啮合齿轮泵的流量脉动率要小得多。

3. 外啮合齿轮泵的结构特点

CB-B 型齿轮泵为无侧板型，它是三片式结构的中低压齿轮泵，结构简单，不能承受较高的压力。其额定压力为 2.5 MPa，排量为 2.5～125 mL/r，转速为 1 450 r/min，主要用于机床作液压系统动力源以及各种补油、润滑和冷却系统。

如图 3-3 所示为 CB-B 外啮合齿轮泵结构。主动轴 7 装有主动齿轮 3，从动轴 9 装有从动齿轮 12。用定位销 8 和螺钉 2 把泵体 4 与后泵盖 5 和前泵盖 1 装在一起，形成齿轮泵的密封容腔。泵体两端面开有封油卸荷槽口 d，可防止油外泄和减轻螺钉拉力。油孔 a、b、c 可使轴承处油液流向吸油口。

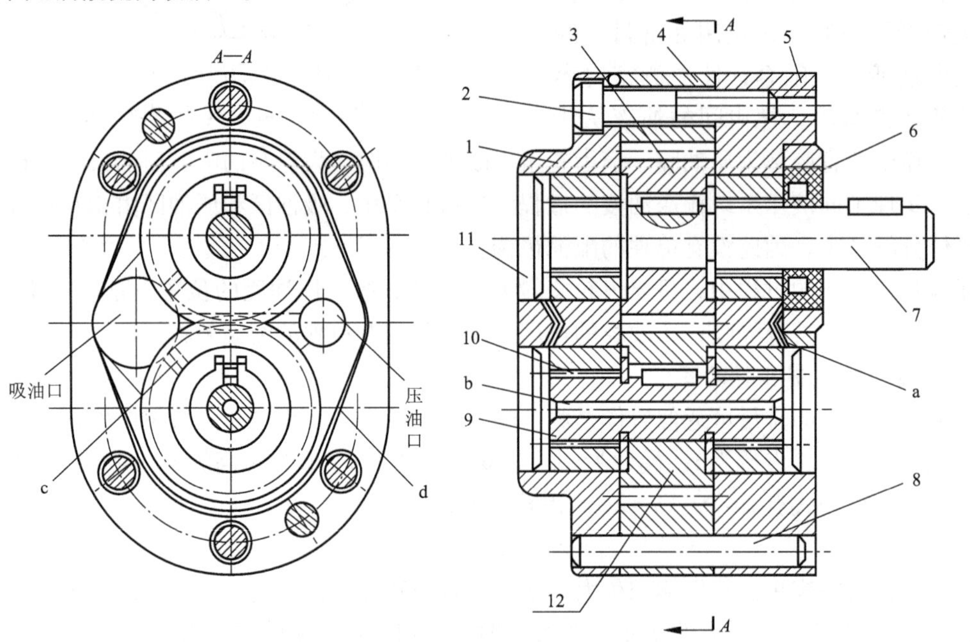

图 3-3 CB-B 外啮合齿轮泵结构

1—前泵盖；2—螺钉；3—主动齿轮；4—泵体；5—后泵盖；6—密封圈；7—主动轴；8—定位销；9—从动轴；10—滚针轴承；11—堵头；12—从动齿轮；a，b，c—油孔；d—卸荷槽口

4. 外啮合齿轮泵结构上存在的几个问题

1）困油的现象

齿轮泵要平稳地工作，齿轮啮合时的重叠系数必须大于1，即一对以上轮齿尚未脱开，另一对轮齿已进入啮合。此时，就有一部分油液被围困在两对轮齿啮合时所形成的封闭油腔之内，如图3-4所示。这个密封容积的大小随齿轮转动先由最大［见图3-4（a）］逐渐减到最小［见图3-4（b）］，又由最小逐渐增到最大［见图3-4（c）］。密封容积减小时，被困油液受到挤压而产生瞬间高压，密封容腔的被困油液若无油道与排油口相通，油液将从缝隙中被挤出，导致油液发热，轴承等零件也受到附加冲击载荷的作用；密封容积增大时，无油液的补充，又会造成局部真空，使溶于油液中的气体分离出来，产生气穴。这就是齿轮泵的困油现象。

困油现象使齿轮泵产生强烈的噪声，并引起振动和气蚀，同时降低泵的容积效率，影响工作的平稳性和使用寿命。消除困油的方法，通常是在两端盖板上开卸槽［如图3-4（d）中的虚线方框］。当封闭容积减小时，通过右边的卸荷槽与压油腔相通，而封闭容积增大时，通过左边的卸荷槽与吸油腔相通，两卸荷槽的间距必须确保在任何时候都不使吸、排油相通。

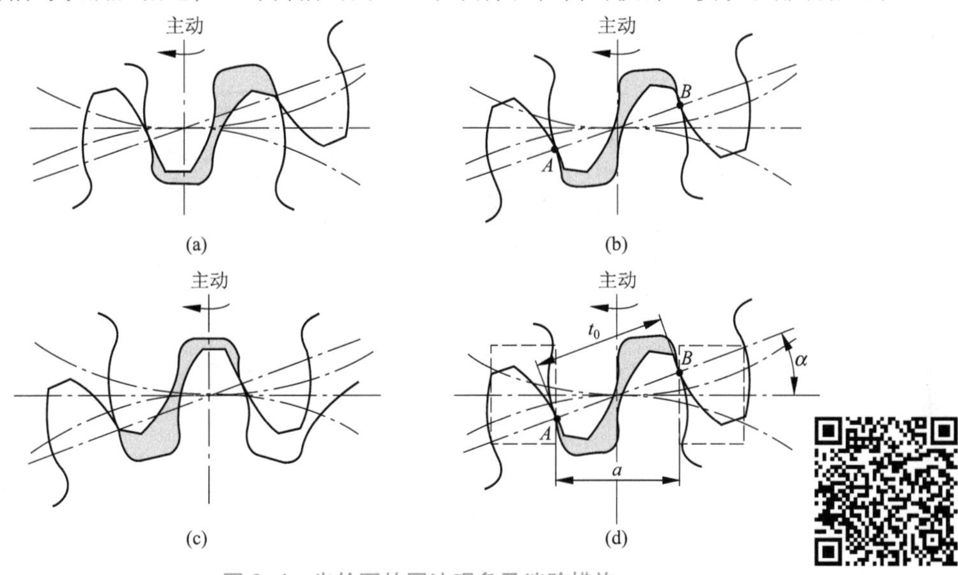

图3-4 齿轮泵的困油现象及消除措施

（a）密封容积最大；（b）密封容积最小；

（c）密封容积最大；（d）两端盖板上开卸槽

齿轮泵的困油现象

齿轮泵径向不平衡力

2）径向不平衡力

在齿轮泵中，油液作用在轮外缘的压力是不均匀的，从低压腔到高压腔，压力沿齿轮旋转的方向逐齿递增，因此，齿轮和轴受到径向不平衡力的作用，工作压力越高，径向不平衡力越大，严重时能使泵轴弯曲，导致齿顶接触泵体，产生磨损，同时也降低轴承使用寿命。

为了减小径向不平衡力的影响，常采取缩小压油口的办法，使压油腔的压力油仅作用在一个齿到两个齿的范围内；同时适当增大径向间隙，使齿顶不与泵体接触。

3）泄漏及端面间隙的自动补偿

外啮合齿轮泵压油腔的压力油向吸油腔泄漏有三条途径：一是通过齿轮啮合线处的间

隙；二是通过泵体内孔和齿顶圆间的径向间隙；三是通过齿轮两端面和盖板间的端面间隙。在这三类间隙中，端面间隙的泄漏量最大，一般占总泄漏量的70%～80%，而且泵的压力越高，间隙泄漏就越大。因此，为了提高齿轮泵的压力和容积效率，实现齿轮泵的高压化，需要从结构上采取措施，对端面间隙进行自动补偿。

通常采用的自动补偿端面间隙装置有浮动轴套式和弹性侧板式两种。其原理都是引入压力油使轴套或侧板紧贴在齿轮端面上，压力越高，间隙越小，可自动补偿端面磨损和减小间隙。

3.2.2 内啮合齿轮泵

内啮合齿轮泵有渐开线齿形和摆线齿形两种，其结构示意如图 3-5 所示。这两种内啮合齿轮泵工作原理和主要特点皆同于外啮合齿轮泵。在渐开线齿形内啮合齿轮泵中，小齿轮和内齿轮之间要装一块月牙隔板，以便把吸油腔和压油腔隔开，如图 3-5（a）所示；摆线齿形啮合齿轮泵又称摆线转子泵，在这种泵中，小齿轮和内齿轮只相差一齿，因而不需设置隔板，如图 3-5（b）所示。内啮合齿轮泵中的小齿轮是主动轮，大齿轮为从动轮，在工作时大齿轮随小齿轮同向旋转。

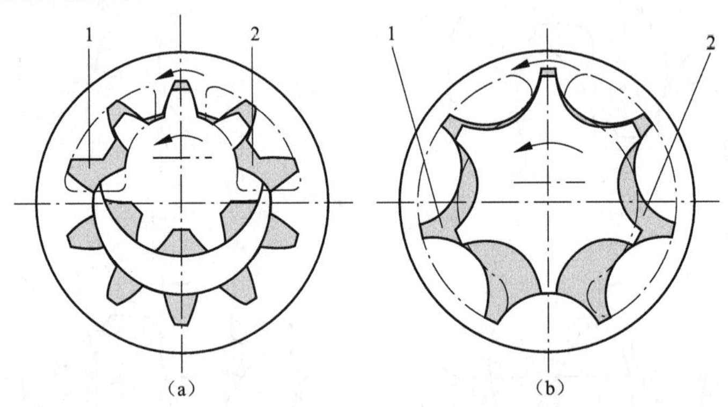

图 3-5　内啮合齿轮泵结构示意图

（a）渐开线齿形；（b）摆线齿形

1—吸油腔；2—压油腔

与外啮合齿轮泵相比，内啮合齿轮泵内可做到无困油现象，流量脉动小。内啮合齿轮泵的结构紧凑，尺寸小，质量轻，运转平稳，噪声低，在高转速工作时有较高的容积效率。但在低速、高压下工作时，压力脉动大，容积效率低，所以一般用于中、低压系统。在闭式系统中，常用这种泵作为补油泵。内啮合齿轮泵的缺点是齿形复杂，加工困难，价格较贵，且不适合高速高压工作状况。

3.3 叶片泵

叶片泵是机床液压系统中应用最广的一种泵。相对于齿轮泵来说，它输出流量均匀，脉

动小，噪声小，但结构较复杂，对油液的污染比较敏感，主要用于速度平稳性要求较高的中低压系统。随着结构、工艺及材料的不断改进，叶片泵正向着中高压及高压方向发展。

叶片泵按其排量是否可变分为定量叶片泵和变量叶片泵；叶片泵按吸、压油液次数又分为单作用叶片泵和双作用叶片泵。

3.3.1 双作用叶片泵

1. 工作原理

如图3-6所示为双作用叶片泵的工作原理图。它主要由定子、转子、叶片、配油盘、转动轴和泵体等组成。定子内表面由四段圆弧和四段过渡曲线组成，形似椭圆，且定子和转子是同心安装的，泵的供油流量无法调节，所以属于定量泵。

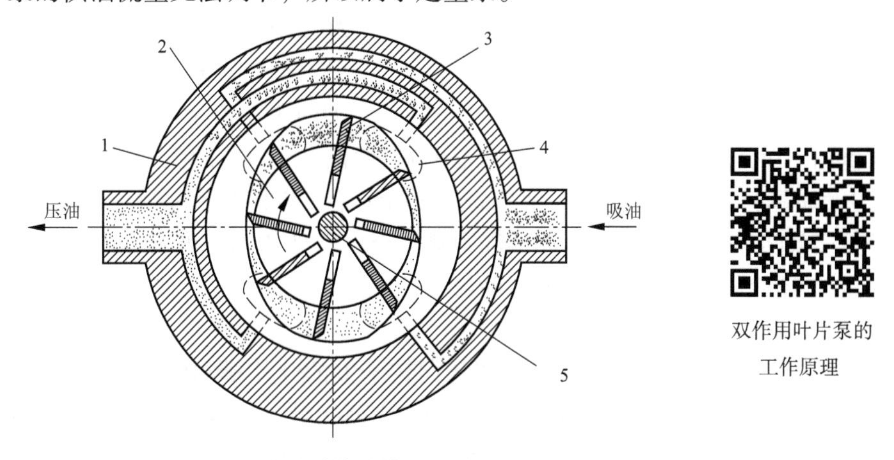

双作用叶片泵的工作原理

图3-6 双作用叶片泵的工作原理图

1—定子；2—转子；3—叶片；4—配油盘；5—轴

转子旋转时，叶片靠离心力和根部油压作用伸出并紧贴在定子的内表面上，两叶片之间和转子的外圆柱面、定子内表面及前后配油盘形成了若干个密封工作容腔。

当图中转子顺时针方向旋转时，密封工作腔的容积在左上角和右下角处逐渐增大，形成局部真空而吸油，为吸油区；在左下角和右上角处逐渐减小而压油，为压油区。吸油区和压油区之间有一段封油区将吸、压油区隔开。这种泵的转子每转一转，每个密封工作腔完成吸油和压油各两次，所以称为双作用叶片泵。泵的两个吸油区和两个压油区是径向对称的，因而作用在转子上的径向液压力平衡，所以又称为平衡式叶片泵。

2. 排量和流量

双作用叶片泵的转子每转一转，通过过渡密封区的液体体积为一圆环体积的两倍。其圆环外半径等于定子长半径 R、内半径等于定子短半径 r、叶片宽度 b。不考虑叶片体积的影响，双作用叶片泵的理论排量为

$$V=2\pi\left(R^2-r^2\right)b \tag{3-12}$$

式中 R——定子长半径；

r——定子短半径；

b——叶片宽度。

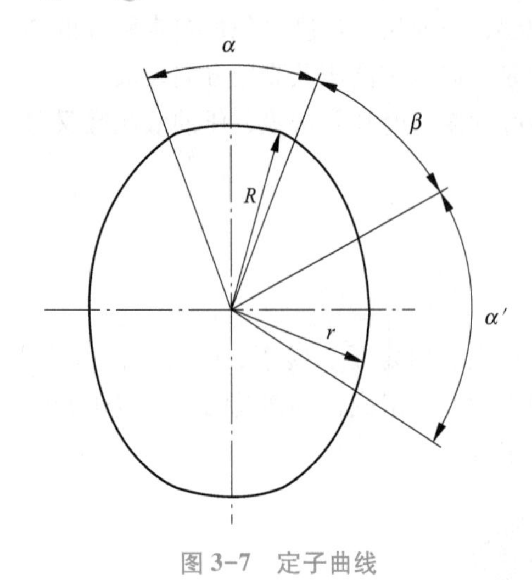

图 3-7　定子曲线

双作用叶片泵的平均实际流量为

$$q_V = 2\pi\ (R^2 - r^2)\ bn\eta_V \quad (3-13)$$

式中　n——泵的转速；

η_V——泵容积效率。

由于叶片有一定的厚度，根部又连通压油腔，在吸油区的叶片不断伸出，根部容积要由压力油来补充，减少了输出量，造成少量流量脉动，但脉动率较小。通过理论分析可知，流量脉动率在叶片数为 4 的整数倍，且大于 8 时最小，故双作用叶片泵的叶片数通常取为 12 或 16。

3. 结构特点

1）定子曲线

如图 3-7 所示的是定子曲线。定子内表面曲线实质上由两段长半径 R 圆弧（α 角范围）、两段短半径 r 圆弧（α'角范围）和四段过渡曲线（β 角范围）八个部分组成。理想的过渡曲线不仅应使叶片在槽中滑动时的径向速度变化均匀，而且应使叶片转到过渡曲线和圆弧段交接点处的加速度突变不大，以减小冲击和噪声，同时，还应使泵的瞬时流量的脉动最小。

2）叶片倾角

从图 3-6 中可以看到叶片顶部随同转子上的叶片槽顺转子旋转方向转过一角度，即前倾一个角度，其目的是减小叶片和定子内表面接触时的压力角，从而减少叶片和定子间的摩擦磨损。当叶片以前倾角安装时，叶片泵不允许反转。

3）端面间隙

为了使转子和叶片能自由旋转，它们与配油盘两端面间应保持一定间隙。但间隙过大将使泵的内泄漏增加，容积效率降低。为了提高压力，减少端面泄漏，采取的间隙自动补偿措施是将配油盘的外侧与压油腔连通，使配油盘在液压推力作用下压向转子。泵的工作压力越高，配油盘就越加贴紧转子，对转子端面间隙进行自动补偿。

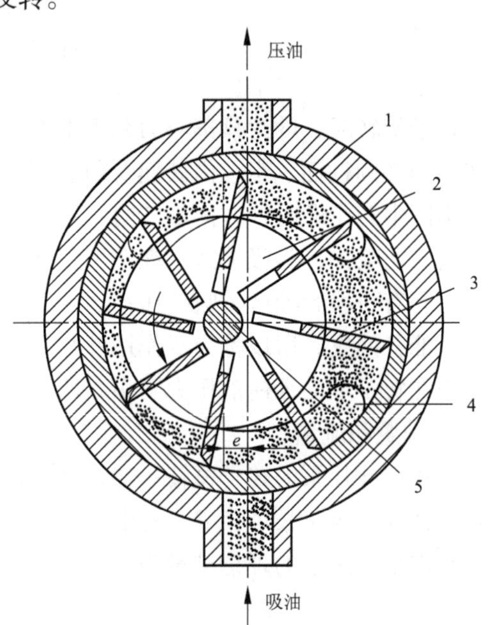

图 3-8　单作用叶片泵的工作原理图

1—定子；2—转子；3—叶片；4—配油盘；5—轴

3.3.2　单作用叶片泵

1. 工作原理

如图 3-8 所示为单作用叶片泵的工作原理图。与双作用叶片泵显著不同之处是，单作用叶片泵的定子内表面是一个圆形，转子与定子之间有一偏心量 e，两端的配油盘上只开有一个吸油口和一个压油口。当转子旋转一周时，每一叶片在转子槽内往复滑动一次，每相邻两叶片间的密封腔容积发生一次增大和缩小的变化，容积增大时通过吸油窗口吸油，容积缩小时则通过压油窗口压油。由于这种泵在转子每转一转过程中，吸油压油各一次，故称单作用叶片泵。又因这种泵的转子受到不平衡的径向液压力，故又称为非卸荷式叶片泵，也因此使泵工作压力的提高受到了限制。如果改变定子和转子间的偏心距 e，就可以改变泵的排量，故单作用叶片泵常做成变量泵。

单作用叶片泵的工作原理

2. 排量和流量

如果不考虑叶片的厚度，设定子半径为 D，定子与转子的偏心距为 e，叶片宽度为 b，转子转速为 n，则泵的排量近似为

$$V=2\pi beD \tag{3-14}$$

单作用叶片泵的平均实际流量为

$$q=2\pi beDn\eta_V \tag{3-15}$$

式中 b——叶片宽度；

e——定子与转子的偏心距；

D——定子半径；

n——泵的转速；

η_V——泵容积效率。

3. 单作用叶片泵的结构特点

1）定子和转子偏心安置

移动定子位置以改变偏心距，就可以调节泵的输出流量。偏心反向时，吸油压油方向也相反。

2）叶片后倾

为了减小叶片与定子间磨损，叶片底部油槽采取在压油区通压力油、在吸油区与吸油腔相通的结构形式，因而，叶片的底部和顶部所受的液压力是平衡的。这样，叶片仅靠旋转时所受的离心力作用向外运动顶在定子内表面上。根据力学分析，叶片后倾一个角度更有利于叶片向外伸出，通常后倾角为24°。

3）径向液压力不平衡

由于转子及轴承上承受的径向力不平衡，所以该泵不宜用于高压，其额定压力不超过7 MPa。

4. 限压式变量叶片泵

单作用叶片泵的变量方法有手调和自调两种。自调变量泵又根据其工作特性的不同分为限压式、恒压式和恒流量式三类，其中限压式应用较多。

如图3-9（a）所示表示限压式变量叶片泵的工作原理，图3-9（b）所示则表示其变量特性曲线。转子1的中心 O_1 是固定的，定子2可以左右移动，在限压弹簧3的作用下，定子被推向右端，使定子中心 O_2 和转子中心 O_1 之间有一初始偏心量 e_0，它决定了泵的最大流量。e_0 的大小可用调节螺钉6调节。泵的出口压力 p，经泵体内通道作用于有效面积为 A 的反馈缸柱塞5上，使柱塞对定子2产生一作用力 p_A。泵的限定压力 p_B 可通过调节螺钉4，改变限压弹簧3的压缩量来获得，设限压弹簧3的预紧力为 F_S。

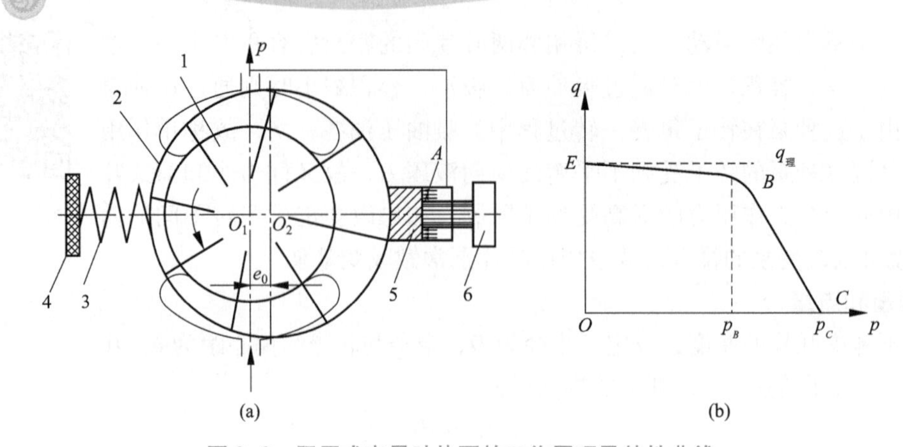

图 3-9　限压式变量叶片泵的工作原理及特性曲线

（a）工作原理；（b）特性曲线

1—转子；2—定子；3—限压弹簧；4，6—调节螺钉；5—反馈缸柱塞；A—有效面积

当泵的工作压力小于限定压力 p_B 时，则 $p_A<F_S$，此时定子不作移动，最大偏心量 e_0 保持不变，泵输出流量基本上维持最大，如图 3-9（b）所示中曲线 EB 段稍有下降是泵的流量泄漏所引起；当泵的工作压力升高而大于限定压力 p_B 时，$p_A \geqslant F_S$，定子左移，偏心量减小，泵的流量也减小。泵的工作压力越高，偏心量就越小，泵的流量也就越小；当泵的压力达到极限压力 p_c 时，偏心量接近零，泵不再有流量输出。

3.4　柱　塞　泵

柱塞泵是依靠柱塞在缸体内往复运动，使密封工作腔容积产生变化来实现吸油、压油的。由于其主要构件柱塞与缸体的工作部分均为圆柱表面，因此加工方便，配合精度高，密封性能好。同时，柱塞泵主要零件处于受压状态，使材料强度性能得到充分利用，故柱塞泵常做成高压泵。而且，只要改变柱塞的工作行程就能改变泵的排量，易于实现单向或双向变量。所以，柱塞泵具有压力高、结构紧凑、效率高及流量调节方便等优点。其缺点是结构较为复杂，有些零件对材料及加工工艺的要求较高，因而在各类容积式泵中，柱塞泵的价格最高。柱塞泵常用于需要高压大流量和流量需要调节的液压系统，如龙门刨床、拉床、液压机、起重机械等设备的液压系统。

柱塞泵按柱塞排列方向的不同，分为径向柱塞泵和轴向柱塞泵。

3.4.1　径向柱塞泵的工作原理

1. 径向柱塞泵的工作原理

如图 3-10 所示为径向柱塞泵的工作原理图。泵由转子 1、定子 2、柱塞 3、配油铜套 4、配油轴 5 等主要零件组成。柱塞沿径向均匀分布地安装在转子上。配油铜套和转子紧密配

合，并套装在配油轴上，配油轴是固定不动的。转子连同柱塞由电动机带动一起旋转。柱塞靠离心力（有些结构是靠弹簧或低压补油作用）紧压在定子的内壁面上。由于定子和转子之间有一偏心距 e，所以当转子按图示方向旋转时，柱塞在上半周内向外伸出，其底部的密封容积逐渐增大，产生局部真空，于是通过固定在配油盘轴上的窗口 a 吸油。当柱塞处于下半周时，柱塞底部的密封容积逐渐减小，通过配油轴窗口 b 把油液压出。转子转一周，每个柱塞各吸、压油一次。若改变定子和转子的偏心距 e，则泵的输出流量也改变，即为径向柱塞变量泵；若偏心距 e 从正值变为负值，则进油口和压油口互换，即为双向径向变量柱塞泵。

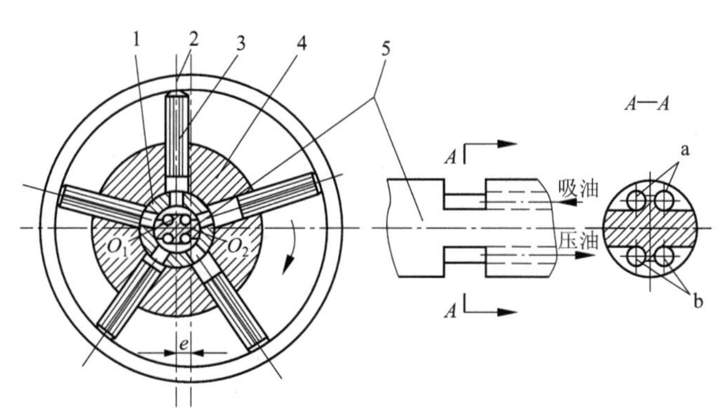

图 3-10 径向柱塞泵工作原理图

1—转子；2—定子；3—柱塞；4—配油铜套；5—配油轴；

a—吸油窗口；b—压油窗口

2. 径向柱塞泵的排量和流量

柱塞的行程为两倍偏心距 e，泵的排量为

$$V=\frac{\pi}{4}d^2 2ez=\frac{\pi}{2}d^2 ez \tag{3-16}$$

泵的实际输出流量为

$$q_V=\frac{\pi}{2}d^2 ezn\eta_V \tag{3-17}$$

式中 q_V——实际输出流量；

d——柱塞直径；

e——偏心距；

z——柱塞数；

n——转速；

η_V——容积效率。

径向柱塞泵的输出流量是脉动的。理论与实验分析表明，柱塞的数量为奇数时流量脉动小，因此，径向柱塞泵柱塞的个数通常是 7 个或 9 个。

径向柱塞泵输油量大，压力高，性能稳定，耐冲击性能好，工作可靠；但其径向尺寸大，结构较复杂，自吸能力差，且配油轴受到不平衡液压力的作用，柱塞顶部与定子内表面为点接触，容易磨损，这些都限制了它的应用，已逐渐被轴向柱塞泵替代。

3.4.2 轴向柱塞泵的工作原理

如图 3-11 所示为轴向柱塞泵的工作原理图。轴向柱塞泵的柱塞平行于缸体轴心线。它主要由斜盘 1、柱塞 2、缸体 3、配油盘 4、轴 5 和弹簧 6 等零件组成。斜盘 1 和配流盘 4 固定不动，斜盘法线和缸体轴线间的交角为 γ。缸体 3 由轴 5 带动旋转，缸体上均匀分布了若干个轴向柱塞孔，孔内装有柱塞 2，柱塞在弹簧力作用下，头部和斜盘靠牢。

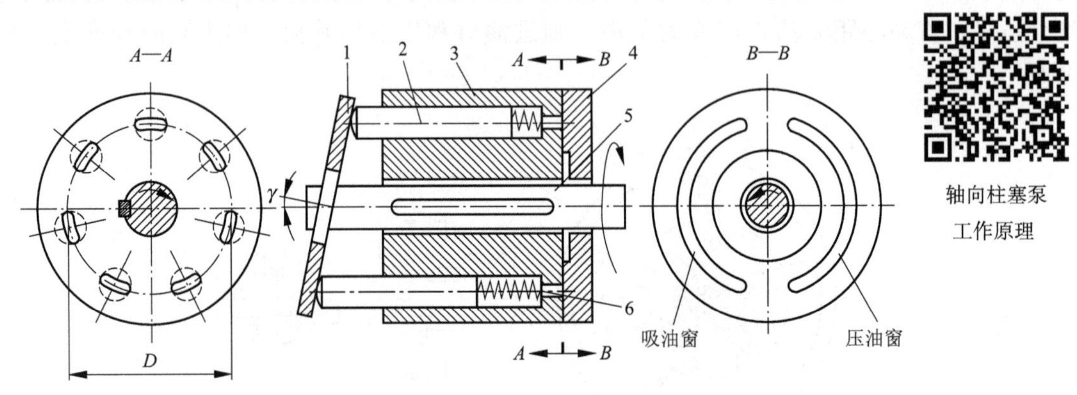

图 3-11 轴向柱塞泵工作原理图

1—斜盘；2—柱塞；3—缸体；4—配油盘；5—轴；6—弹簧

当缸体按如图 3-11 所示方向转动时，由于斜盘和压板的作用，迫使柱塞在缸体内作往复运动，使各柱塞与缸体间的密封容积作增大或缩小变化，通过配油盘的吸油窗口和压油窗口进行吸油和压油。当缸孔自最低位置向前上方转动（前面半周）时，柱塞在转角 $0\sim\pi$ 范围内逐渐向右压入缸体，柱塞与缸体内孔形成的密封容积减小，经配油盘压油窗口而压油；柱塞在转角 $\pi\sim2\pi$（里面半周）范围内，柱塞右端缸孔内密封容积增大，经配油盘吸油窗口而吸油。

如果改变斜盘倾角 γ 的大小，就能改变柱塞的行程长度，也就改变了泵的排量；如果改变斜盘的倾斜方向，就能改变泵的吸压油方向，而成为双向变量轴向柱塞泵。

3.5 液压泵的选用

液压泵是液压系统提供一定流量和压力的油液动力元件。它是每个液压系统不可缺少的核心元件，合理地选择液压泵对于降低液压系统的能耗、提高系统的效率、降低噪声、改善工作性能和保证系统的可靠工作都十分重要。

选择液压泵的原则是：根据主机工况、功率大小和系统对工作性能的要求，首先确定液压泵的类型，然后按系统所要求的压力、流量大小确定其规格型号。

表 3-2 列出了液压系统中常用液压泵的主要性能比较。

表 3-2　液压系统中常用液压泵的性能比较

性　　能	外啮合轮泵	双作用叶片泵	限压式变量叶片泵	径向柱塞泵	轴向柱塞泵	螺杆泵
输出压力	低压	中压	中压	高压	高压	低压
流量调节	不能	不能	能	能	能	不能
效率	低	较高	较高	高	高	较高
输出流量脉动	很大	很小	一般	一般	一般	最小
自吸特性	好	较差	较差	差	差	好
对油的污染敏感性	不敏感	较敏感	较敏感	很敏感	很敏感	不敏感
噪声	大	小	较大	大	大	最小

一般来说，由于各类液压泵各自突出的特点，其结构、功用和运转方式各不相同，因此应根据不同的使用场合选择合适的液压泵。一般在机床液压系统中，往往选用双作用叶片泵和限压式变量叶片泵；而在农业机械、港口机械以及小型工程机械中往往选择抗污染能力较强的齿轮泵；在负载大、功率大的场合往往选择柱塞泵。

3.6　液压泵常见故障及排除方法

表 3-3 列出了液压泵常见故障及排除方法。

表 3-3　液压泵常见故障及排除方法

故障现象	原因分析	排除方法
不排出油或无压力	1. 原动机和液压泵转向不一致 2. 油箱油位过低 3. 吸油管或滤油器堵塞 4. 启动时转速过低 5. 油液黏度过大或叶片移动不灵活 6. 叶片泵配油盘与泵体接触不良或叶片在滑槽内卡死 7. 进油口漏气 8. 组装螺钉过松	1. 纠正转向 2. 补油至油标线 3. 清洗吸油管路或滤油器，使其畅通 4. 使转速达到液压泵的最低转速以上 5. 检查油质，更换黏度适合的液压油或提高油温 6. 修理接触面，重新调试，清洗滑槽和叶片，重新安装 7. 更换密封件或接头 8. 拧紧螺钉

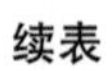

故障现象	原因分析	排除方法
流量不足或压力不能升高	1. 吸油管滤油器部分堵塞 2. 吸油端连接处密封不严，有空气进入，吸油位置太高 3. 叶片泵个别叶片装反，运动不灵活 4. 泵盖螺钉松动 5. 系统漏油 6. 齿轮泵轴向和径向间隙过大 7. 叶片泵定子内表面磨损 8. 柱塞泵柱塞与缸体或配油盘与缸体间磨损，柱塞回程不够或不能回程，引起缸体与配油盘间失去密封 9. 柱塞泵变量机构失灵 10. 侧板端磨损严重，漏损增加 11. 溢流阀失灵	1. 除去脏物，使吸油畅通 2. 在吸油端连接处涂油，若有好转，则紧固连接件，或更换密封，降低吸油高度 3. 逐个检查，不灵活叶片应重新研配 4. 适当拧紧 5. 对系统进行顺序检查 6. 找出间隙过大部位，采取措施 7. 更换零件 8. 更换柱塞，修磨配流盘与缸体的接触面，保证接触良好，检查或更换中心弹簧 9. 检查变量机构，纠正其调整误差 10. 更换零件 11. 检修溢流阀
噪声严重	1. 吸油管或滤油器部分堵塞 2. 吸油端连接处密封不严，有空气进入，吸油位置太高 3. 从泵轴油缝处有空气进入 4. 泵盖螺钉松动 5. 泵与联轴器不同心或松动 6. 油液黏度过高，油中有气泡 7. 吸入口滤油器通过能力太小 8. 转速太高 9. 泵体腔道阻塞 10. 齿轮泵齿形精度不高或接触不良，泵内零件损坏 11. 齿轮泵轴向间隙过小，齿轮内孔与端面垂直度或泵盖上两孔平行度超差 12. 溢流阀阻尼孔堵塞 13. 管路振动	1. 除去脏物，使吸油管畅通 2. 在吸油端连接处涂油，若有好转，则紧固连接件或更换密封，降低吸油高度 3. 更换油封 4. 适当拧紧 5. 重新安装，使其同心，紧固连接件 6. 换黏度适当液压油，提高油液质量 7. 改用通过能力较大的滤油器 8. 使转速降至允许最高转速以下 9. 清理或更换泵体 10. 更换齿轮或研磨修整，更换损坏零件 11. 检查并修复有关零件 12. 拆卸溢流阀清洗 13. 采取隔离消振措施
泄漏	1. 柱塞泵中心弹簧损坏，使缸体与配油盘间失去密封性 2. 油封或密封圈损伤 3. 密封表面不良 4. 泵内零件间磨损、间隙过大	1. 更换弹簧 2. 更换油封或密封圈 3. 检查修理 4. 更换或重新配研零件

续表

故障现象	原因分析	排除方法
过热	1. 油液黏度过高或过低 2. 侧板和轴套与齿轮端面严重摩擦 3. 油液变质，吸油阻力增大 4. 油箱容积太小，散热不良	1. 更换黏度适合的液压油 2. 修理或更换侧板和轴套 3. 换油 4. 加大油箱，扩大散热面积
柱塞泵变量机构失灵	1. 在控制油路上，可能出现阻塞 2. 变量活塞以及弹簧心轴卡死	1. 净化油，必要时冲洗油路 2. 如机械卡死，可研磨修复；如油液污染，则清洗零件并更换油液
柱塞泵不转	1. 柱塞与缸体卡死 2. 柱塞球头折断，滑履脱落	1. 研磨、修复 2. 更换零件

3.7 液　压　站

3.7.1 液压站的定义

液压站又称液压泵站，是独立的液压装置，它按驱动装置（主机）要求供油，并控制油流的方向、压力和流量，适用于主机与液压装置可分离的各种液压机械。只要将液压站与主机上的液压执行机构（油缸和油马达）用油管相连，液压机械即可实现各种规定的动作和工作循环。图3-12所示为一种液压站。

图3-12　液压站

3.7.2 液压站的工作原理及组成

1. 液压站的工作原理

电动机带动油泵旋转，泵从油箱中吸油加压并输出压力油，将机械能转化为液压油的压力能，液压油通过集成块（或阀组合）控制，实现方向、压力、流量的调节后经外接管路传输到液压机械的油缸或油马达，来完成液压系统的最后控制动作，从而实现液动机方向的变换、力量的大小及速度的快慢，推动各种液压机械做功。

2. 液压站的组成

液压站是由液压泵装置、集成块或阀组合、油箱、电器盒组合而成。其各部件功用如下。

液压泵装置　由驱动电动机和液压泵组成。它是液压站的动力源，其功能是将机械能转化为液压油的压力能。

集成块　由阀及通道体组合而成。它对液压泵输出的液压油实行方向、压力、流量的控制与调节。

阀组合　把板式阀装在立式安装板的前面，板后通过管路连接，其功能与集成块相同。

油箱　由钢板焊成的半封闭容器，用来对液压油进行储存、冷却及过滤。油箱内一般装有滤油器、油液指示器、空气滤清器等。

电器盒　电动机控制及电器控制板。简单电器盒是装置外接电气引线的端子板，复杂的则是配置了全套控制电器的控制箱。

3.7.3　液压站的分类

液压站的结构形式，主要以泵装置的结构形式、安装位置及冷却方式来区分。

1. 按泵装置的结构形式、安装位置可分为

1）上置立式

泵装置立式安装在油箱盖板上，主要用于定量泵系统。

2）上置卧式

泵装置卧式安装在油箱盖板上，主要用于变量泵系统，以便于流量调节。

3）旁置式

泵装置卧式安装在油箱旁单独的基础上，旁置式可装备备用泵，主要用于油箱容量大于250 L，电动机功率7.5 kW以上的系统。

2. 按泵装置的冷却方式可分为

1）自然冷却

靠油箱本身与空气热交换冷却，一般用于油箱容量小于250 L的液压系统。

2）强迫冷却

采取冷却器进行强制冷却，一般用于油箱容量大于250 L的系统。

3. 液压站的主要技术参数

液压站一般以油箱的有效储油量及电动机功率为主要技术参数。

油箱容量有多种规格，常见的容量规格（单位：升（L））有25、40、63、100、160、250、400、630、800、1 000、1 250、1 600、2 000、2 500、3 200 、4 000、5 000、6 000等。

本系列液压站根据用户要求及依据工况使用条件，可以做到：① 按系统配置集成块，也可不带集成块；② 可设置冷却器、加热器、蓄能器；③ 可设置电气控制装置，也可不带电气控制装置。

思考题与习题

3-1　简述液压泵的工作原理。

3-2　液压泵完成吸油和压油必须具备什么条件?

3-3　液压泵的额定压力与工作压力有什么不同? 液压泵的流量与压力有无关系? 流量和排量有什么不同?

3-4　齿轮泵存在哪三个共性问题? 通常采用什么措施来解决?

3-5　齿轮泵压力的提高主要受哪些因素的影响? 可以采取哪些措施来提高齿轮泵的压力?

3-6　双作用叶片泵和限压式变量叶片泵在结构上有何区别?

3-7　为什么轴向柱塞泵适用于高压?

3-8　外啮合齿轮泵、叶片泵和轴向柱塞泵使用时应注意哪些事项?

3-9　某液压泵在转速 $n=950$ r/min 时，理论流量 $q_{Vt}=160$ L/min。在同样的转速和压力 $p=29.5$ MPa 时，测得泵的实际流量为 $q_V=150$ L/min，总效率 $\eta=0.87$，求:

（1）泵的容积效率;

（2）泵在上述工况下所需的电动机功率;

（3）泵在上述工况下的机械效率。

第4章 液压执行元件

4.1 液压缸的类型和特点

液压缸（又称油缸）是液压系统中常用的一种执行元件，是把液体的压力能转变为机械能的装置，主要用于实现机构的直线往复运动，也可以实现摆动，其结构简单，工作可靠，应用广泛。

液压缸可按结构特点不同可分为活塞式、柱塞式和摆动式三类。

4.1.1 活塞式液压缸

活塞式液压缸可分为双杆式和单杆式两种结构形式，其安装又有缸筒固定和活塞杆固定两种方式。

1. 双杆活塞液压缸

双杆活塞液压缸的活塞两端都带有活塞杆，分为缸体固定和活塞杆固定两种安装形式，如图 4-1 所示。

因为双杆活塞液压缸的两活塞杆直径相等，所以当输入流量和油液压力不变时，其往返运动速度和推力相等。则缸的运动速度 v 和推力 F 分别为

$$v=\frac{q}{A}=\frac{4q\eta_v}{\pi(D^2-d^2)} \tag{4-1}$$

$$F=\frac{\pi}{4}(D^2-d^2)(p_1-p_2)\eta_m \tag{4-2}$$

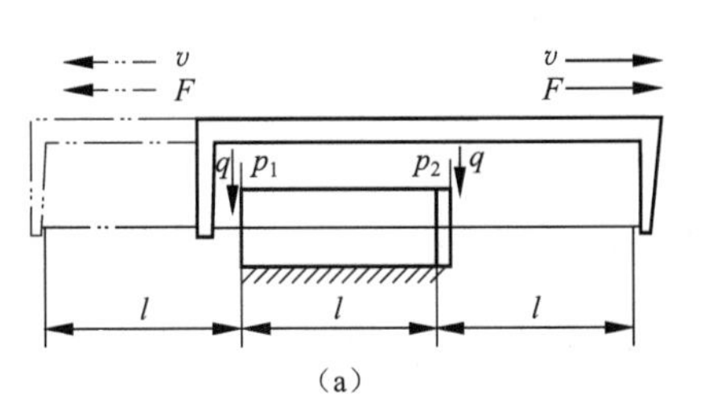

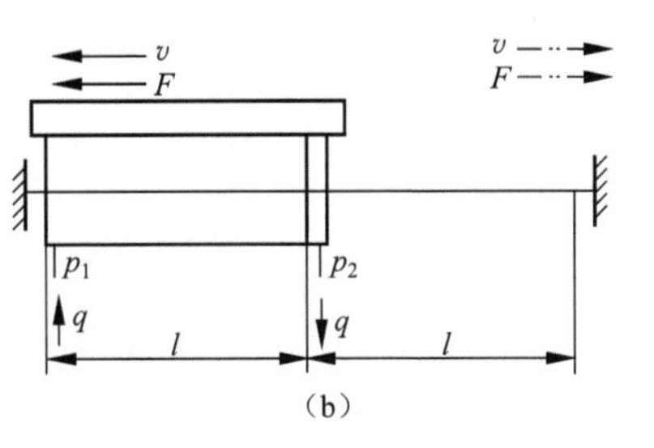

图 4-1 双杆活塞液压缸安装方式简图

(a) 缸体固定形式；(b) 活塞杆固定形式

双作用双活塞杆液压缸

式中 p_1、p_2——缸的进、回油压力；

η_v、η_m——缸的容积效率和机械效率；

D、d——活塞直径和活塞杆直径；

q——输入流量；

A——活塞有效工作面积。

这种液压缸常用于要求往返运动速度相同的场合。

2. 单杆活塞液压缸

单杆活塞液压缸的活塞仅一端带有活塞杆，活塞双向运动可以获得不同的速度和输出力。其简图及油路连接方式如图 4-2 所示。

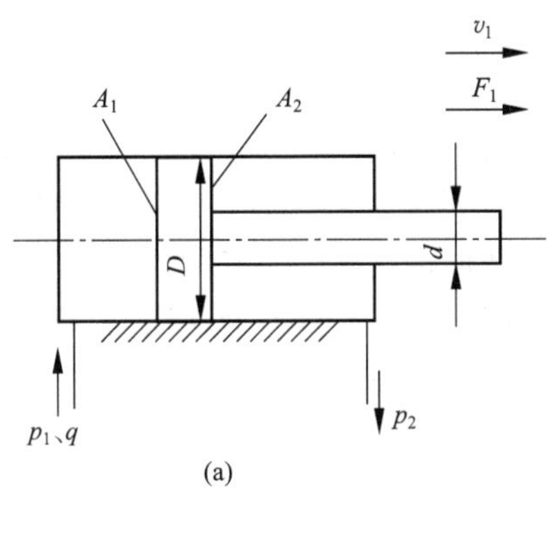

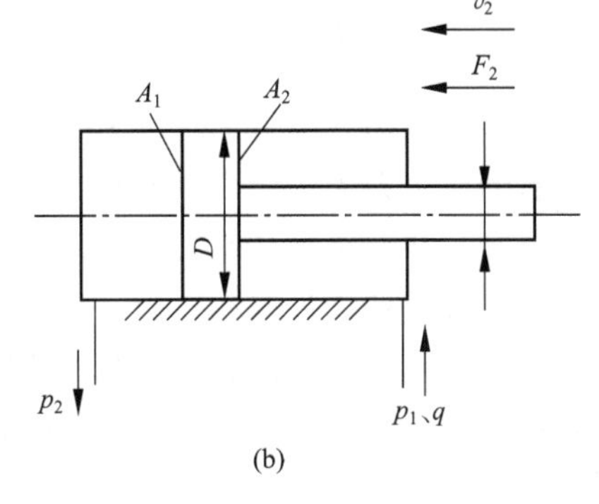

双作用单活塞杆液压缸

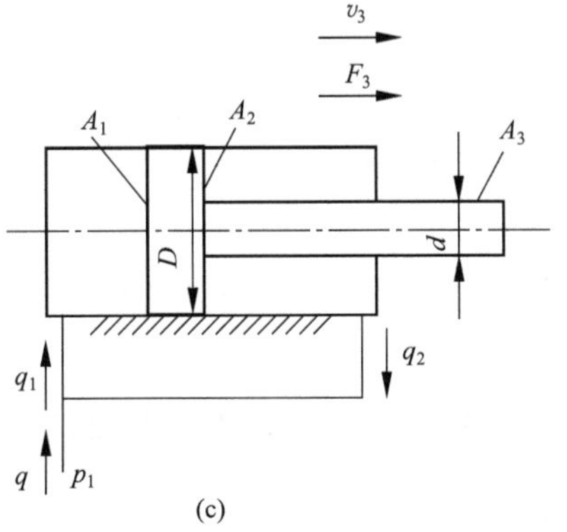

单杆活塞液压缸工作原理

图 4-2 双作用单杆活塞液压缸计算简图

(a) 无杆腔进油；(b) 有杆腔进油；(c) 差动连接

（1）当无杆腔进油时［图4-2（a）］，活塞的运动速度 v_1 和推力 F_1 分别为

$$v_1=\frac{q}{A_1}\eta_v=\frac{4q}{\pi D^2}\eta_v \tag{4-3}$$

$$F_1=(p_1A_1-p_2A_2)\eta_m=\frac{\pi}{4}[D^2p_1-(D^2-d^2)p_2]\eta_m \tag{4-4}$$

（2）当有杆腔进油时［图4-2（b）］，活塞的运动速度 v_2 和推力 F_2 分别为

$$v_2=\frac{q}{A_2}\eta_v=\frac{4q}{\pi(D^2-d^2)}\eta_v \tag{4-5}$$

$$F_2=(p_2A_2-p_1A_1)\eta_m=\frac{\pi}{4}[(D^2-d^2)p_1-D^2p_2]\eta_m \tag{4-6}$$

式中符号意义同式（4-1）、式（4-2）。

比较上述各式，可以看出：$v_2>v_1$，$F_1>F_2$；液压缸往复运动时的速度比为

$$\psi=\frac{v_2}{v_1}=\frac{D^2}{D^2-d^2} \tag{4-7}$$

上式表明，当活塞杆直径越小时，速度比接近1，在两个方向上的速度差值就越小。

（3）液压缸差动连接时［图4-2（c）］，活塞的运动速度 v_3 为

$$v_3=\frac{q}{A_1-A_2}\eta_v=\frac{4q}{\pi d^2}\eta_v \tag{4-8}$$

在忽略两腔连通油路压力损失的情况下，差动连接液压缸的推力 F_3 为

$$F_3=p_1(A_1-A_2)\eta_m=\frac{\pi}{4}d^2p_1\eta_m \tag{4-9}$$

当单杆活塞缸两腔同时通入压力油时，由于无杆腔有效作用面积大于有杆腔的有效作用面积，使得活塞向右的作用力大于向左的作用力，因此，活塞向右运动，活塞杆向外伸出；与此同时，又将有杆腔的油液挤出，使其流进无杆腔，从而加快了活塞杆的伸出速度，单杆活塞液压缸的这种连接方式被称为差动连接。差动连接时，液压缸的有效作用面积是活塞杆的横截面积，工作台运动速度比无杆腔进油时的速度大，而输出力则减小。差动连接是在不增加液压泵容量和功率的条件下，实现快速运动的有效办法。

（4）差动液压缸计算举例。

［例3-1］ 已知单杆活塞液压缸的缸筒内径 $D=100$ mm，活塞杆直径 $d=70$ mm，进入液压缸的流量 $q=25$ L/min，压力 $p_1=2$ MPa，$p_2=0$。液压缸的容积效率和机械效率分别为0.98、0.97，试求在图4-2（a）、（b）、（c）所示的三种工况下，液压缸可推动的最大负载和运动速度，并给出运动方向。

解 ① 在图4-2（a）中，液压缸无杆腔进压力油，回油腔压力为零，因此，可推动的最大负载为

$$F_1=\frac{\pi}{4}D^2p_1\eta_m=\frac{\pi}{4}\times0.1^2\times2\times10^6\times0.97=15\ 237\ (\text{N})$$

液压缸向右运动，其运动速度为

$$v_1=\frac{4q}{\pi D^2}\eta_v=\frac{4\times25\times10^{-3}\times0.98}{\pi\times0.1^2\times60}=0.052\ (\text{m/s})$$

② 在图4-2（b）中，液压缸为有杆腔进压力油，无杆腔回油压力为零，可推动的负载为

$$F_2=\frac{\pi}{4}(D^2-d^2)p_1\eta_m=\frac{\pi}{4}(0.1^2-0.07^2)\times2\times10^6\times0.97=7\ 771\ (\text{N})$$

液压缸向左运动，其运动速度为

$$v_2=\frac{4q}{\pi\ (D^2-d^2)}\eta_m=\frac{4\times25\times10^{-3}\times0.98}{\pi\ (0.1^2-0.07^2)\ \times60}=0.102\ (\text{m/s})$$

③ 在图4-2（c）中，液压缸差动连接，可推动的负载为

$$F_3=\frac{\pi}{4}d^2p_1\eta_m=\frac{\pi}{4}\times0.07^2\times2\times10^6\times0.97=6\ 466\ (\text{N})$$

液压缸向右运动，其运动速度为

$$v_3=\frac{4q}{\pi d^2}\eta_v=\frac{4\times25\times10^{-3}\times0.98}{\pi\times0.07^2\times60}=0.106\ (\text{m/s})$$

4.1.2　柱塞式液压缸

如图4-3（a）所示为柱塞式液压缸的结构简图。柱塞缸由缸筒2、柱塞1、导向套、密封圈和压盖等零件组成。柱塞和缸筒内壁不接触，因此缸筒内孔不需精加工，工艺性好，成本低。柱塞式液压缸是单作用的，它的回程需要借助自重或弹簧等其他外力来完成。如果要获得双向运动，可将两柱塞液压缸成对使用［图4-3（b）］。柱塞缸的柱塞端面是受压面，其面积大小决定了柱塞缸的输出速度和推力。为保证柱塞缸有足够的推力和稳定性，一般柱塞较粗，质量较大，水平安装时易产生单边磨损，故柱塞缸适宜于垂直安装使用。为减轻柱塞的质量，有时制成空心柱塞。

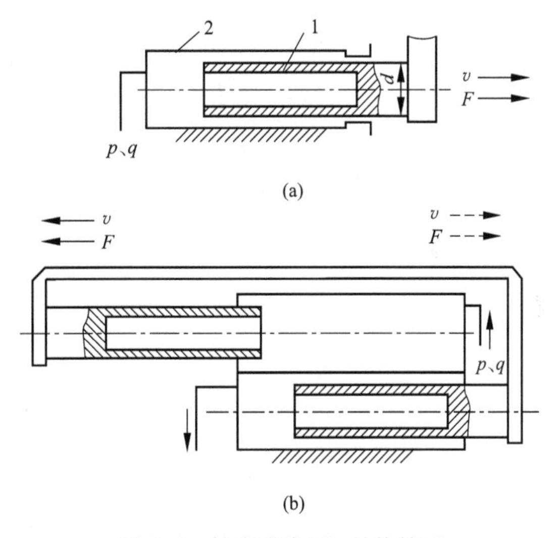

图4-3　柱塞式液压缸结构简图

（a）结构简图；（b）成对使用

1—柱塞；2—缸筒

柱塞缸工作原理

柱塞缸结构简单，制造方便，常用于工作行程较长的场合，如大型拉床、矿用液压支架等。

4.1.3　摆动式液压缸

摆动式液压缸能实现小于360°角度的往复摆动运动。由于它可直接输出扭矩，故又称为摆动液压马达，主要有单叶片式和双叶片式两种结构形式。

图4-4（a）所示为单叶片式摆动液压缸。它摆动角较大，可达300°。单叶片式摆动液压缸主要由叶片1、摆动轴2、定子块3、缸体4等主要零件组成。两个工作腔之间的密封靠叶片和隔板外缘所嵌的框形密封件来保证。定子块固定在缸体上，而叶片和摆动轴连接在一

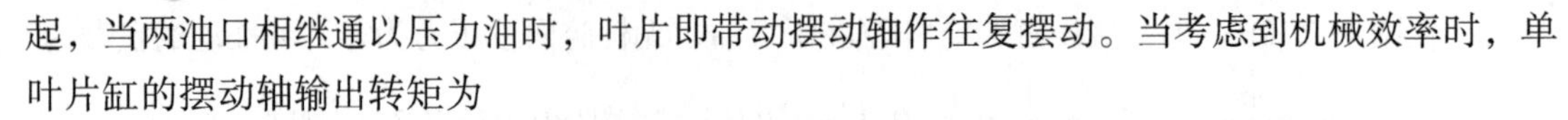

起，当两油口相继通以压力油时，叶片即带动摆动轴作往复摆动。当考虑到机械效率时，单叶片缸的摆动轴输出转矩为

$$T=\frac{b}{8}\left(D^2-d^2\right)\left(p_1-p_2\right)\eta_m \tag{4-10}$$

输出角速度为

$$\omega=\frac{8q\eta_v}{b\left(D^2-d^2\right)} \tag{4-11}$$

式中 D——缸体内孔直径；

d——摆动轴直径；

b——叶片宽度；

η_v——容积效率；

η_m——机械效率。

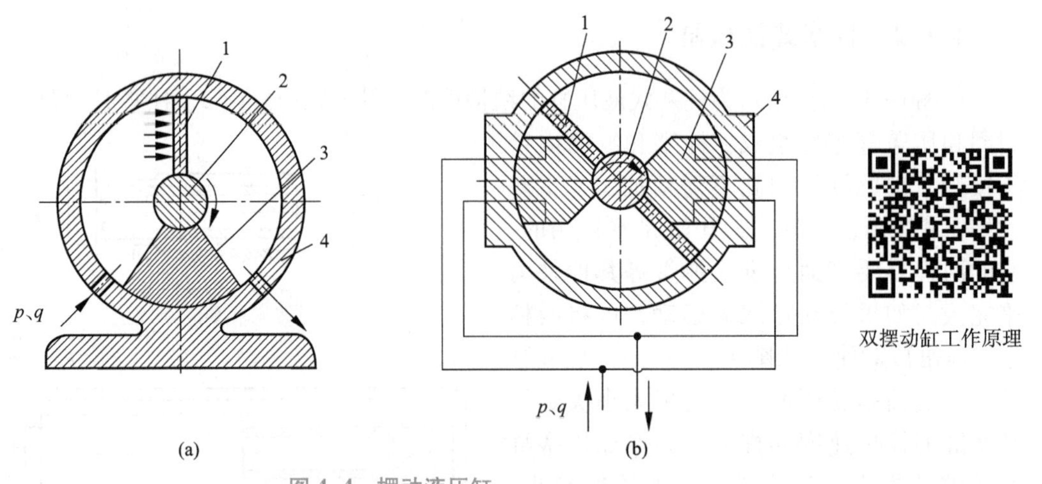

图 4-4　摆动液压缸

（a）单叶片式摆动液压缸；（b）双叶片式摆动液压缸

1—叶片；2—摆动轴；3—定子块；4—缸体；p—工作压力；q—输入流量

图 4-4（b）所示为双叶片式摆动液压缸。双叶片式摆动液压缸的摆角一般不超过150°。当输入压力和流量不变时，双叶片摆动液压缸摆动轴输出转矩是相同参数单叶片摆动缸的 2 倍，而摆动角速度则是单叶片的一半。

摆动缸结构紧凑，输出转矩大，但密封困难，一般只用于中、低压系统中往复摆动、转位或间歇运动的地方。

4.2 液压缸的设计计算

液压缸的设计是在对所设计的液压系统进行工况分析、负载计算和确定了其工作压力的

基础上进行的。首先根据使用要求确定液压缸的类型，再按负载和运动要求确定液压缸的主要结构尺寸，必要时需进行强度验算，最后进行结构设计。

液压缸的主要尺寸包括液压缸的内径 D、缸的长度 L、活塞杆直径 d，主要根据液压缸的负载、活塞运动速度和行程等因素来确定上述参数。

4.2.1　液压缸工作压力的确定

液压缸的推力 F 是由油液的工作压力 p 和活塞的有效工作面积 A 来确定的，而活塞的运动速度是由输入缸的液压油的流量 q 和活塞的有效工作面积 A 确定的，即

$$F=Ap \tag{4-12}$$

$$v=\frac{q}{A} \tag{4-13}$$

式中　F——活塞（或缸）的推力；

p——进油腔的工作压力；

A——活塞的有效工作压力；

q——输入液压缸的液压油的流量；

v——活塞（或缸）运动的速度。

由以上两式可见，当缸的推力 F 一定时，工作压力 p 取得高，活塞的有效面积 A 就小，缸的结构就紧凑，但液压元件的性能及密封要求要相应提高；压力 p 取得低，活塞有效面积 A 就大，缸的结构尺寸就大，要使工作机构得到同样的速度就要求有较大的流量，这将使有关的泵、阀等液压元件的规格相应增大，有可能导致整个液压系统的结构庞大。

设计时，液压缸的工作压力可按负载大小由表 4-1 确定，也可按液压设备类型参考表 4-2 来确定。

表 4-1　液压缸负载与工作压力之间关系

负载 F/N	<5 000	5 000～10 000	10 000～20 000	20 000～30 000	30 000～50 000	>50 000
工作压力 p_1/MPa	<0.8～2.0	1.5～2.0	2.5～3.0	3.0～4.0	4.0～5.0	≥5.0～7.0

表 4-2　各类液压设备常用的工作压力

设备类型	磨床	组合机床	车床 铣床 镗床	拉床	龙门刨床	农业机械 小型工程机械	液压机 重型机械 起重运输机械
工作压力 p_1/MPa	0.8～2.0	3.0～5.0	2.0～4.0	8.0～10.0	2.0～8.0	10.0～16.0	20.0～32.0

4.2.2　液压缸主要尺寸的计算

液压缸的主要尺寸为缸筒内径、活塞杆直径和缸筒长度等。

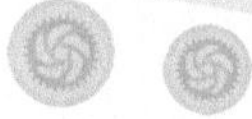

1. 缸筒的内径 D

根据公式 $F=pA$，由活塞所需推力 F 和工作压力 p 即可算出活塞应有的有效面积 A，进一步根据液压缸的不同结构形式，计算缸筒的内径 D。

2. 活塞杆的直径 d

直径 d 的值可按表 4-3 初步选取。如果液压缸两个方向的运动速度比有一定要求时，还需考虑这方面要求。

实际采用的直径 D 和 d 还应符合国家颁布的有关标准。

表 4-3 活塞杆直径的选取

活塞杆受力情况	工作压力 p/MPa	活塞杆直径 d
受拉	—	$d=$（0.30～0.50）D
受压	$p\leqslant5$	$d=$（0.50～0.55）D
	$5<p\leqslant7$	$d=$（0.60～0.70）$>D$
	$p>7$	$d=0.70D$

3. 液压缸筒的长度 L

液压缸筒长度由所需行程及结构上的需要确定，一般可按如下公式计算：

L=活塞行程+活塞长度+活塞杆导向长度+活塞杆密封长度+其他长度

其中，活塞长度=（0.6～1.0）D，导向套长度=（0.6～1.5）D，其他长度是指一些装置所需长度，如缸两端缓冲所需长度等。一般液压缸缸体长度 L 不大于缸内径 D 的 20～30 倍。

4.2.3 液压缸的校核

1. 缸筒壁厚校核

在中、低压系统中，缸筒壁厚由结构工艺决定，一般不作校核。在压力较高和直径较大时，有必要校核缸壁最薄处的壁厚强度。

2. 薄壁圆筒壁厚 δ 校核

当缸体内径 D 和壁厚 δ 之比，即 $\dfrac{D}{\delta}>10$ 时，为薄壁缸筒，δ 按下式校核：

$$\delta\geqslant\frac{p_yD}{2[\sigma]} \tag{4-14}$$

式中 $[\sigma]$——缸筒材料的许用应力；

p_y——缸体的试验压力。

当缸筒内的额定工作压力 $p\leqslant16$ MPa 时，$p_y=1.5p$；$p>16$ MPa 时，$p_y=1.25p$。

3. 厚壁圆筒壁厚 δ 校核

当 $\dfrac{D}{\delta}<10$ 时，为厚壁缸筒，δ 按下式校核：

$$\delta\geqslant\frac{D}{2}\left[\sqrt{\frac{[\sigma]+0.4p_y}{[\sigma]-1.3p_y}}-1\right] \tag{4-15}$$

4. 活塞杆强度及压杆稳定性校核

活塞直径按下式验算：

$$d \geqslant \sqrt{\frac{4F}{\pi[\sigma]}} \tag{4-16}$$

式中 F——活塞杆上的作用力；

$[\sigma]$——活塞杆材料的许用应力。

当活塞杆长径比较大，且受轴向压缩负载时，当轴向力超过某一临界值时活塞杆就会失去稳定性，应对其稳定性进行校核。其稳定性可按材料力学公式计算。此外，对连接螺钉也应进行强度校核。

4.3 液压缸的结构设计

在液压传动设计中，除液压泵和液压阀可选用标准元件外，液压缸往往需要自行设计和制造。除了液压缸的基本尺寸需要计算外，还需对结构进行设计。结构设计中重点考虑缸筒和缸盖、活塞和活塞杆、密封装置、缓冲装置和排气装置等部分。

4.3.1 缸筒与缸盖的连接

常见的缸筒与缸盖的连接结构如图4-5所示。

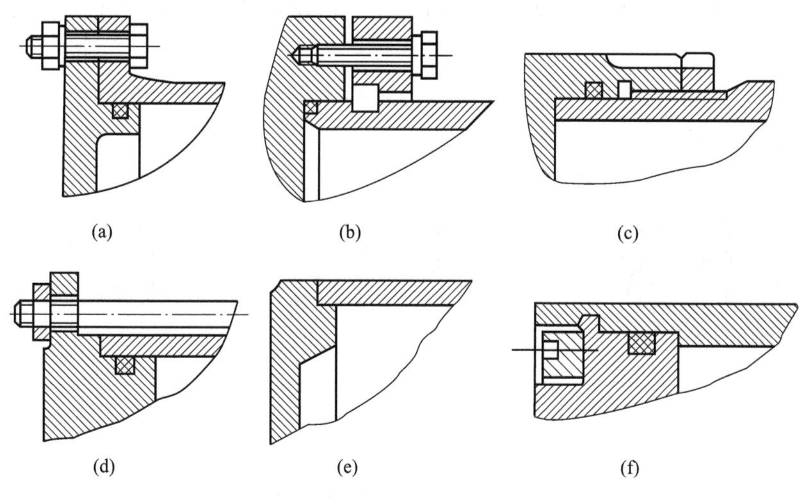

图4-5 缸筒与缸盖的连接结构

（a）法兰式；（b）半环式；（c）外螺纹式；（d）拉杆式；（e）焊接式；（f）内螺纹式

（1）法兰式连接：结构简单，加工方便，连接可靠，但是要求缸筒端部有足够的壁厚，用以安装螺栓或旋入螺钉。缸筒端部一般用铸造、镦粗或焊接方式制成粗大的外径，它是常用的一种连接形式。

（2）半环式连接：分为外半环连接和内半环连接两种连接形式。半环连接工艺性好，连接可靠，结构紧凑，但削弱了缸筒强度。半环式连接应用十分普遍，常用于无缝钢管缸筒与端盖的连接中。

（3）螺纹式连接：有外螺纹连接和内螺纹连接两种。其特点是体积小，质量轻，结构紧凑，但缸筒端部结构较复杂。这种连接形式一般用于要求外形尺寸小、质量轻的场合。

（4）拉杆式连接：结构简单，工艺性好，通用性强，但端盖的体积和质量较大，拉杆受力后会拉伸变长，影响密封效果，只适用于长度不大的中、低压液压缸。

（5）焊接式连接：强度高，制造简单，但焊接时易引起缸筒变形。

缸筒是液压缸的主体，其内孔一般采用镗削、绞孔、滚压或珩磨等精密加工工艺制造，要求表面粗糙度在 0.1～0.4 μm，使活塞及其密封件、支承件能顺利滑动，从而保证密封效果，减少磨损；缸筒要承受很大的液压力，因此，应具有足够的强度和刚度。

缸盖装在缸筒两端，与缸筒形成封闭油腔，同样承受很大的液压力，因此，端盖及其连接件都应有足够的强度。设计时既要考虑强度，又要选择工艺性较好的结构形式。

导向套对活塞杆或柱塞起导向和支承作用，有些液压缸不设导向套，直接用缸盖孔导向，这种结构简单，但磨损后必须更换缸盖。

缸筒、缸盖和导向套的材料选择和技术要求可参考液压设计手册。

4.3.2 活塞与活塞杆的连接形式

活塞和活塞杆的连接方式很多，常见的有锥销连接、螺纹连接和半环连接。

如图 4-6（a）所示为锥销连接，其加工容易，装拆方便，但承载能力小，多用于中、低压轻载液压缸中。

如图 4-6（b）所示为螺纹连接，其装卸方便，连接可靠，适用尺寸范围广，但一般应有锁紧装置。

如图 4-6（c）所示为半环连接，其连接强度高，但结构复杂，装拆不便，多用于高压大负载和振动较大的场合。

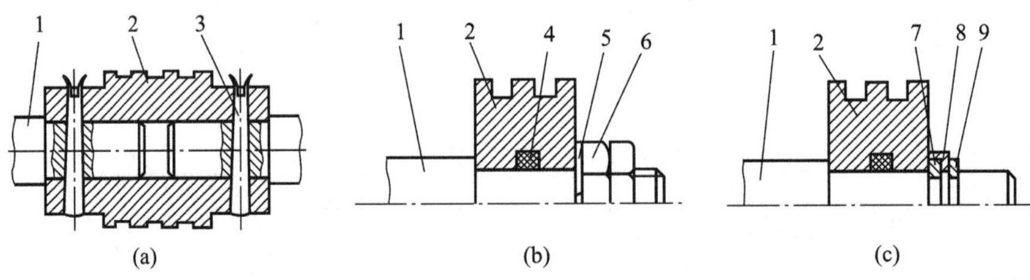

图 4-6　活塞与活塞杆的连接形式

（a）锥销连接；（b）螺纹连接；（c）半环连接

1—活塞杆；2—活塞；3—销；4—密封圈；5—弹簧圈；6—螺母；

7—半环；8—套环；9—弹簧卡圈

液压缸的

缓冲过程

4.3.3 缓冲装置

当液压缸带动质量较大的部件作快速往复运动时，由于运动部件具有很大的动能，因此

当活塞运动到液压缸终端时，会与缸盖碰撞，从而产生冲击和噪声。这种机械冲击不仅引起液压缸的有关部分的损坏，而且会引起其他相关机械的损伤。为了防止这种危害，保证安全，应采取缓冲措施，对液压缸运动速度进行控制。常见的缓冲装置主要有下述几种：

1. 圆柱形环隙式缓冲装置

如图4-7（a）所示，当缓冲柱塞A进入缸盖上的内孔时，缸盖和柱塞间形成环形缓冲油腔B，被封闭的油液只能经环状间隙δ排出，产生缓冲压力，从而实现减速缓冲。这种装置在缓冲过程中，由于回油通道的节流面积不变，故缓冲开始产生的缓冲制动力很大，其缓冲效果很差，液压冲击很大，且实现减速所需行程较长，但这种装置结构简单，便于设计和降低成本，所以在一般系列化的成品液压缸中多采用这种缓冲装置。

2. 圆锥形环隙式缓冲装置

如图4-7（b）所示，由于缓冲柱塞A为圆锥形，所以缓冲环状间隙δ随位移量不同而改变，即节流面积随缓冲行程的增大而缩小，使机械能的吸收较均匀，其缓冲效果较好，但仍有液压冲击。

3. 可变节流槽式缓冲装置

如图4-7（c）所示，在缓冲柱塞A上开有三角节流沟槽，节流面积随着缓冲行程的增大而逐渐减小，其缓冲压力变化较平缓。

4. 可调节流孔式缓冲装置

如图4-7（d）所示，当缓冲柱塞A进入到缸盖内孔时，回油口被柱塞堵住，只能通过节流阀C回油，调节节流阀的开度，可以控制回油量，从而控制活塞的缓冲速度。当活塞反向运动时，压力油通过单向阀D很快进入到液压缸内，并作用在活塞的整个有效面积上，故活塞不会因推力不足而产生启动缓慢现象。这种缓冲装置可以根据负载情况调整节流阀开度的大小，改变缓冲压力的大小，因此适用范围较广。

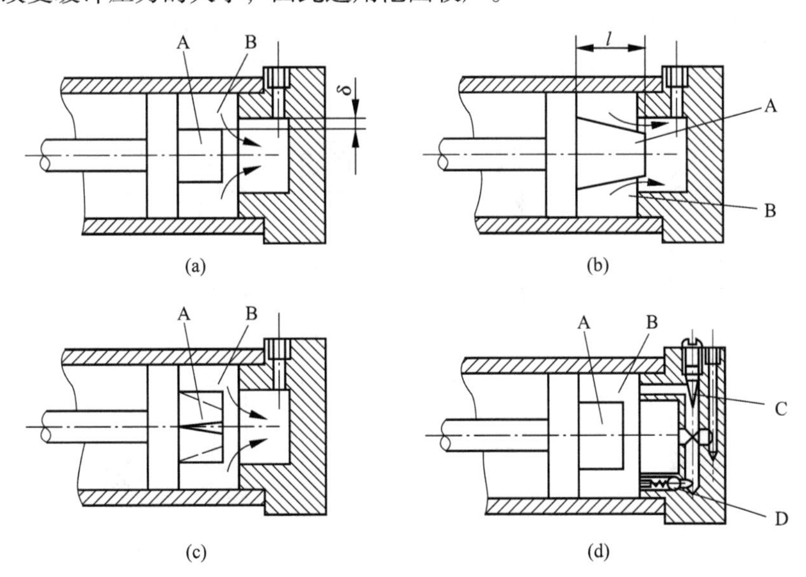

图4-7 液压缸缓冲装置

（a）圆柱形环隙式；（b）圆锥形环隙式；（c）可变节流槽式；（d）可调节流孔式

A—缓冲柱塞；B—缓冲油腔；C—节流阀；D—单向阀

4.3.4 排气装置

液压传动系统往往会混入空气，使系统工作不稳定，产生振动、噪声及工作部件爬行和前冲等现象，严重时会使系统不能正常工作。因此，设计液压缸时，必须考虑空气的排除。

对于要求不高的液压缸，往往不设计专门的排气装置，而是将油口布置在缸筒两端的最高处，这样也能使空气随油液排往油箱，再从油箱溢出；对于速度稳定性要求较高的液压缸和大型液压缸，常在液压缸的最高处设置专门的排气装置，如排气塞、排气阀等。如图4-8所示为一种排气塞。当松开排气塞或阀的锁紧螺钉后，让液压缸全行程空载往复运动若干次，带有气泡的油液就会被排出。然后再拧紧排气塞螺钉，液压缸便可正常工作。

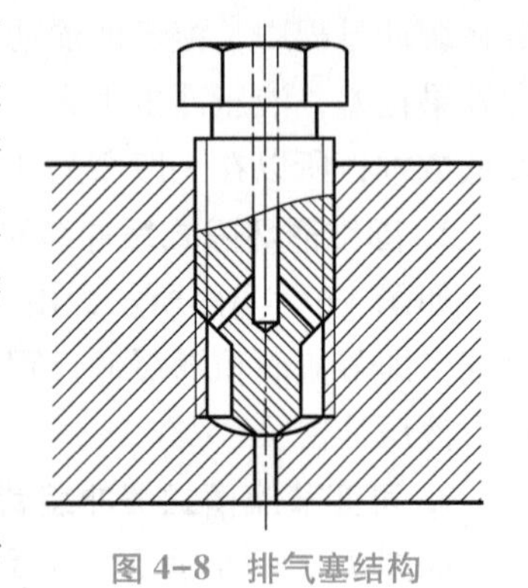

图4-8 排气塞结构

4.3.5 液压缸的密封装置

液压缸的密封装置用以防止油液的泄漏，常用的密封方法有间隙密封和用橡胶密封圈密封。

1. 间隙密封

间隙密封是依靠相对零件配合面之间的微小间隙来防止泄漏的，是最简单的一种密封方法。间隙密封方法的摩擦阻力小，但密封性能差，加工精度要求高，因此，只适用于尺寸较小、压力较低、运动速度较高的场合。活塞与液压缸壁之间的间隙通常取0.02～0.05 mm。

2. 密封圈密封

密封圈密封是液压系统中应用最广泛的一种密封方法。密封圈用耐油橡胶、尼龙等材料制成，其截面通常做成O形、Y形、V形等，如图4-9所示的是常用的几种密封圈。

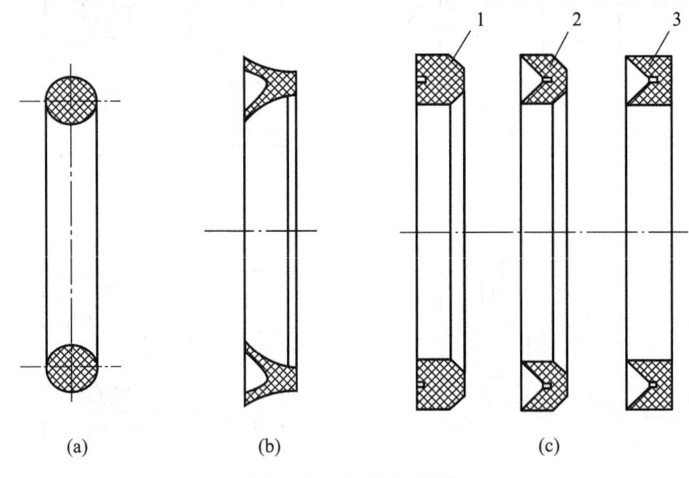

图4-9 常用密封圈

(a) O形；(b) Y形；(c) V形

1—支承环；2—密封环；3—压环

4.4 液压马达

液压马达是执行元件。液压马达和液压泵一样，都是依靠密封工作容积的变化实现能量的转换，都属容积式，同样具有配流机构。液压马达与液压缸的不同在于：液压马达是实现旋转运动，输出机械能的形式是转矩和转速；液压缸是实现往复直线运动（或往复摆动），输出机械能的形式是力和速度（或扭矩和角速度）。

4.4.1 液压马达的主要参数

从液压马达的功用来看，其主要参数为转矩 T 和转速 n。

液压马达实际输出转矩与转速分别为

$$T=\frac{1}{2\pi}\Delta pV\eta_m \tag{4-17}$$

$$n=\frac{q\eta_v}{V} \tag{4-18}$$

式中 Δp——马达进出口压差；

q——马达输入流量；

V——马达排量；

η_m——马达容积效率；

η_v——马达机械效率。

4.4.2 轴向柱塞式液压马达

如图4-10是轴向柱塞式液压马达的工作原理图。当压力油经配油盘通入柱塞底部孔时，柱塞受压力油作用向外伸出，并紧压在斜盘上，这时斜盘对柱塞产生一反作用力 F。由于斜盘倾斜角为 γ，所以 F 可分解为两个分力：一个轴向分力 F_x，它和作用在柱塞上的液压作用力相平衡；另一个分力 F_y，它使缸体产生转矩。设柱塞和缸体的垂直中心线成 φ 角，此柱塞产生的转矩为

$$T_i=F_ya=F_yR\sin\varphi=F_xR\tan\gamma\sin\varphi \tag{4-19}$$

式中 R——柱塞在缸体中的分布圆半径。

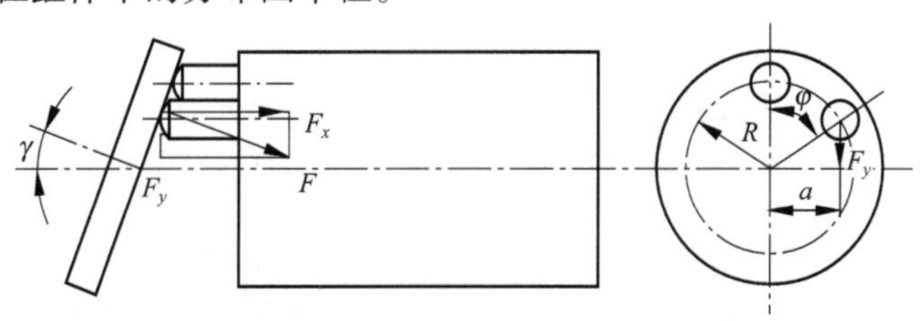

图4-10 轴向柱塞式液压马达工作原理图

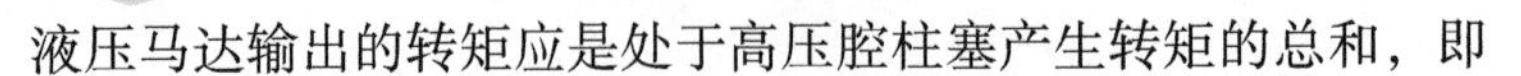

液压马达输出的转矩应是处于高压腔柱塞产生转矩的总和，即

$$T=\sum F_x R\tan\gamma\sin\varphi \tag{4-20}$$

由于柱塞的瞬时方位角 φ 是变量，柱塞产生的转矩也发生变化，故液压马达产生的总转矩也是脉动的。

4.5 液压执行元件的常见故障及排除方法

液压缸和液压马达的常见故障排除方法分别见表 4-4 和表 4-5。

表 4-4 液压缸常见故障及排除方法

故障现象	原因分析	排除方法
爬行	1. 混入空气 2. 运动密封件装配过紧 3. 活塞杆与活塞不同轴 4. 导向套与缸筒不同轴 5. 活塞杆弯曲 6. 液压缸安装不良，其中心线与导轨不平行 7. 缸筒内径圆柱度超差 8. 缸筒内孔锈蚀，拉毛 9. 活塞杆两端螺母拧得过紧，使其同轴度降低 10. 活塞杆刚性差 11. 液压缸运动件之间间隙过大 12. 导轨润滑不良	1. 排除空气 2. 调整密封圈，使之松紧适当 3. 校正、修正或更换 4. 修正调整 5. 校直活塞杆 6. 重新安装 7. 镗磨修复，重配活塞或增加密封件 8. 除去锈蚀、毛刺或重新镗磨 9. 略松螺母，使活塞杆处于自然状态 10. 加大活塞杆直径 11. 减小配合间隙 12. 保持良好润滑
冲击	1. 缓冲间隙过大 2. 缓冲装置中的单向阀失灵	1. 减小缓冲间隙 2. 修理单向阀
推力不足或工作速度下降	1. 缸体和活塞的配合间隙过大，或密封件损坏，造成内泄漏 2. 缸体和活塞的配合间隙过小，密封过紧，运动阻力大 3. 运动零件制造存在误差和装配不良，引起不同心或单面剧烈摩擦 4. 活塞杆弯曲，引起剧烈摩擦 5. 缸体内孔拉伤与活塞咬死，或缸体内孔加工不良 6. 液压油中杂质过多，使活塞杆卡死 7. 油温过高，加剧泄漏	1. 修理或更换不合精度要求的零件，重新装配、调整或更换密封件 2. 增加配合间隙，调整密封件的压紧程度 3. 修理误差较大的零件重新装配 4. 校直活塞杆 5. 镗磨、修复缸体或更换缸体 6. 清洗液压系统，更换液压油 7. 分析温升原因，改进密封结构，避免温升过高

续表

故障现象	原因分析	排除方法
外泄漏	1. 密封件咬边、拉伤或破坏 2. 密封件方向装反 3. 缸盖螺钉未拧紧 4. 运动零件之间有纵向拉伤和沟痕	1. 更换密封件 2. 改正密封件方向 3. 拧紧螺钉 4. 修理或更换零件

表 4-5　液压马达常见故障及排除方法

故障现象	原因分析	排除方法
转速低输出转矩小	1. 由于滤油器阻塞，油液黏度过大，泵间隙过大，泵效率低，使供油不足 2. 电动机转速低，功率不匹配 3. 密封不严，有空气进入 4. 油液污染，堵塞马达内部通道 5. 油液黏度小，内泄漏增大 6. 油箱中油液不足、管径过小或过长 7. 齿轮马达侧板和齿轮两侧面、叶片马达配油盘和叶片等零件磨损造成内泄漏和外泄漏 8. 单向阀密封不良，溢流阀失灵	1. 清洗滤油器、更换黏度适当的油液，保证供油量 2. 更换电动机 3. 紧固密封 4. 拆卸、清洗马达，更换油液 5. 更换黏度适合的油液 6. 加油，加大吸油管径 7. 对零件进行修复 8. 修理阀芯和阀座
噪声过大	1. 进油口滤油器堵塞，进油管漏气 2. 联轴器与马达轴不同心或松动 3. 齿轮马达齿形精度低，接触不良，轴向间隙小，内部个别零件损坏，齿轮内孔与端面不垂直，端盖上两孔不平行，滚针轴承断裂，轴承架损坏 4. 叶片和主配油盘接触的两侧面、叶片顶端或定子内表面磨损或刮伤，扭力弹簧变形或损坏 5. 径向柱塞马达的径向尺寸严重磨损	1. 清洗，紧固接头 2. 重新安装调整或紧固 3. 更换齿轮，或研磨修整齿形，研磨有关零件重配轴向间隙，对损坏零件进行更换 4. 根据磨损程度修复或更换 5. 修磨缸孔，重配柱塞
泄漏	1. 管接头未拧紧 2. 接合面螺钉未拧紧 3. 密封件损坏 4. 配油装置发生故障 5. 相互运动零件的间隙过大	1. 拧紧管接头 2. 拧紧螺钉 3. 更换密封件 4. 检修配油装置 5. 重新调整间隙或修理、更换零件

思考题与习题

4-1　液压缸有哪些类型？它们的工作特点是什么？

4-2　什么是差动连接？它适用于什么场合？

4-3　液压缸由哪几部分组成？密封、缓冲和排气的作用是什么？

4-4　某液压系统执行元件为双活塞杆液压缸，液压缸的工作压力 $p=3.5$ MPa，活塞直径 $D=0.09$ m。活塞杆直径 $d=0.04$ m，工作进给速度 $v=0.0152$ m/s。液压缸能克服多大阻力？液压缸所需流量为多少？

4-5　某差动连接液压缸，已知进油量 $q=30$ L/min ，进油压力 $p=4$ MPa ，要求活塞往复运动速度均为 6 m/min，试计算此液压缸筒内径 D 和活塞杆直径 d，并求输出推力 F。

4-6　在液压缸结构设计时，通常要考虑哪些问题？

第5章 液压控制元件

在目前普遍采用的液压传动系统中，液压系统的各种运动主要是由液压控制元件控制液压执行元件改变运动的方向、承载的能力、运动的速度来实现的。液压控制元件性能的优、劣，工作时动作是否可靠，对整个液压系统能否正常工作将产生直接影响。本章主要介绍常用液压控制元件的典型结构、工作原理、性能特点及应用范围等。

5.1 液压控制元件的概述

液压控制元件也叫液压控制阀（液压阀）。其作用是控制和调节液压系统中液体流动的方向、压力的高低、流量的大小，以满足执行元件的工作要求。

5.1.1 对液压控制阀的基本要求

各类液压控制阀均属于不对外做功的元件，而是用来满足执行元件（结构）所提出的流量、速度、变向的需要，因此对液压控制阀的共同要求是：

（1）动作灵敏、性能好、工作可靠、冲击振动和噪声小；

（2）油液通过阀时的液压损失要小；

（3）密封性能好；

（4）结构简单、紧凑，体积小，质量轻，安装、维修、调整方便，成本低廉，通用性好，寿命长。

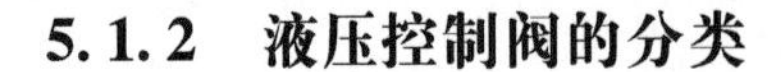

5.1.2 液压控制阀的分类

根据特征，液压控制阀可以进行如下分类：

1. 按照用途分类

按用途，液压控制阀可分为方向控制阀（如单向阀、换向阀等）、压力控制阀（如溢流阀、减压阀、压力继电器等）和流量控制阀（如节流阀、调速阀等）。在实际应用中，这三类阀可以互相组合，成为满足多种控制需求的复合阀，以减少管路的连接，使结构更为紧凑，可靠性和效率更高，比如单向行程调速阀等。

2. 按照操纵方法分类

按照不同的操纵方法液压控制阀分为手动式、机动式、电动式、滚动式和电液联合动作式等多种形式。

3. 按照安装方式分类

按安装方式液压控制阀可分为管式（螺纹式）和板式两种。

5.2 方向控制阀

方向控制阀（简称方向阀），用来控制液压系统的油流方向，接通或断开油路，从而控制执行机构的启动、停止或改变运动方向。

方向控制阀分为单向阀和换向阀两大类。

普通单向阀工作原理

5.2.1 单向阀

1. 普通单向阀

1）结构工作原理

普通单向阀（简称单向阀）亦称止回阀或逆止阀。这类阀的作用是使油液的流动只能从一个方向通过它，反向则不能通过。

单向阀按其结构的不同，有钢球密封式直通单向阀（如图5-1所示）、锥阀芯密封式直通单向阀（如图5-2所示）和直角式单向阀（如图5-3所示）三种形式。不管哪种形式，其工作原理都相同。

在图5-1、图5-2和图5-3中，当压力为P_1的油液从阀体1的入口流入时，压力油克服压在钢球2（图5-1）或阀芯2（图5-2、图5-3）上的弹簧3的作用力以及阀芯与阀体之间的摩擦力，顶开钢球或阀芯，压力降为P_2，从阀体的出口流出。而当油液从相反方向流入时，它和弹簧一起使钢球或锥阀芯紧紧地压在阀体1的阀座处，截断油路，使油液不能通过。单向阀的这种功能，就要求油液从$P_1 \to P_2$正向流通时有较小的压力损失，工作时无异常的撞击和噪声；而当油液反向流通时，要求在所有工作压力范围内都能严格地截断油流，不许油渗漏。在这三种阀里，弹簧3的刚度都较小，其开启压力一般在0.03～

0.05 MPa，以便降低油液正向流通时的压力损失。

钢球密封式直通单向阀一般用在流量较小的场合；对于高压大流量场合则采用密封性较好的锥阀密封式单向阀。

2）职能符号

图 5-4（a）为单向阀单独使用时的职能符号；图 5-4（b）为单向阀与其他阀（如节流阀、顺序阀、减压阀、调速阀等）组合使用时的职能符号。

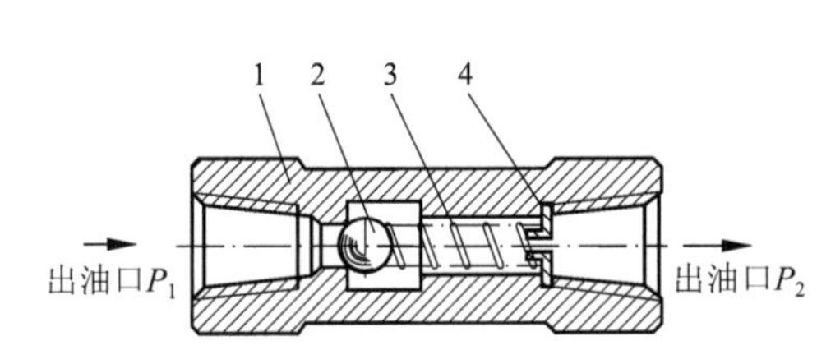

图 5-1　钢球密封式直通单向阀结构

1—阀体；2—钢球；3—弹簧；4—挡圈

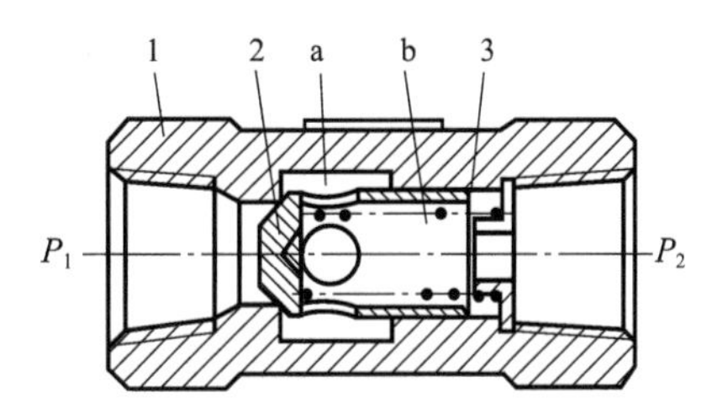

图 5-2　锥阀芯密封式直通单向阀结构

1—阀体；2—阀芯；3—弹簧；a—径向孔；b—内孔

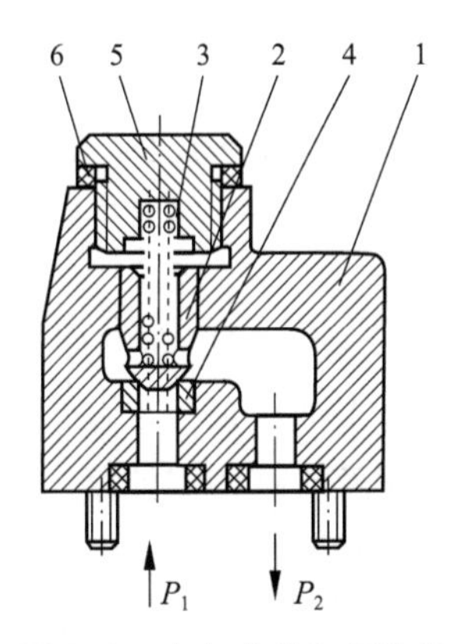

图 5-3　直角式单向阀结构

1—阀体；2—阀芯；3—弹簧；4—阀座；5—顶盖；6—密封圈

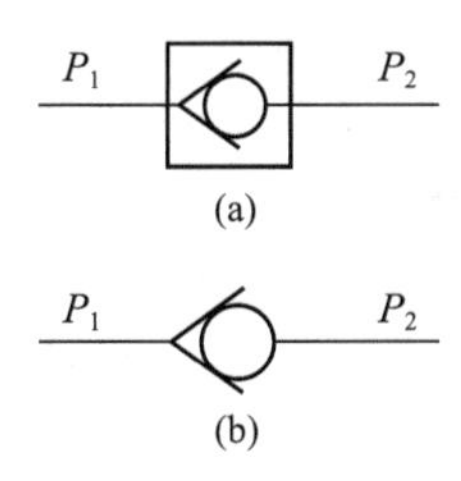

图 5-4　单向阀的职能符号

（a）单向阀单独使用时的职能符号；

（b）单向阀与其他阀组合使用时的职能符号

2. 液控单向阀

液控单向阀的结构如图 5-5 所示。它与普通单向阀相比，增加了一个控制油口 K，控制活塞通过顶杆，打开单向阀的阀芯。当控制油口 K 处无压力油通入时，液控单向阀起普通单向阀的作用，主油路上的压力油经 P_1 口输入，P_2 口输出，不能反向流通。当控制油口 K 通入压力油时，活塞的左侧受压力油的作用，右侧 a 腔与泄油口相通，于是活塞向右移动，通过顶杆将阀芯打开，使进、出油口接通，油液可以反向流动，不起单向阀的作用，控制油口 K 处的油液与进、出油口并不相通。

液控单向阀具有良好的密封性能，常用于保压和锁紧回路。使用液控单向阀时应注意以下几点：

（1）必须保证有足够的控制压力，否则不能打开液控单向阀。一般来讲，控制油口的油液压力最小不应低于主油路压力的 30%～50%。

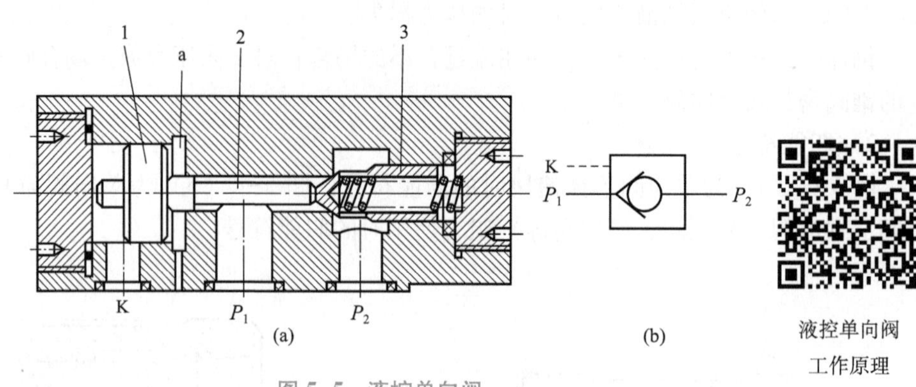

液控单向阀
工作原理

图 5-5 液控单向阀

（a）液控单向阀；（b）职能图形符号

1—活塞；2—顶杆；3—阀芯；a—右侧腔

（2）当液控单向阀阀芯复位时，控制油腔中的油液必须流回油箱。

（3）要防止空气侵入到液控单向阀控制油路，避免引起动作不可靠。

（4）作充油阀使用时，应保证开启压力低、流量大。

（5）如果采用内泄式液控单向阀，必须保证逆流出口侧不能产生影响控制活塞动作的高压，否则控制活塞容易反向误动作。如果不能避免这种高压，则应采用外泄式液控单向阀。

3. 单向阀的应用

普通单向阀常与某些阀组合成一体，成为组合阀或复合阀，如单向顺序阀（平衡阀）、可调单向节流阀、单向调速阀等。为防止系统逆回液压力冲击液压泵，常在泵的出口处安置有普通单向阀，以保护泵。为提高液压缸的运动平稳性，在液压缸的回油路上设有普通单向阀，作备压阀使用，使回油产生备压，以减小液压缸的前冲和爬行现象。

液控单向阀未通控制油时具有良好的反向密封性能，常用于保压、锁紧和平衡回路，作立式液压缸的支承阀。一旦通入控制油，则可形成良好的油液通路。

5.2.2 换向阀

换向阀的作用是利用阀芯和阀体相对位置的改变，来控制各油口的通断，从而控制执行元件的换向和启停。换向阀的种类很多，其分类见表 5-1。

表 5-1 换向阀的分类

分类方式	类型
按阀芯的运动形式	滑阀、转阀等
按阀的工作位置和通路数	二位二通、二位三通、二位四通、三位四通、三位五通等
按阀的操纵方式	手动、机动、液动、电液动等

1. 换向阀的工作原理

图 5-6 为换向阀的工作原理图。图示状态下，液压缸两腔不通压力油，活塞处于停止

状态。若使阀芯 1 左移，阀体 2 的油口 P 和 A 连通。B 和 T 连通，则压力油经 P、A 进入液压缸左腔，右腔油液经 B、T 流回油箱，活塞向右运动；反之，若使阀芯右移，则油口 P 和 B 连通、A 和 T 连通，活塞便向左运动。

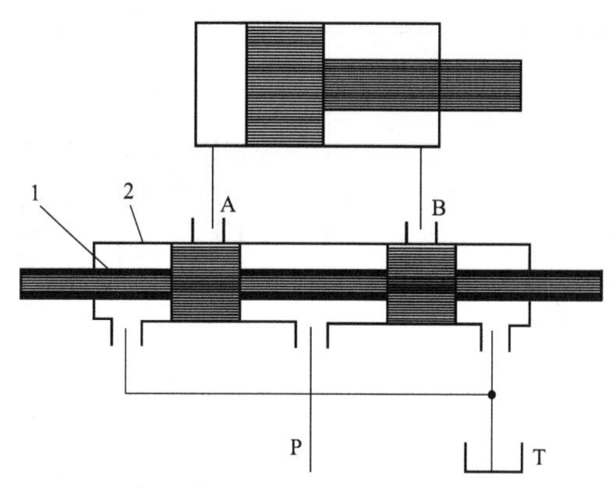

图 5-6 换向阀工作原理图

1—阀芯；2—阀体

表 5-2 列出了几种常用换向阀的结构原理和图形符号。换向阀图形符号的含义如下：

（1）方格数表示换向阀的阀芯相对于阀体所具有的工作位置数，二格即二位，三格即三位。

（2）方格内的箭头表示两油口连通，但不表示流向，符号“⊥”和“⊤”表示此油口不连通。箭头、箭尾及不连通符号与任何一方格的交点数表示油口通路数。

（3）P 表示压力油的进口，T 表示与油箱相连的回油口，A 和 B 表示连接其他油路的油口。

（4）三位阀的中间方格和二位阀靠近弹簧的方格为阀的常态位置。在液压系统图中，换向阀的符号与油路的连接一般应画在常态位置上。

换向阀的工作原理

表 5-2 换向阀的结构原理和图形符号

名　称	结构原理图	图形符号
二位二通	A　P	A　P
二位三通	A　P　B	A　B　P
二位四通	A　P　B　T	A　B　P　T

续表

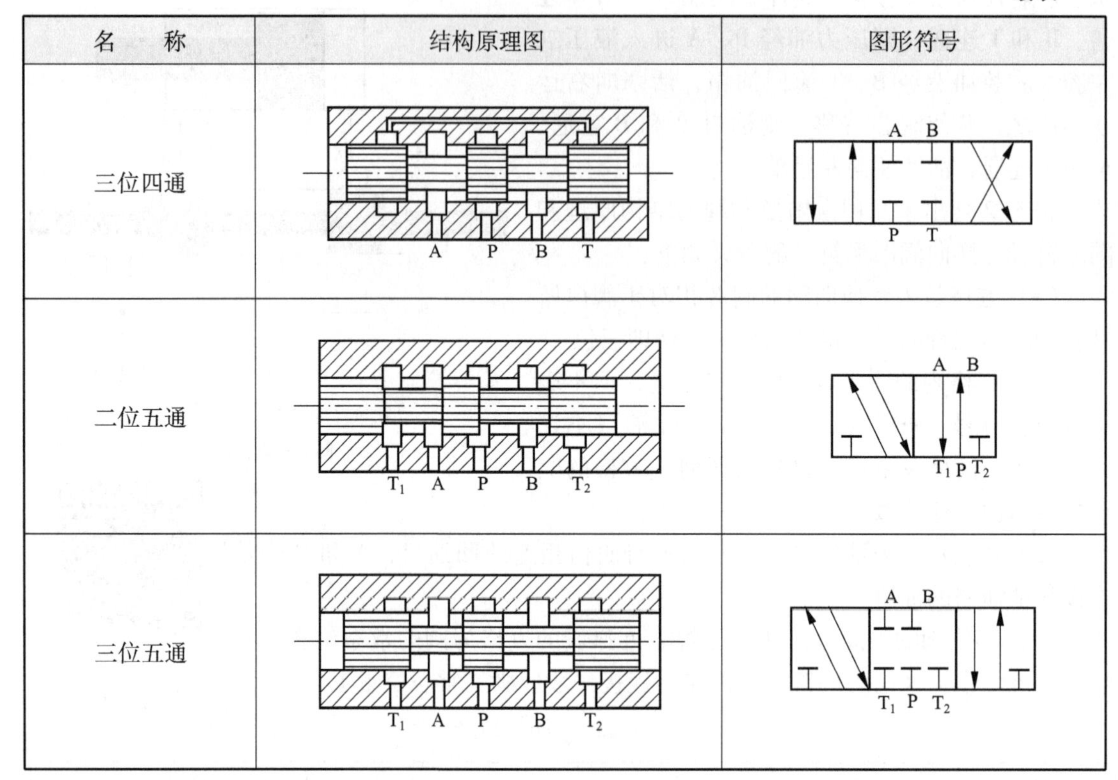

名　称	结构原理图	图形符号
三位四通	A　P　B　T	A B P T
二位五通	T_1　A　P　B　T_2	A B T_1 P T_2
三位五通	T_1　A　P　B　T_2	A B T_1 P T_2

2. 换向阀的滑阀机能

当换向阀处于常态位置时，阀的各油口的连通方式称为滑阀机能。由于三位换向阀的常态中间位置，因此，三位换向阀的滑阀机能又叫中位机能。不同机能的三位阀，阀体通用，仅阀芯台肩结构、尺寸及内部孔情况有区别。三位四通换向阀中位机能见表5-3。

表5-3　三位四通换向阀中位机能

代　号	结构简图	中位符号
O	A　B T　P	A B P T
H	A　B T　P	A B P T

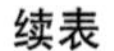

续表

代　号	结构简图	中位符号
Y	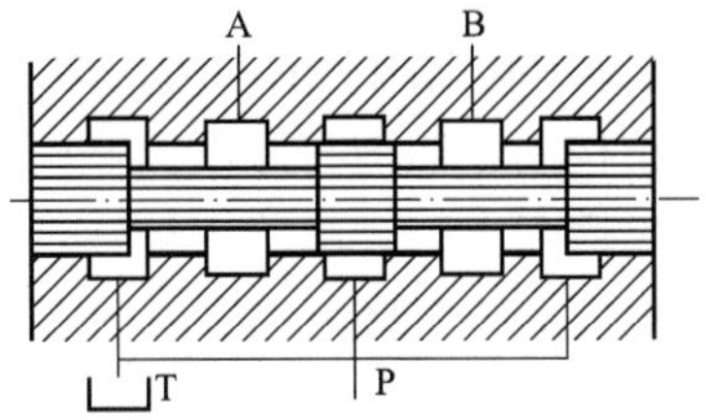	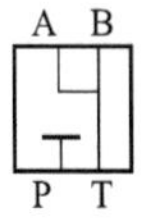
P	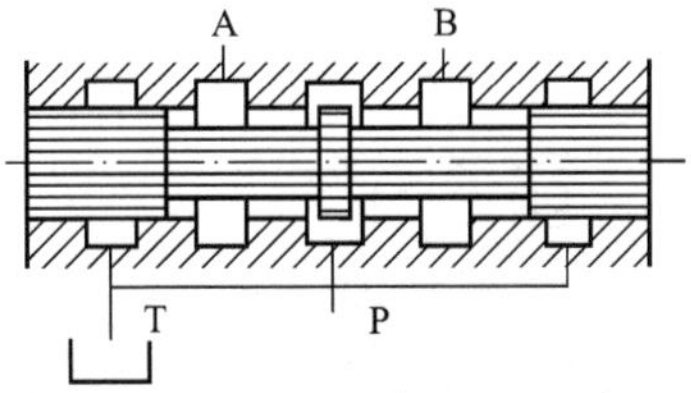	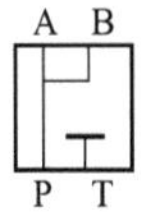
M	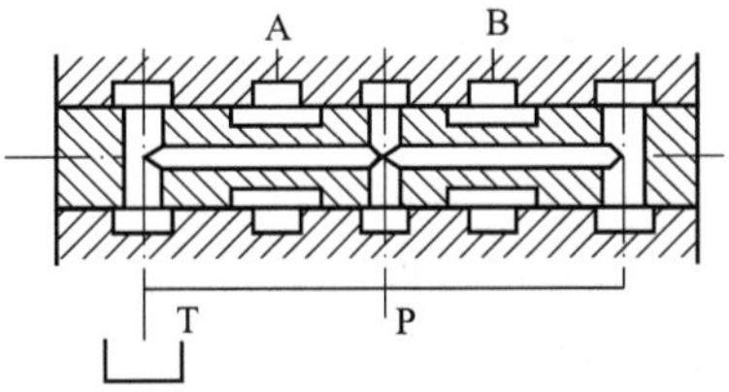	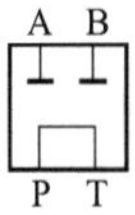

3. 几种常用的换向阀

机动换向阀

1）机动换向阀

机动换向阀又称行程换向阀。这类换向阀的工作原理是依靠安装在执行元件上的行程挡块（或凸轮）推动阀芯实现换向的。

图 5-7（a）是二位四通机动换向阀的结构图。在图示位置上，阀芯 2 在弹簧 1 的推力作用下，处在最上端位置，进油口 P 与出油口 A 处于连通状态，进油口 P 与出油口 B 不连通。当行程挡块 5 将滚轮 4 压下时，P、A 口通路被阀芯隔断，进油口 P 与出油口 B 则处于连通状态。当行程挡块脱开滚轮时，阀芯在其底部弹簧的作用下又恢复初始位置。改变挡块斜面的角度 α（或凸轮外廓曲线的升角或形状），便可改变阀芯被压下时的移动速度，因而可以调节换向过程的时间。图 5-7（b）是该阀的职能图形符号。

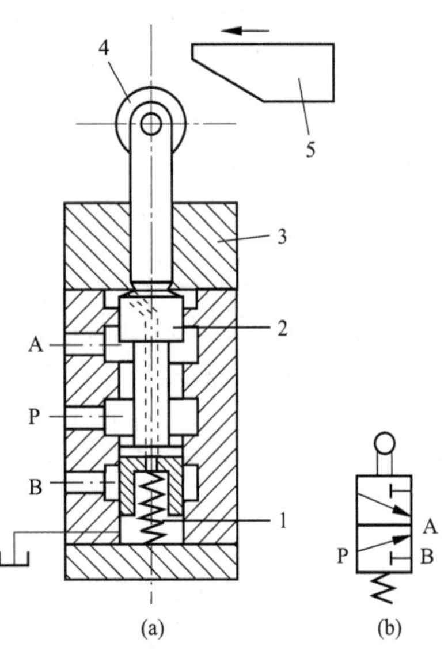

图 5-7　二位四通换向阀

（a）换向阀的结构；（b）职能符号图

1—弹簧；2—阀芯；3—阀体；4—滚轮；5—行程挡块

由于机动换向阀是通过行程挡块（或凸轮）推动

阀芯实现换向的，因此，机动换向阀基本都是二位的，除图 5-7 所示的二位四通的，还有二位二通、二位三通等形式。机动换向阀常用于要求换向性能好、布置方便的场合。

2）电动换向阀

电动换向阀一般采用电磁铁的吸力作为移动阀芯的动力，所以该类换向阀也叫电磁阀。

图 5-8 是二位三通电磁换向阀的结构图和职能符号图。该阀由电磁铁（左半部分）和滑阀（右半部分）两部分组成。当电磁铁断电时，阀芯 2 被弹簧 3 推向左端，使油口 P 和油口 A 接通；当电磁铁通电时，铁芯通过推杆 1 将阀芯 2 推向右端，油口 P 和 A 的通道被关闭，而油口 P 和 B 接通。

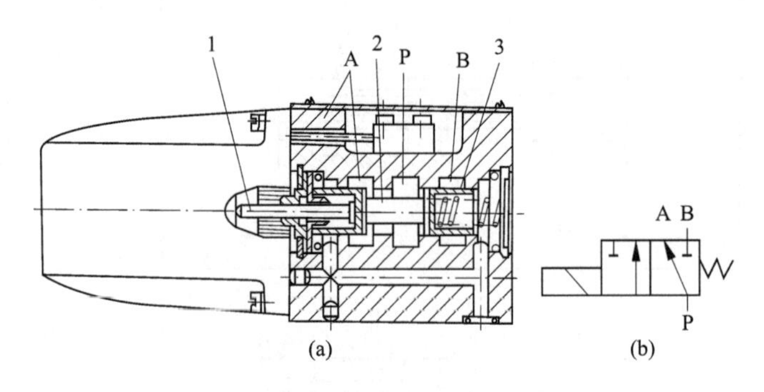

图 5-8 二位三通电磁换向阀

（a）二位三通电磁换向阀的结构图；（b）职能符号图

1—推杆；2—阀芯；3—弹簧；A，B，P—油口

换向阀中电磁铁所用电源有直流和交流两种。采用直流电源，当阀芯被意外卡住时，通过电磁铁线圈的电流基本不变，因此不会烧毁电磁铁线圈，工作可靠，换向冲击小、噪声小、换向频率较高（允许达到 120 次/min 以上）；但启动力小，反应速度较慢，换向时间长。交流电磁铁电源简单，启动力大，反应速度较快，换向时间短。在阀芯被意外卡住时，通过电磁铁线圈的电流会增大，容易使电磁铁线圈烧坏，换向冲击大，换向频率不能太高（30 次/min 左右），工作可靠性差。

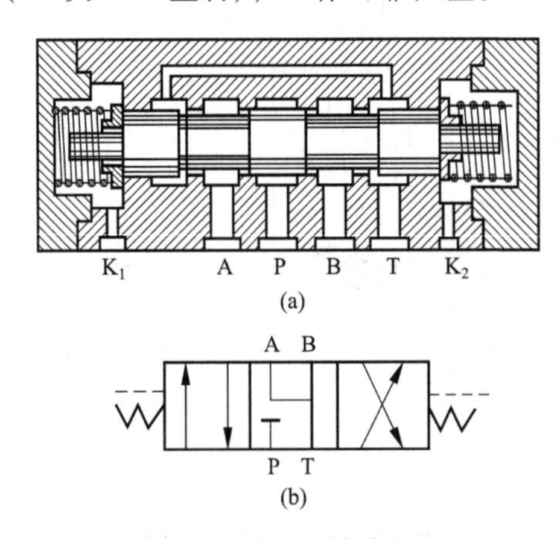

图 5-9 三位四通液动换向阀

（a）三位四通液动换向阀结构图；（b）职能符号图

液动换向阀工作原理

3）液动换向阀

电磁换向阀布置灵活，易实现程序控制，但受电磁铁吸力大小的限制，难以用于切换大流量（63 L/min 以上）的油路。当阀的通径大于 10 mm 时，由于换向力大，常用压力油推动相应的活塞来操纵阀芯换位。这种利用控制油路的压力油推动阀芯改变位置的阀，即叫液动换向阀。

如图 5-9（a）所示为三位四通液动换向阀。当其两端控制油口 K_1 和 K_2 均不通入压力油时，阀芯在两端弹簧的作用下处于中位（图示位置）；当

K_1 进压力油，K_2 接油箱时，阀芯移至右端，阀左位工作，其油路状态为 P 通 A，B 通 T。该三位四通液动换向阀的职能图形符号如图 5-9（b）所示。

采用液动换向阀时，须有一个阀控制 K_1、K_2 的压力油流动的方向，这个阀亦称先导阀。先导阀可用手动滑阀（或转阀），也可在工作台上安装挡铁操纵行程滑阀，但较多的是采用电磁阀作先导阀。通常将电磁阀与液动阀组合在一起，称为电液换向阀。

4）电液换向阀

电液换向阀既能实现换向平稳，又能用较小的电磁铁控制大流量的液流，从而方便实现自动控制，故在大流量液压系统中宜采用电液换向阀换向。

图 5-10（a）所示为弹簧对中型三位四通电液换向阀的结构，图 5-10（b）为该阀的详细职能符号图（表明了弹簧对中、内部压力控制、外部泄油的情况），图 5-10（c）为简化职能符号图。

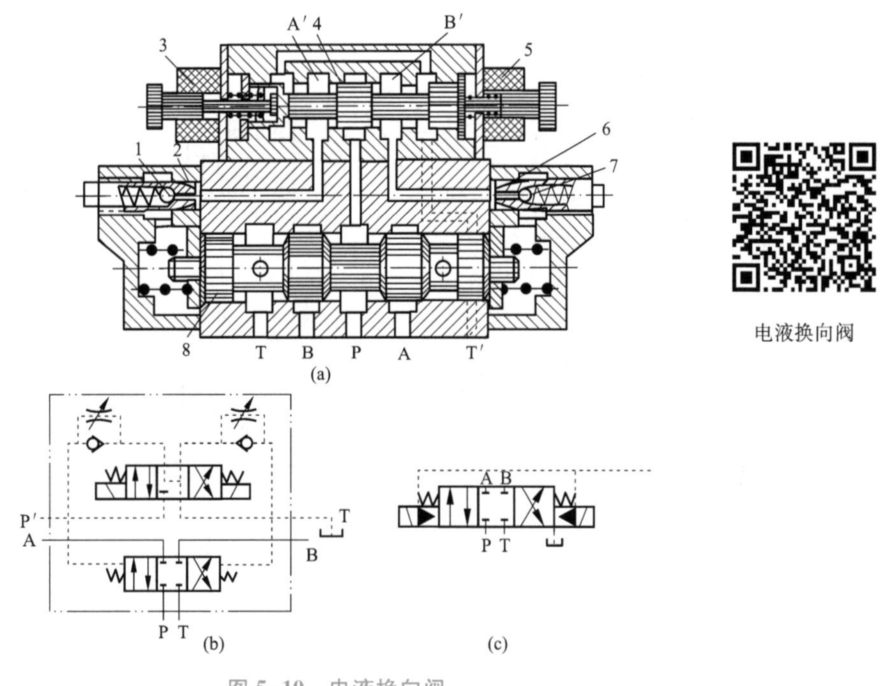

图 5-10　电液换向阀

（a）电液换向阀结构；（b）详细职能符号图；（c）简化职能符号图

1、6—节流阀；2、7—单向阀；3、5—电磁铁；4—电磁阀阀芯；8—主阀阀芯；A′，B′—油口

当先导电磁阀左边的电磁铁通电后使其阀芯向右边位置移动，来自主阀 P 口或外接油口的控制压力油可经先导电磁阀的 A′口和左单向阀进入主阀左端容腔，并推动主阀阀芯向右移动，这时主阀阀芯右端容腔中的控制油液可通过右边的节流阀经先导电磁阀的 B′口和 T′口，再从主阀的 T 口或外接油口流回油箱（主阀阀芯的移动速度可由右边的节流阀调节），使主阀 P 与 A、B 和 T 的油路相通；反之，由先导电磁阀右边的电磁铁通电，可使 P 与 B、A 与 T 的油路相通；当先导电磁阀的两个电磁铁均不带电时，先导电磁阀阀芯在其对中弹簧作用下回到中位，此时来自主阀 P 口或外接油口的控制压力油不再进入主阀芯的左、右两容腔，主阀芯左、右两容腔的油液通过先导电磁阀中间位置的 A′、B′两油口与先导电磁阀 T′口相通，

如图 5-10（b）所示，再从主阀的 T 口或外接油口流回油箱。主阀阀芯在两端对中弹簧的预压力的推动下，依靠阀体定位，准确地回到中位，此时主阀的 P、A、B 和 T 油口均不通。

电液换向阀除上述弹簧对中的以外，还有采用液压对中的，或者内部泄油的，或者外部压力控制的等类型。

5）手动换向阀

手动换向阀是采用人工扳动操纵杆的方法来改变阀芯位置实现换向的，图 5-11 所示为手动换向阀的结构和职能符号图。

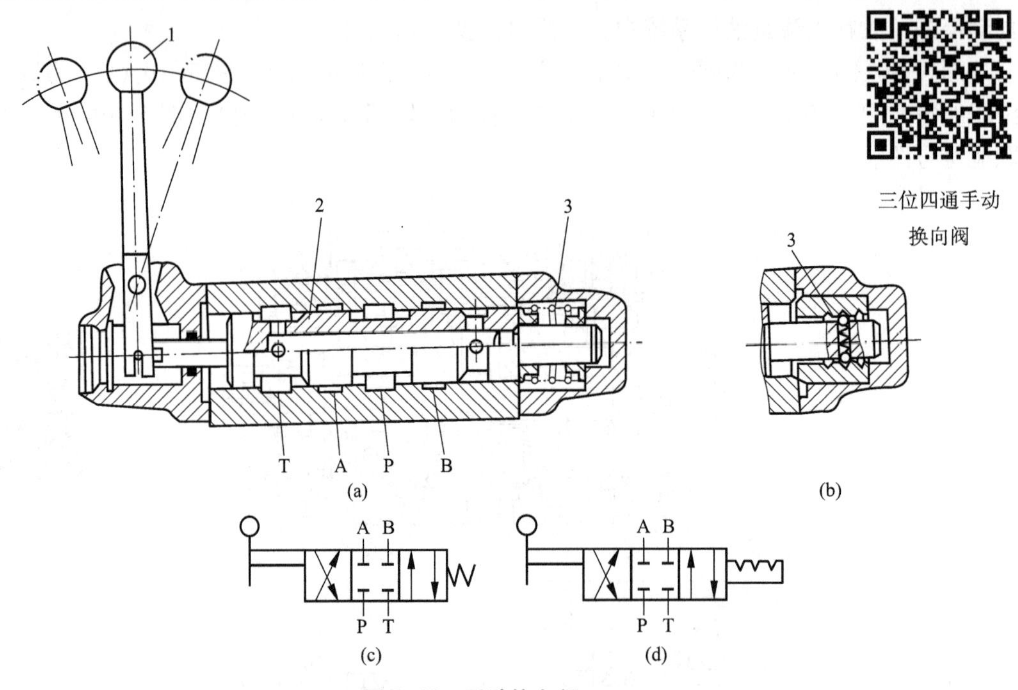

图 5-11　手动换向阀

（a）自动复位换向阀结构；（b）手动换向阀结构；（c）自动复位换向阀职能符号图；（d）手动换向阀职能符号图

1—手柄；2—阀芯；3—弹簧；A，B，P，T—油口

图 5-11（a）所示为自动复位换向阀，放开手柄 1，阀芯 2 在弹簧 3 的作用下自动回复中位，图 5-11（c）是该阀的职能符号。它适用于动作频繁、工作持续时间短的场合，其操作比较安全，常用在工程机械的液压传动系统中。

若将阀芯右端弹簧 3 的部位改为图 5-11（b）的形式，即成为可使该阀在三个不同工作位置定位的手动换向阀，图 5-11（d）为其职能符号图。

6）手动多路换向阀

多路换向阀是一种集中布置的组合式手动换向阀，常用于工程机械等要求集中操纵多个执行元件的设备中。多路换向阀的组合方式有并联式、串联式和顺序单动式三种，符号如图 5-12（a）、（b）、（c）所示。

当多路阀为并联式组合时，泵可以同时对三个或对其中任一个执行元件供油。在对三个执行元件同时供油的情况下，由于负载不同，三者将先后动作。当多路阀为串联组合时，泵依次向各执行元件供油，第一个阀的回油口与第二个阀的压力油口相连。各执行元件可单独

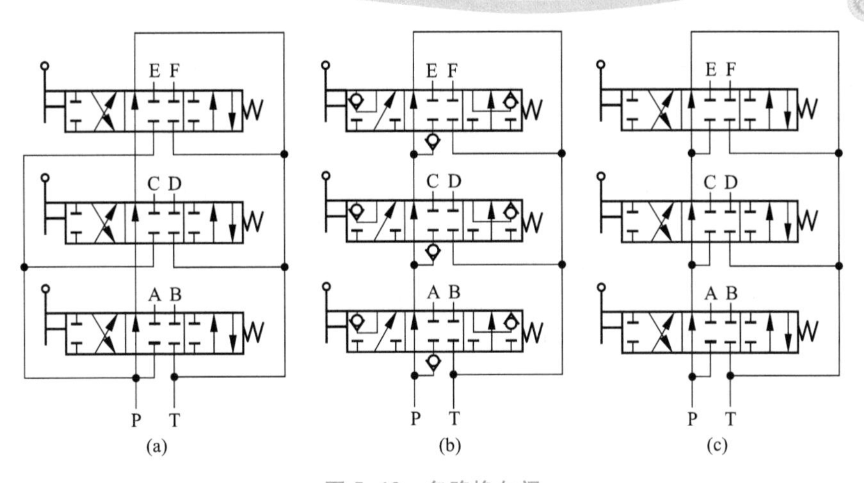

图 5-12　多路换向阀

（a）并联式；（b）串联式；（c）顺序单动式

动作，也可同时动作。在三个执行元件同时动作的情况下，三个负载压力之和不应超过泵压。当多路阀为顺序单动式组合时，泵按顺序向各执行元件供油。操作前一个阀时，就切断了后面的油路，从而可以防止各执行元件之间的动作干扰。

4. 换向阀的一般应用

（1）利用换向阀实现执行元件换向；

（2）利用换向阀锁紧液压缸；

（3）利用换向阀卸荷。

图 5-13（a）所示采用三位四通 M 型换向阀，可以实现液压缸所要求的换向。当阀芯处于中位，不但可以锁紧液压缸，同时还能够使液压泵卸荷。由于换向阀本身的固有特点，密封效果不可能很好，故锁紧效果差，只能用于要求较低的场合。如图 5-13（b）所示采用 H 型换向阀，不但可以使液压泵卸荷，而且还能使整个系统处于卸荷状态。

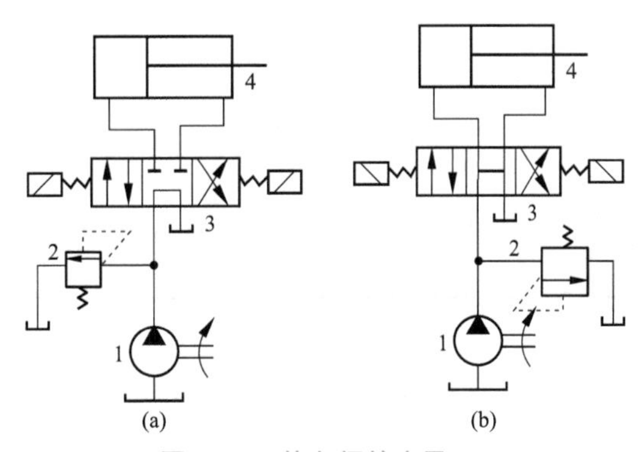

图 5-13　换向阀的应用

（a）M 型换向阀；（b）H 型换向阀

1—泵；2—溢流阀；3—换向阀；4—液压缸

5.2.3　方向控制阀的常见故障及排除方法

表 5-4 列出单向控制阀的常见故障及排除方法，表 5-5 列出换向控制阀的常见故障及排除方法。

表 5-4　单向控制阀的常见故障及排除方法

故障现象	产生原因	排除方法
产生噪声	1. 单向阀的流量超过额定流量 2. 单向阀与其他元件共振	1. 更换大规格的单向阀或减少通过阀的流量 2. 适当调节阀的工作压力或改变弹簧刚度

续表

故障现象	产生原因	排除方法
泄漏	1. 阀座锥面密封不严 2. 锥阀的锥面（或钢球）不圆或磨损 3. 油中有杂质，阀芯不能关死 4. 加工、装配不良，阀芯或阀座拉毛甚至损坏 5. 螺纹连接的结合部分没有拧紧或密封不严而引起外泄漏	1. 检查，研磨 2. 检查，研磨或更换 3. 清洗阀，更换液压油 4. 检查更换 5. 拧紧，加强密封
单向阀失灵	1. 阀体或阀芯变形、阀芯有毛刺、油液污染引起的单向阀阀芯卡死 2. 弹簧折断、漏装或弹簧刚度太大 3. 锥阀（或钢球）与阀座完全失去密封作用 4. 锥阀与阀座同轴度超差或密封表面有生锈麻点，从而形成接触不良及严重磨损等	1. 清洗，修理或更换零件，更换液压油 2. 更换或补装弹簧 3. 研配阀芯和阀座 4. 清洗，研配阀芯和阀座
液控单向阀反向时打不开	1. 控制油压力低 2. 泄油口堵塞或有背压 3. 反向进油口压力高，液控单向阀选用不当	1. 按规定压力调整 2. 检查外泄管路和控制油路 3. 选用带卸荷阀芯的液控单向阀

表 5-5　换向控制阀的常见故障及排除方法

故障现象	产生原因	排除方法
阀芯不动或不到位	1. 滑阀卡住 （1）滑阀与阀体配合间隙过小，阀芯在阀孔中卡住不能动作或动作不灵活 （2）阀芯被碰伤，油液被污染 （3）阀芯几何形状超差，阀芯与阀孔装配不同轴，产生轴向液压卡紧现象 （4）阀体因安装螺钉的拧紧力过大或不均而变形，使阀芯卡住不动 2. 液动换向阀控制油路有故障 （1）油液控制压力不够，弹簧过硬，使滑阀不动，不能换向或换向不到位 （2）节流阀关闭或堵塞	1. 检查滑阀 （1）检查间隙情况，研修或更换阀芯 （2）检查、修磨或重配阀芯，换油 （3）检查、修正形状误差及同轴度，检查液压卡紧情况 （4）检查，使拧紧力适当、均匀 2. 检查控制回路 （1）提高控制压力，检查弹簧是否过硬，更换弹簧 （2）检查、清洗节流口

续表

故障现象	产生原因	排除方法
阀芯不动或不到位	（3）液动滑阀的两端（电磁阀的专用）泄油口没有接回油箱或泄油管堵塞 3. 电磁铁故障 （1）因滑阀卡住，交流电磁铁的铁芯吸不到底面烧毁 （2）漏磁，吸力不足 （3）电磁铁接线焊接不良，接触不好 （4）电源电压太低造成吸力不足，推不动阀芯 4. 弹簧折断、漏装、太软，不能使滑阀恢复中位 5. 电磁换向阀的推杆磨损后长度不够，使阀芯移动过小，引起换向不灵或不到位	（3）检查，将泄油管接回油箱，清洗回油管，使之畅通 3. 检查电磁铁 （1）清除滑阀卡住故障，更换电磁铁 （2）检查漏磁原因，更换电磁铁 （3）检查并重新焊接 （4）提高电源电压 4. 检查、更换或补装弹簧 5. 检查并修复，必要时更换推杆
电磁铁过热或烧毁	1. 电磁铁线圈绝缘不良 2. 电磁铁铁芯与滑阀轴线同轴度太差 3. 电磁铁铁芯吸不紧 4. 电压不对 5. 电线焊接不好 6. 换向频繁	1. 更换电磁铁 2. 拆卸重新装配 3. 修理电磁铁 4. 改正电压 5. 重新焊接 6. 减少换向次数，或采用高频性能换向阀
电磁铁动作响声大	1. 滑阀卡住或摩擦力过大 2. 电磁铁不能压到底 3. 电磁铁接触不平或接触不良 4. 电磁铁的磁力过大	1. 修研或更换滑阀 2. 校正电磁铁高度 3. 清除污物，修正电磁铁 4. 选用电磁力适当的电磁铁

5.3 压力控制阀

液压系统的压力能否建立起来及建立起来后压力的大小是由外界的负载决定的。但液压压力高低的控制则是由压力控制阀（也叫压力阀）来完成的。

压力控制阀对液体压力进行控制或利用压力作为信号来控制其他元件动作，以满足执行元件对力、速度、转矩等的要求。压力控制阀按照其功能和用途不同可分为溢流阀、减压阀、顺序阀、压力继电器等。这类阀的共同特点是利用作用在阀芯上的液压作用力和弹簧力相平衡的原理来进行工作的。

5.3.1 溢流阀

溢流阀是通过阀口对液压系统相应液体进行溢流，调定系统的工作压力或者限定其最大工作压力，防止系统工作压力过载。

对溢流阀的主要要求是静态、动态特性好。静态特性好是指压力—流量特性好。动态特性好是指突加外界干扰后，工作稳定、压力超调量小、溢流响应快。

在液压系统中常用的溢流阀有直动型和先导型两种。一般来说，直动型溢流阀用于压力较低的系统，先导型溢流阀用于中、高压系统。

1. 直动型溢流阀

图 5-14（a）所示为 P 型直动型低压溢流阀结构，图 5-14（b）为该阀的职能符号。

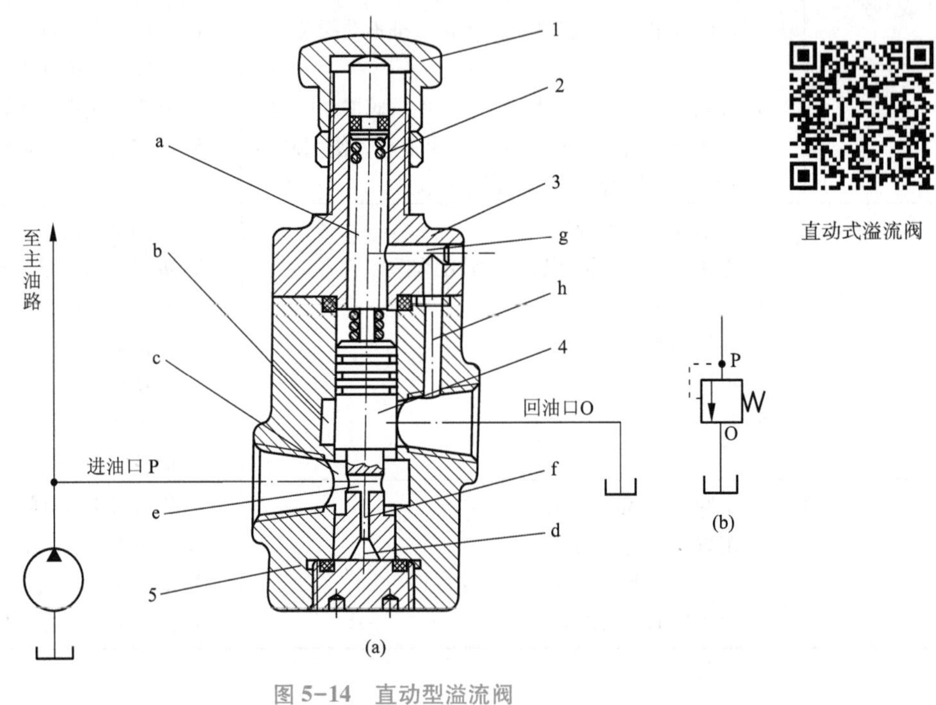

图 5-14　直动型溢流阀

（a）结构图；（b）职能符号图

1—调节螺母；2—调压弹簧；3—上盖；4—阀芯；5—阀体；

a，b，d，c—油腔；e—径向孔；f—轴向小孔；g—小孔

溢流阀的原理是通过溢流的方法，使入口压力稳定为常值。来自泵的油液，从进油口 P 经阀芯 4 的径向孔 e、轴向小孔 f 进入阀芯 4 下端的敏感腔 d，并对阀芯产生向上的推力。当进油压力较低、向上的推力还不足以克服弹簧 2 的作用时，阀芯处于最下端位置，阀口关闭，溢流阀不起任何作用。一旦进口油压增高，d 腔的油压同时也等值增高。当其油压增高到大于弹簧 2 的作用力时，阀芯被顶起，并停止在某一平衡位置上。这时 P 口、O 口接通，油液从回油口 O 排回油箱，实现溢流，使阀入口处油压不再增高，且与此时的弹簧相平衡，为某一确定的常值，这就是定压原理。

如溢流阀入口压力为一初始定值 p_1，当入口油压突然升高时，d 腔油压也等值、同时升高，这样就破坏了阀芯初始的平衡状态，阀芯上移至某一新的平衡位置，阀口开度加大，将油液多放出去一些（即阀的过流量增加），因而使瞬时升高的入口油压又很快降了下来，并基本上回到原来的数值上。反之，当入口油压突然降低（但仍然大于阀的开启压力）时，d

腔油压也等值、同时降低，于是阀芯下移至某一新的平衡位置，阀口开度减少，使油液少流出去一些（阀的过流量减少），从而使入口油压又升上去，即基本上又回升到原来的数值上。这就是直动型溢流阀的稳压过程。

由上述定压、稳压的过程不难看出，调节螺母1可以改变弹簧2的预紧力，就能改变阀入口的油液的压力值。故溢流阀弹簧的调定（调整）压力就是溢流阀入口压力的调定值。

直动型溢流阀也有做成锥阀型或球形阀型的，其工作原理相同。直动型溢流阀采取适当的措施后，也可用于高压、大流量场合。例如，德国 Rexroth 公司开发的直动型溢流阀［通径为6～20 mm 的压力为40 MPa（锥阀式结构），通径为25～30 mm 的压力为31.5 MPa（DBD）型］，其最大流量可达330 L/min。

2. 先导型溢流阀

先导型溢流阀由主阀和先导阀两部分组成。其中，先导阀部分就是一种直动型溢流阀（多为锥阀式结构）。主阀有各种形式，按其阀芯配合形式不同，可分为滑阀式结构（一级同心结构）、二级同心结构和三级同心结构。常见的有 Y 型、Y_1 型中、低压溢流阀和 YF 型、Y_2 型、DB 型、DBW 型、YF_3 型等中、高压溢流阀。虽然它们的结构形式不同，但工作原理是一样的。

先导型溢流阀工作原理

1）Y 型（先导型）中、低压溢流阀

图5-15（a）所示为Y型溢流阀的结构图，图5-15（b）为先导型溢流阀的职能图形符号。Y型溢流阀的调压范围是0.5～6.3 MPa。

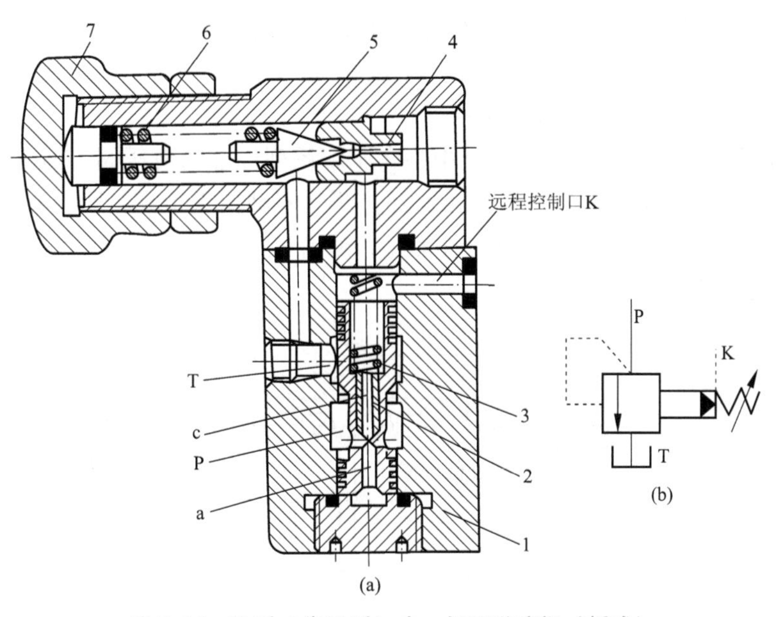

图5-15 Y型（先导型）中、低压溢流阀（板式）

（a）结构图；（b）职能符号图

1—阀体；2—主阀阀芯；3—主阀弹簧；4—先导阀阀座；
5—先导阀阀芯；6—先导阀弹簧；7—调节螺母；a—小孔；c—阻尼小孔

压力油从主阀进油口P进入，通过主阀阀芯2上的阻尼小孔c后，作用在先导阀阀芯5上。当进油口压力较低，作用在先导阀阀芯上的油液作用不足以克服先导阀弹簧6的作用时，先导阀关闭，没有油液通过阻尼小孔 c，所以主阀阀芯 2 两端压力相等，在较弱的主阀弹簧 3 作用下处于下端，主阀阀口关闭，油口 P 和 T 不通，没有溢流。

当进油口压力升高到作用在先导阀上的油液作用力大于先导阀弹簧的作用力时，先导阀打开，压力油通过阻尼小孔 c，经先导阀流回油箱。由于阻尼小孔 c 的作用，使主阀芯上端的油液压力 p_2 小于下端油液压力 p_1，当这个压力差作用在主阀芯上的作用力等于或超过主阀弹簧力 F_S（轴向稳态液动力、摩擦力和主阀芯自重）时，主阀芯开启，油液从 P 口流入，经主阀阀口由油口 T 溢流回油箱。

对于先导型溢流阀，由于阀芯上腔有控制压力 p_2 存在，所以主阀芯弹簧的刚度可以做得较小。当负载变化时，通过主阀芯的流量会有改变，阀口开度也随之增大或减小，主弹簧的附加压缩 Δx 发生相应的变化。由于主弹簧的刚度低，Δx 的变动量相对预压缩量 x_0 来说又很小，故溢流阀进口的压力 p_1 变化甚小；同理，由于先导阀的调压弹簧刚度亦不大，弹簧调定后，在溢流时上腔的控制压力 p_2 也基本不变，故先导式溢流阀在压力调定后，即使溢流量变化，进口处的压力 p_1 变化也很小，因此定压精度高。由于先导式溢流阀的阀芯一般为锥阀，受压面积小，所以用一个刚度不太大的弹簧即可调整较高的压力 p_2，调节先导阀弹簧的预紧力，就可调节溢流阀的溢流压力。这种阀调压比较轻便、振动小、噪声低、压力稳定，但只有在先导阀和主阀都动作后才起控制压力的作用，因此反应不如直动型溢流阀快。

先导型溢流阀有一个远程控制口 K，它与主阀上腔相通，若将 K 口用管道与其他控制阀接通，就可以实现各种功能。当该孔口与远程调压阀（其结构与 Y 型溢流阀的先导部分相同）接通时，可实现液压系统的远程调压；当该孔口与油箱接通时，可实现系统卸荷。

2）Y_2 型（先导型）中、高压溢流阀

Y_2 型（先导型）中、高压溢流阀是中、高压新系列标准的液压阀，图 5-16 为它的结构图。因主阀芯外圆和锥面需与阀套配合良好，两处同轴要求很高，所以称它为二级同心式，其公称压力为 32 MPa。这种阀密封性能好，通流能力大，压力损失小，结构紧凑，加工精度和装配精度易于保证。

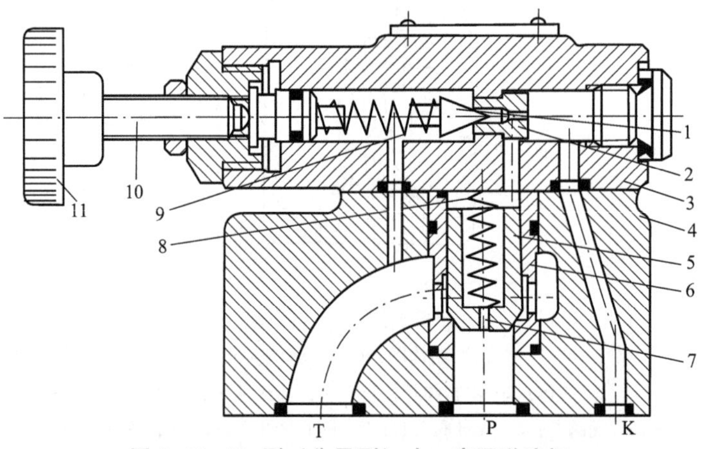

图 5-16　Y_2 型（先导型）中、高压溢流阀

1—锥阀；2—锥阀座；3—阀盖；4—阀体；5—主阀芯；6—阀套；7—阻尼孔；8—主阀弹簧；9—调压弹簧；10—调节螺钉；11—调节手轮

Y_2 溢流阀的连接形式也分为管式和板式两种。另外，板式和管式都有一个远程控制口，平时用螺塞堵住。为了适应溢流阀不同工作压力的需要，将先导阀的调压弹簧用四根长度相等而粗细不同的弹簧设计成四个级别，它们的调压范围分别为 0.5～7 MPa、3.5～14 MPa、7～21 MPa、16～32 MPa。这样既能作中压溢流阀用，又能作高压溢流阀用。

3）DB 型溢流阀

DB 型（先导型）溢流阀的结构原理如图 5-17 所示，它与 Y_2 型溢流阀很相似。阻尼孔 2、5 的作用与 Y_2 型溢流阀中阻尼孔 7 的作用相同，当先导阀打开时，在主阀芯 13 上、下产生压力差，使主阀芯动作。

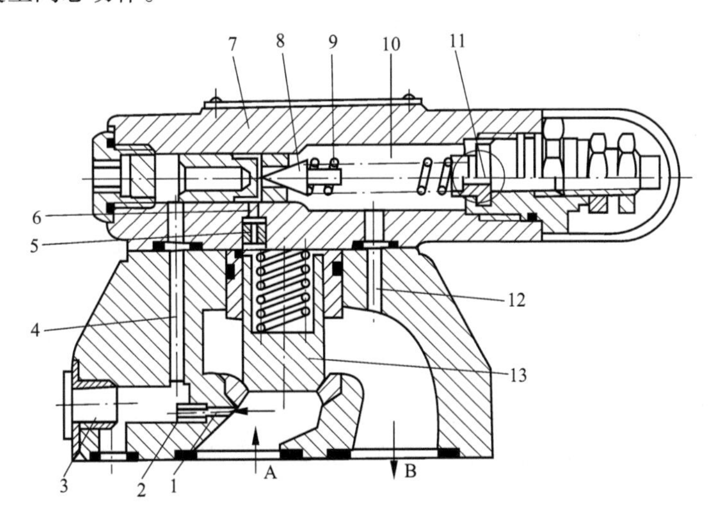

图 5-17　DB 型（先导型）溢流阀结构原理图

1、4、6—控制油道；2、5—阻尼孔；3—外供油口；7—先导阀；8—先导阀阀芯

9—调压弹簧；10 弹簧腔；11、12—控制油回油道；13—主阀芯

A—进油口；B—出油口

DB 型溢流阀中设有控制油内供油口和内排油口，同时还设有控制油外供油口和外排油口。这样，就可根据控制油供给和排出的方式不同，组合成内供内排、外供内排、内供外排、外供外排四种形式，以适应各种不同要求的系统。

3. 溢流阀的性能

溢流阀的性能包括溢流阀的静态性能和动态性能，在此只对静态性能作一简单介绍。静态性能是指溢流阀在稳定工况下（即系统压力没有突变时）溢流阀所控制的压力流量特性。

1）压力调节范围

压力调节范围是指调压弹簧在规定的范围内调节时，系统压力能平稳地上升或下降，且无突跳及迟滞现象时的最大至最小调定压力。溢流阀的最大允许流量为其额定流量，在额定流量下工作时溢流阀应无噪声。溢流阀的最小稳定流量取决于它的压力平稳性要求，一般规定为额定流量的 15%。

2）启闭特性

启闭特性是指溢流阀在稳态情况下开启到闭合的过程中，被控压力与通过溢流阀的溢流量之间的关系。它是衡量溢流阀定压精度的一个重要指标，一般用溢流阀开始溢流时的开启

压力 p_K 以及停止溢流的闭合压力 p_B 与额定流量下的调定压力 p_S 的比值 p_K/p_S、p_B/p_S 的百分率来衡量。前者称为开启比，后者称为闭合比，比值越大，溢流阀的闭合性越好。一般开启比大于90%，闭合比大于85%。直动型和先导型溢流阀的启闭特性曲线如图 5-18 所示。由图中可以看出，先导型溢流阀的定压性能比直动型溢流阀好。

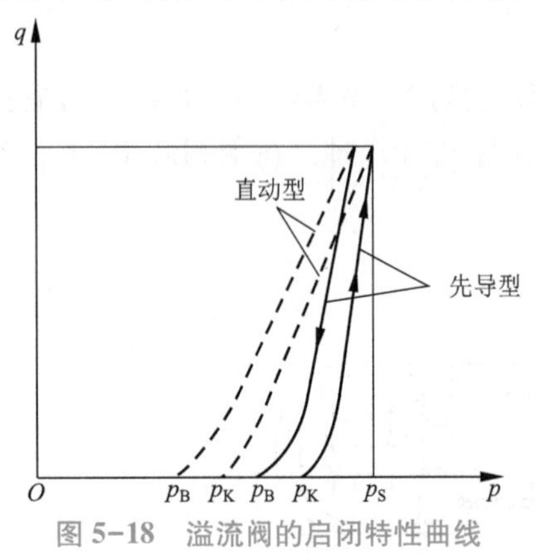

图 5-18 溢流阀的启闭特性曲线

3）卸荷压力

当溢流阀的远程控制口与油箱相通时，额定流量下的压力损失称为卸荷压力。卸荷压力越小，油液通过溢流阀开口处的损失越小，油液的发热量也越小。

4. 溢流阀的一般应用

根据溢流阀在液压系统中所起的作用，溢流阀可作溢流、安全、卸荷和背压阀使用。

1）作溢流阀用

在采用定量泵供油的液压系统中，由流量控制阀调节进入执行元件的流量，定量泵输出的多余油液则从溢流阀流回油箱。在工作过程中溢流阀口常开，系统的工作压力由溢流阀调整并保持基本恒定，如图 5-19（a）所示的溢流阀 1。

2）作安全阀用

如图 5-19（b）为一变量泵供油系统，执行元件速度由变量泵自身调节，系统中无多余油液，系统工作压力随负载变化而变化。正常工作时，溢流阀口关闭。一旦过载，溢流阀口立即打开，使油液流回油箱，系统压力不再升高，以保障系统安全。

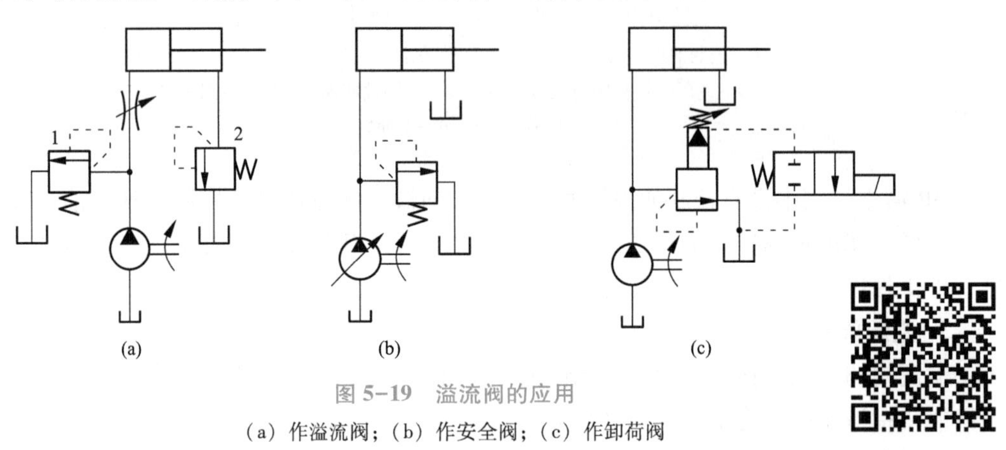

图 5-19 溢流阀的应用

（a）作溢流阀；（b）作安全阀；（c）作卸荷阀

1、2—溢流阀

溢流阀的远程调压作用

3）作卸荷阀用

如图 5-19（c）所示，将先导式溢流阀远程控制口 K 通过二位二通电磁阀与油箱连接。当电磁铁断电时，远程控制口 K 被堵塞，溢流阀起溢流稳压作用。当电磁铁通电时，远程控制口 K 通油箱，溢流阀的主阀芯上端压力接近于零，此时溢流阀口全开，回油阻力很小，泵输出的油液便在低压下经溢流阀口流回油箱，使液压泵卸荷，从而减小系统功率损失，此时溢流阀起卸荷作用。

4）作背压阀用

如图 5-19（a）所示的溢流阀 2 接在回油路上，可对回油产生阻力，即形成背压，利用背压可提高执行元件的运动平稳性。

4. 先导式溢流阀的常见故障及排除方法

表 5-6 列出先导式溢流阀的常见故障及排除方法。

表 5-6　先导式溢流阀的常见故障及排除方法

故障现象	原因分析	排除方法
无压力	1. 主阀芯阻尼孔堵塞 2. 主阀芯在开启位置卡死 3. 主阀平衡弹簧折断或弯曲使主阀芯不能复位 4. 调压弹簧弯曲或漏装 5. 锥阀（或钢球）漏装或破碎 6. 先导阀阀座破碎 7. 远程控制口通油箱	1. 清洗阻尼孔，过滤或换油 2. 检修，重新装配（阀盖螺钉紧固力要均匀），过滤或换油 3. 换弹簧 4. 更换或补装弹簧 5. 补装或更换 6. 更换阀座 7. 检查电磁换向阀工作状态或远程控制通断状态
压力波动大	1. 主阀芯动作不灵活，时有卡住现象 2. 主阀芯和先导阀阀座阻尼孔时堵时通 3. 弹簧弯曲或弹簧刚度太小 4. 阻尼孔太大，消振效果差 5. 调压螺母未锁紧	1. 修换阀芯，重新装配（阀盖螺钉紧固力应均匀），过滤或换油 2. 清洗缩小的阻尼孔，过滤或换油 3. 更换弹簧 4. 适当缩小阻尼孔（更换阀芯） 5. 调压后锁紧调压螺母
振动和噪声大	1. 主阀芯在工作状态时径向力不平衡，导致溢流阀性能不稳定 2. 锥阀和阀座接触不好（圆度误差太大），导致锥阀受力不平衡，引起锥阀振动 3. 调压弹簧弯曲（或其轴线与端面不垂直），导致锥阀受力不平衡，引起锥阀振动 4. 通过流量超过公称流量，在溢流阀口处引起空穴现象 5. 通过溢流阀的溢流量太小，使溢流阀处于启闭临界状态而引起液压冲击	1. 检查阀体孔和主阀芯的精度，修换零件，过滤或换油 2. 密封油面圆度误差控制在 0.005～0.010 mm 以内 3. 更换弹簧或修磨弹簧端面 4. 限在公称流量范围内使用 5. 控制正常工作的最小溢流量

5.3.2　减压阀

在一个液压系统中，往往使用一个液压泵，但需要供油的执行元件一般不止一个，而各执行元件工作时的液体压力不尽相同。一般情况下，液压泵的工作压力依据系统各执行元件中需要压力最高的那个执行元件的压力来选择，这样，由于其他执行元件的工作压力都比液压泵的供油压力低，则可以在各个分支油路上串联一个减压阀，通过调节减压阀使各执行元件获得合适的工作压力。

减压阀按照结构形式和工作原理，也可以分为直动型和先导型两大类。

减压阀的工作原理是利用液体流过狭小的缝隙产生压力损失，使其出口压力低于进口压力的压力控制阀。按照压力调节要求的不同，分定值减压阀、定差减压阀和定比减压阀。

定值减压阀——用于保证出口压力为定值的减压阀；

定差减压阀——用于保证进出口压力差不变的减压阀；

定比减压阀——用于保证进出口压力成比例的减压阀。

其中定值减压阀应用最为广泛，所以又简称减压阀，这里只介绍定值减压阀，在下面的内容中，如果不加说明，都是指定值减压阀。

1. J 型（先导型）减压阀

图 5-20 为 J 型减压阀的结构图和职能图形符号。P_1 为进油口，P_2 为出油口，它在结构上与 Y 型溢流阀类似，不同之处是进、出油口与 Y 型溢流阀相反，阀芯的形状也不同，减压阀阀芯中间多一个凸肩。此外，由于减压阀的进、出口都通压力油，所以通过先导阀的油液必须从泄油口 L 处另接油管，然后引入油箱（称为外部回油）。

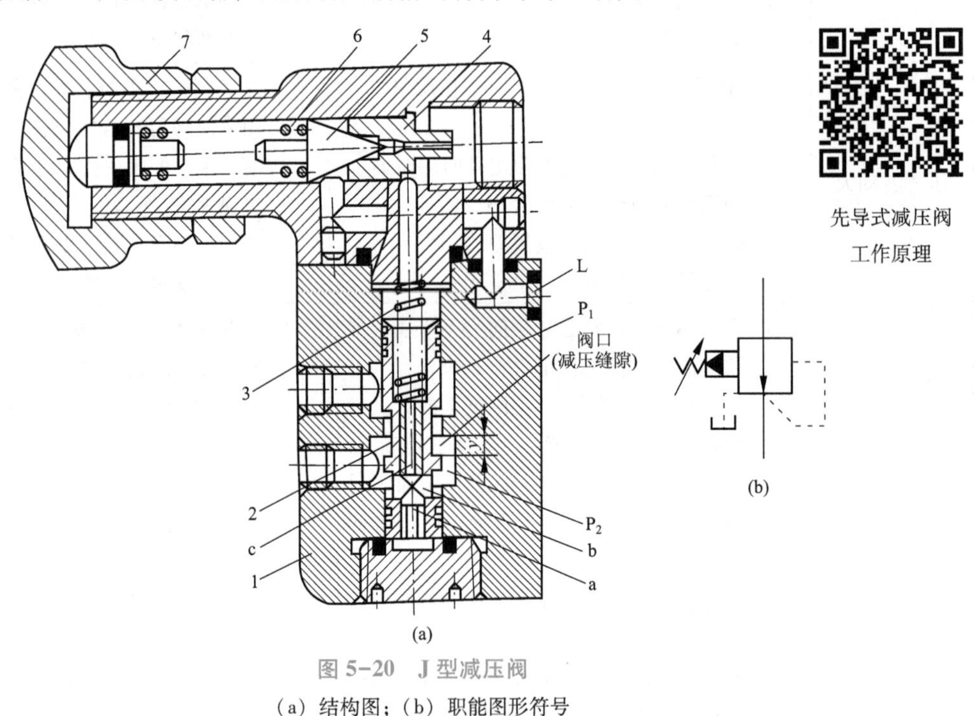

图 5-20　J 型减压阀

（a）结构图；（b）职能图形符号

1—阀体；2—主阀（减压）阀芯；3—主阀弹簧；4—先导阀（锥）阀座；

5—先导阀阀芯；6—先导阀弹簧；7—调节螺母；a，b—小孔；c—阻尼小孔；

P_1—进油口；P_2—出油口；L—泄油口

减压阀工作原理如下：高压油（也称一次压力油）从 P_1 进入，低压油（也称二次压力油）从 P_2 流出，同时油口 P_2 的压力油经主阀阀芯上的小孔 b 作用在主阀芯的底部，并经阻尼小孔 c 至主阀芯上腔，作用在先导阀阀芯 5 上。当油口 P_2 油压力低于先导阀弹簧 6 的

调定压力时，先导阀关闭，主阀芯上阻尼小孔 c 中的油液不流动，主阀阀芯 2 上、下两腔压力相等，这时主阀芯在主阀弹簧 3 作用下处于最下端位置，阀口处于最大开口状态，不起减压作用。当油口 P_2 的油压力超过先导阀弹簧 6 的调定压力时，先导阀打开，一小部分油液经阻尼小孔 c、先导阀和泄油口流回油箱。由于阻尼小孔 c 的作用，在主阀芯上形成一个压力差，使主阀芯在两端压力差的作用下向上移动，使阀口关小而起到减压作用，这时出油口的压力即为减压阀的调定压力。若由于负载继续增大，使出油口压力大于调定压力的瞬间，主阀芯立即上移，使阀口的开度 y 迅速减小，油液流动的阻力进一步增大，出口压力便自动下降，仍恢复为原来的调定值。由此可见，减压阀利用出油口的油液作用于阀芯上的压力和弹簧力相平衡来控制阀芯移动，保持出口压力恒定。

对比 J 型减压阀和 Y 型溢流阀可以发现，它们自动调节的作用原理是相似的，所不同的是：

（1）溢流阀保持进口压力基本不变，而减压阀保持出口压力基本不变。

（2）在不工作时，溢流阀进、出油口不通，而减压阀进、出油口互通。

（3）溢流阀调压弹簧腔的油液经阀的内部通道于溢流口相通，无外泄口；而减压阀是外部回油，有外泄口。

J 型减压阀的压力调节范围为 0.5～6.3 MPa，常用于中、低压液压系统中，其出口压力的允许脉动值为±0.1 MPa。

2. DR 型（先导阀）减压阀

图 5-21 所示为 DR 型减压阀。其工作原理与 J 型减压阀基本相同，但结构上稍有差异。一次压力油从 B 口进入，二次压力油从 A 口流出，同时，出油口 A 的压力油经阻尼孔 4、通道 5、7 和阻尼孔 6 引入主阀上腔，并作用在锥阀 8 上。由于阻尼孔在阀体上，主阀芯为单向阀式，所以工艺性好，通流能力大，压力稳定性好，动作灵敏。

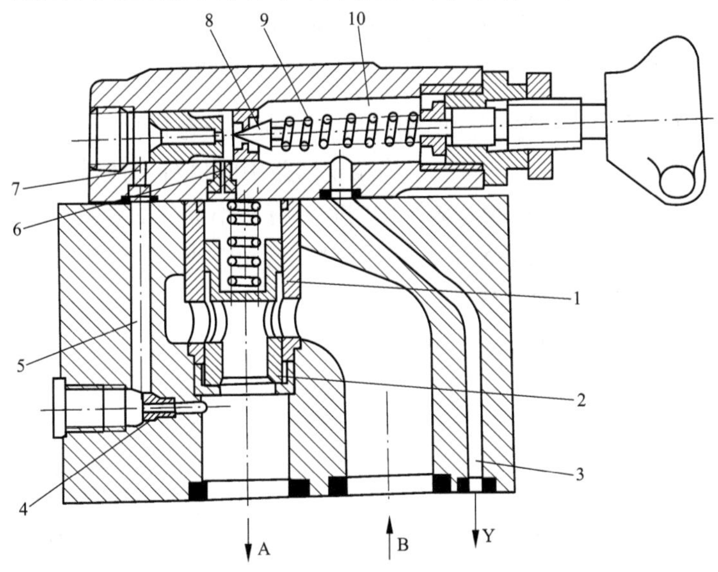

图 5-21　DR 型减压阀

1—阀套；2—主阀芯；3、11—先导阀回油通道；4、6—阻尼孔；5、7—控制油通道；
8—先导阀阀芯（锥阀）；9—调压弹簧；10—调压弹簧腔
A—出油口；B—进油口；Y—泄油口

减压阀和单向阀并联还可以组成单向减压阀，其作用和减压阀相同，但反向时油液通过单向阀流出，不受减压阀的限制。

3. 减压阀的一般应用

减压回路的功用是使系统中的某一部分油路具有较低的稳定压力，它在夹紧系统、控制系统、润滑系统中应用较多。图 5-22（a）为常见的一种减压回路。液压泵的最大工作压力由溢流阀 6 来调节，夹紧工作所需要的夹紧力可用减压阀 2 来调节，注意只有当液压缸 5 将工件夹紧后，液压泵 1 才能给主系统供油。单向阀 3 的作用是防止主油路压力降低时（低于减压阀的调定压力）油液倒流，使夹紧缸的夹紧力不致受主系统压力波动的影响，起到短时保压的效果。

减压回路也可以采用类似二级或多级调压的方法获得二级或多级减压。图 5-22（b）所示为利用先导型减压阀 7 的远程控制口接一远程调压阀 8 获得二级减压的回路，要注意使阀 8 的调定压力值一定要低于阀 7 的调定压力值。

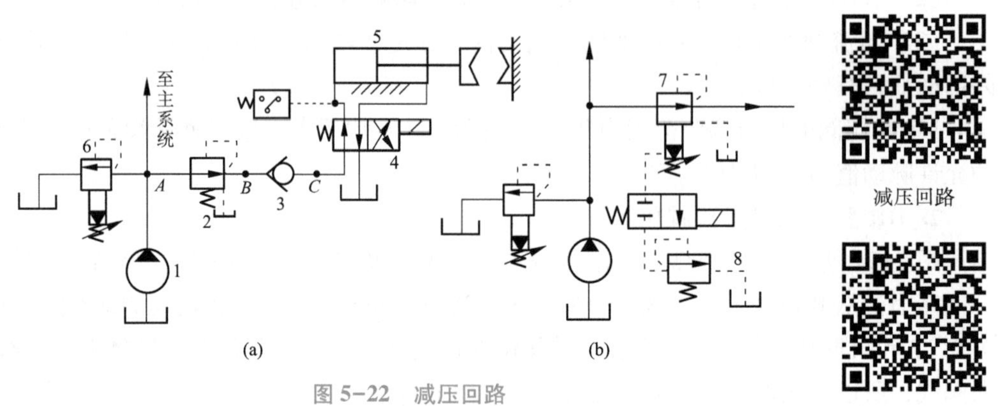

图 5-22　减压回路

（a）常见减压回路；（b）二级减压回路

1—液压泵；2—减压阀；3—单向阀；4—换向阀；5—液压缸；6—溢流阀；7—减压阀；8—调压阀

为了使减压回路工作可靠，减压阀的调整压力应在调压范围内，一般不小于 0.5 MPa，最高调定压力至少比系统压力低 0.5 MPa。当减压回路中的执行元件需要调速时，应将调速元件放在减压阀的之后，因为减压阀起减压作用时，有一小部分油液从先导阀流回油箱，调速元件放在减压阀的后面，则可避免这部分流量对执行元件速度的影响。

4. 减压阀的常见故障及排除方法

减压阀的常见故障及排除方法见表 5-7。

表 5-7　减压阀的常见故障及排除方法

故障现象	产生原因	排除方法
压力调整无效	1. 弹簧折断 2. 阀阻尼孔堵塞 3. 滑阀卡住 4. 先导阀座小孔堵塞 5. 泄油口的螺堵未拧出	1. 更换弹簧 2. 清洗阻尼孔 3. 清洗、修磨滑阀或更换滑阀 4. 清洗小孔 5. 拧出螺堵，接上泄油管

续表

故障现象	产生原因	排除方法
出口压力不稳定	1. 油箱液面低于回油管口或过滤器，空气进入系统 2. 主阀弹簧太软 3. 滑阀卡住 4. 泄漏 5. 锥阀与阀座配合不良	1. 补油 2. 更换弹簧 3. 清洗修磨滑阀或更换滑阀 4. 检查密封，拧紧螺钉 5. 更换锥阀

5.3.3 顺序阀

顺序阀

在液压系统中，有些动作是有一定规律的。顺序阀就是把不同或相同的压力作为控制信号，自动接通或者切断某一油路，控制执行元件按照一定顺序进行动作的压力阀。

按照控制方式的不同，顺序阀一般分为内控式和外控式两种。所谓内控式就是直接利用阀进口处的液压油压力来控制阀口的启闭；外控式则是利用外来的控制油压来控制阀口的开关，所以，这种形式的顺序阀也称液控式。一般常用的顺序阀都是指内控式。从结构上来说，顺序阀同样也有直动式和先导式两种。由于直动式顺序阀结构简单，动作可靠，能满足大多情况下的使用要求，因此，目前应用较多的是直动式顺序阀。

1. 顺序阀的工作原理

顺序阀的工作原理和溢流阀相似。它们的主要区别在于：溢流阀的出口接油箱，而顺序阀的出口接执行元件；顺序阀的内泄漏油不能用通道与出油口相连，而必须用专门的泄油口接通油箱。

2. 顺序阀的结构

如图5-23（a）所示为直动式顺序阀。常态下，进油口 P_1 与出油口 P_2 不通。进口油液经阀体3和下盖1上的油道流到控制活塞2的底部，当进口油液压力低于弹簧5的调定压力时，阀口关闭。当进口压力高于弹簧调定压力时，控制活塞在油液压力的作用下克服弹簧力将阀芯4顶起，使 P_1 与 P_2 相通，压力油经阀口流出。弹簧腔的泄漏油从泄油口L流回油箱。因顺序阀的控制油液直接由进油口引入，故称为内控外泄式顺序阀。其职能图形符号如图5-23（b）所示。

将图5-23（a）中的下盖1旋转180°安装，切断原来的控制油路，将外控口K的螺塞取下，接通控制油路，则阀的开启由外部压力控制，便构成外控外泄式顺序阀，图形符号如图5-23（c）所示。若再将上盖6旋转180°安装，并将外泄口L堵塞，则弹簧腔与出口相通，构成外控内泄式顺序阀，图形符号如图5-23（d）所示。

3. 顺序阀的一般应用

（1）控制多个执行元件的顺序动作。

（2）与单向阀组成平衡阀，保持垂直放置的液压缸不因自重而下落。

直动式顺序阀工作原理

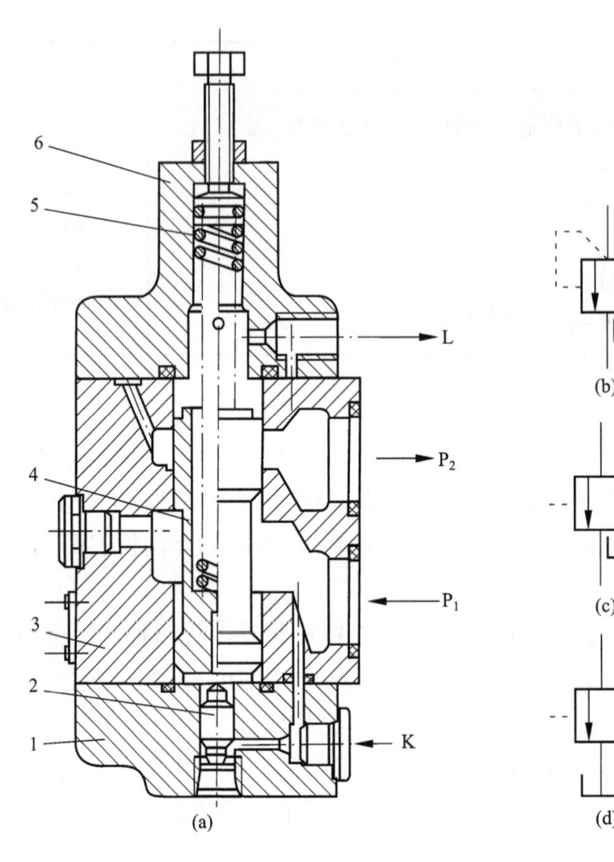

图 5-23　直动式顺序阀

（a）结构原理图；（b）内控外泄式图形符号；（c）外控外泄式图形符号；（d）外控内泄式图形符号

1—下盖；2—活塞；3—阀体；4—阀芯；5—弹簧；6—上盖

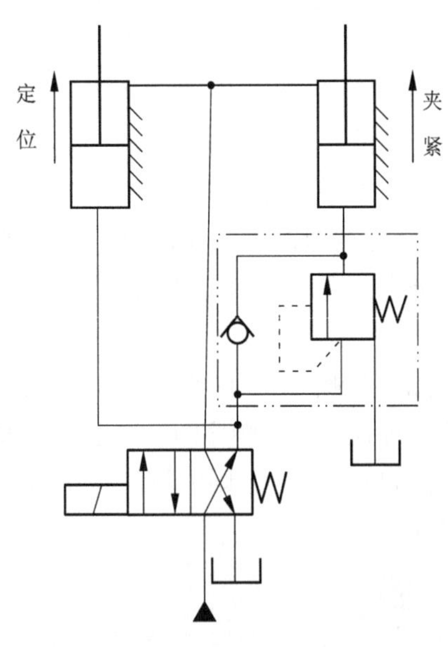

图 5-24　顺序阀的应用

（3）用外控式顺序阀使双系统的大流量泵卸荷。

（4）用内控式顺序阀接在液压缸回油路上，可以起到增大背压的作用，能够使活塞的运动速度更加稳定。

图 5-24 为机床夹具上顺序阀实现工件先定位后夹紧的顺序动作回路，当换向阀右位工作时，压力油首先进入定位缸下腔，完成定位动作以后，系统压力升高，达到顺序阀调定压力时（为保证工作可靠，顺序阀的调定压力要比定位缸最高工作压力高 0.5～0.8 MPa），顺序阀打开，压力油经顺序阀进入夹紧缸下腔，实现液压夹紧。当换向阀左位工作时，压力油同时进入定位缸和夹紧缸上腔，拔出定位销，松开工件，夹紧缸通过单向阀回油。

此外，顺序阀还可以用作卸荷、平衡、背压阀。

4. 顺序阀的常见故障及排除方法

顺序阀的常见故障及排除方法见表5-8。

表5-8　顺序阀的常见故障及排除方法

故障现象	产生原因	排除方法
顺序阀不起顺序作用	（1）滑阀卡 （2）阻尼孔堵塞 （3）回油阻力过大 （4）调压弹簧变形 （5）油温过高 （6）控制油路堵塞	（1）清洗、修磨滑阀或更换 （2）清洗阻尼孔 （3）降低回油阻力 （4）更换弹簧 （5）降低油温至规定值 （6）清洗控制油路

5.3.4　压力继电器

压力继电器工作原理

压力继电器是一种将液体压力信号转换成电信号的电液控制元件。它所起的作用就是当回路中的油液压力达到压力继电器预先调定的压力时，就会控制电路的接通或断开，从而电磁铁、电磁离合器、继电器等电气元器件动作，以实现自动控制或起到安全保护的作用。例如，在各种机械设备中，当机床的切削力过大时，实现自动退刀；在润滑系统发生故障不能起到润滑作用时，能够及时停车，避免机器的损坏；刀架移动到预定的地点碰到死挡铁时，由于压力的改变，实现自动退刀；当系统的某部分达到预定的压力时，使电磁阀顺序自动动作；外界负荷过大超过系统的压力时，断开液压泵电动机的电源等。

压力继电器的种类很多，按照结构特点一般可以分为柱塞式、弹簧管式、膜片式和波纹管式。

如图5-25（a）所示为单柱塞式压力继电器。压力油从油口P进入压力继电器，作用在柱塞1底部，当系统压力达到调定压力时，作用在柱塞上的液压力克服弹簧力，推动顶杆2上移，使微动开关4的触点闭合（断开）发出电信号。调节螺钉3可改变弹簧的压缩量，相应就调节了发出电信号时的控制油压力。当系统压力降低时，在弹簧力作用下，柱塞下移，离开微动开关4，使触点断开（闭合）。

一般情况下，把压力继电器发出信号时的压力称为开启压力，切断信号时的压力称为闭合压力。由于摩擦力的作用，开启压力要高于闭合压力，其差值称为压力继电器的灵敏度，差值小则灵敏度高。图5-25（b）为压力继电器的职能图形符号。

5.3.5　压力控制阀的性能比较和使用场合

目前所广泛使用的压力控制阀在结构和原理方面十分相似，所不同的只是结构上的局部差别，比如进出油口连接的不一样、阀芯结构形状的局部改变等。

压力控制阀有各种不同的类别，可以用在不同需要的场合。我们如果熟悉各类压力控制阀的结构、性能，各自的不同特点，会对分析、使用、排除故障有很大的帮助。

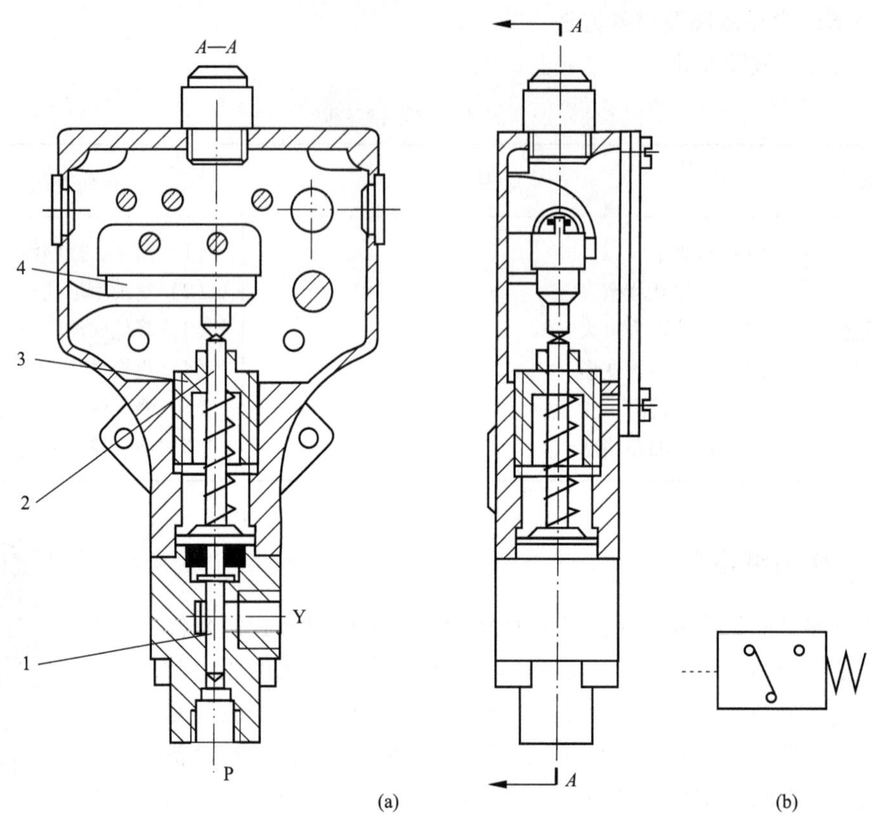

图 5-25　单柱塞式压力继电器

（a）结构原理图；（b）职能图形符号

1—柱塞；2—顶杆；3—调节螺钉；4—微动开关

各类溢流阀、减压阀和顺序阀的性能比较、使用场合等见表 5-9。

表 5-9　溢流阀、减压阀和顺序阀的性能比较、使用场合

名　称	溢流阀	减压阀	顺序阀
控制油路特点	把进口油液引到阀芯底部与弹簧力平衡，所以是控制进油口油路的压力	把阀的出口油液引到阀芯底部,与弹簧力平衡，所以是控制出口油路的压力	同溢流阀,把进口油液引到阀芯底部,所以是控制进口油路压力
回油特点	阀的出油直接流回油箱,故泄漏油可在阀体内与回油口连通，属内泄漏式	阀的出油口是低于进油压力的二次压力油,供给辅助油路，所以要单独设置泄漏油口 L，属外泄式	阀的出油口是低于进油压力的二次压力油,出口油液是接另一个缸中，所以要单独设置泄油口 L，也属外泄式

续表

名　称	溢流阀	减压阀	顺序阀
基本用法	用作溢流阀、安全阀、卸荷阀，一般接在泵的出口，与主油路并联；若作背压阀用，则串联在回油路上，调定压力较低	串联在系统内，接在液压泵与分支油路之间	串联在系统中，控制执行机构的顺序动作，多数与单向阀并联作为单向顺序阀用
举例及说明	用作溢流阀时，油路常开，泵的压力取决于溢流阀的调整压力，多用于节流调速的定量泵系统；用作安全阀时，油路常闭，系统压力超过安全阀的调整值时，安全阀打开，多用于变量泵系统	作减压用，使辅助油路获得比主油路低，且较稳定的压力油，阀口是常开的	用作顺序阀、平衡阀，顺序阀结构与溢流阀相似，经过适当改装，两阀可以互相代替，但顺序阀要求密封性较高，否则要产生误动作

5.4 流量控制阀

在液压系统中，各种执行元件的有效面积一般都是固定不变的，如液压缸的内腔直径等。那么，执行元件的运动速度就取决于输入到执行元件内的液体流量的大小。为了调整执行元件的运动速度，就需要对流量进行调整。用来控制油液流量的液压阀，统称为流量控制阀，简称流量阀。常用的流量阀是节流阀和调速阀。

5.4.1 节流口的形式及特点

流量大小的控制原理十分简单，当流量阀在液体流经阀口时，通过改变阀口（一般叫节流口）过流断面积的大小或者液流通道的长短，从而改变液阻（造成压力降、压力损失），进而控制和改变通过阀口的流量，以达到调节执行元件（液压缸、液压马达等）运动速度的目的。流量阀节流口有三种基本形式：薄壁小孔、短孔和细长孔。实际使用的节流口大小的控制方式见图 5-26。

图 5-26（a）为针阀式节流口，针阀做轴向移动，改变通流面积，以调节流量。其结构简单，但流量稳定性差，一般用于要求不高的场合。图 5-26（b）为偏心式节流口，阀芯上开有截面为三角形或矩形的偏心槽，转动阀芯就可改变通流面积以调节流量，由于其阀芯受径向作用的不平衡力，适用于压力较低场合。图 5-26（c）为轴向三角槽式节流口，阀芯端部开有一个或两个斜三角槽，在轴向移动时，阀芯就可改变通流面积的大小，其结构简单，

可获得较小的稳定流量，应用广泛。

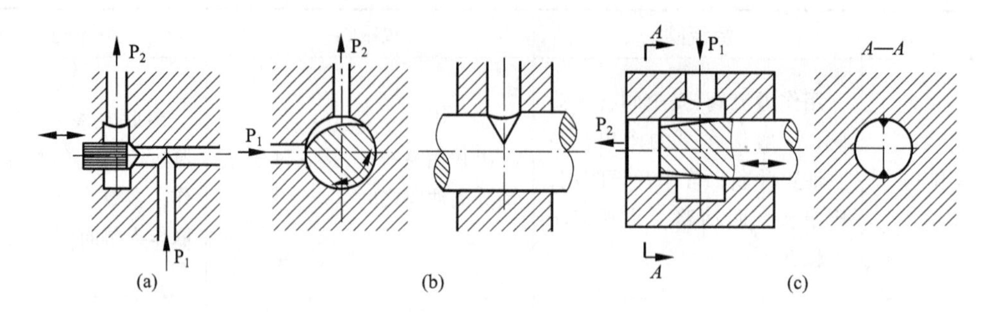

图 5-26　常用的节流口形式

（a）针阀式；（b）偏心式；（c）轴向三角槽式

5.4.2　普通节流阀

1. 结构及工作原理

图 5-27（a）所示为普通节流阀的结构原理图，它的节流口是轴向三角槽式。打开节流阀时，压力油从进油口 P_1 进入，经小孔 a、阀芯 1 左端的轴向三角槽，小孔 b 和出油口 P_2 流出。阀芯 1 在弹簧力的作用下始终紧贴在推杆 2 的端部。旋转手轮 3，可使推杆沿轴向移动，改变节流口的通流面积，从而调节通过阀的流量。图 5-27（b）所示为该节流阀的职能图形符号。

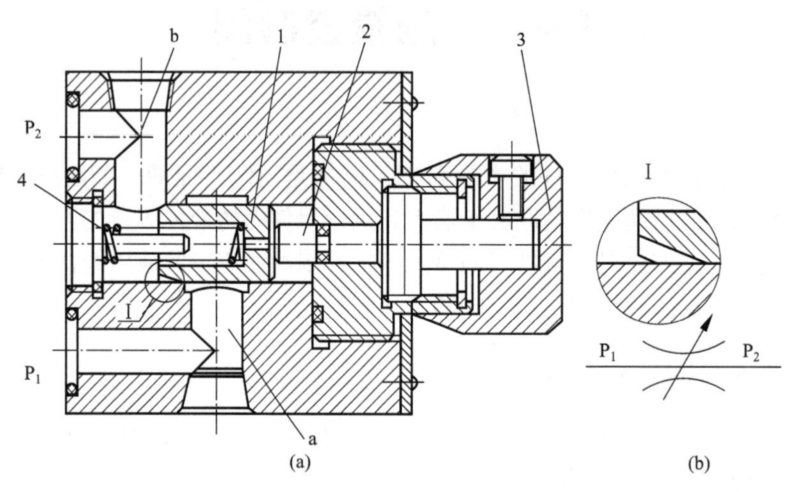

图 5-27　普通节流阀

（a）结构原理图；（b）职能图形符号图

1—阀芯；2—推杆；3—旋转手轮；4—弹簧；a，b—小孔

2. 流量特点

节流阀的流量不仅受到过流断面积的控制，也受到节流口前后压差和温度的影响。在液压系统工作时，由于温度的变化引起液压介质黏性的变化、外界负荷的变化引起节流阀节流口前后压差的变化，都会直接影响节流阀的流量，从而影响系统速度的稳定性。

3. 最小稳定流量及其物理意义

一般情况下，节流口的堵塞将直接影响流量的稳定性，节流口调得越小，越易发生堵塞现象。节流阀的最小稳定流量是指在不发生节流口堵塞现象条件下最小流量。这个值越小，说明节流阀节流口的通流性越好，允许系统的最低速度越低。在实际操作中，节流阀的最小稳定流量必须小于系统的最低速度所决定的流量值，这样系统在低速工作时，才能保证其速度的稳定性。这就是节流阀最小稳定流量的物理意义，亦是选用节流阀的原则之一。

4. 一般应用

节流阀结构简单、体积小、成本低、使用方便、维护保养容易。但由于负载和温度的变化对流量的稳定性影响比较大，所以，节流阀只适用于负载和温度变化不大的场合，或者对执行元件速度稳定性要求不高的液压系统。

具体使用中，节流阀在定量泵的液压系统中与溢流阀配合，组成进油口、出油口、旁路油口的节流调速回路，调节执行元件的速度，或者与变量泵和安全阀组合使用。另外，节流阀也可以作为背压阀使用。

5. 节流阀常见的故障及排除方法

节流阀常见的故障及排除方法见表5-10。

表5-10 节流阀常见的故障及排除方法

故障现象	产生原因	排除方法
流量调节失灵或者调节范围小	1. 节流阀阀芯与阀体间隙过大，发生泄漏 2. 节流口阻塞或滑阀卡住 3. 节流阀结构不良 4. 密封件损坏	1. 修复或更换磨损零件 2. 清洗元件，更换液压油 3. 选用节流特性好的节流口 4. 更换密封件
流量不稳定	1. 油液中杂质污物黏附在节流口上，通流面积小，速度变慢 2. 节流阀性能差，由于振动使节流口变化 3. 节流阀内外泄漏大 4. 负载变化使速度突变 5. 油温升高，油液黏度降低，使速度加快 6. 系统中存在大量空气	1. 清洗元件，更换油液，加强过滤 2. 增加节流锁紧装置 3. 检查零件精度和配合间隙，修正或更换超差的零件 4. 改用调速阀 5. 采用温度补偿节流阀或调速阀，或设法减少温升，并采取散热冷却措施 6. 排出空气

5.4.3 调速阀

在液压系统中，当负载的变化比较大，速度稳定性要求又高时，节流阀显然不能胜任，在这种情况下要采用调速阀。

1. 工作原理和结构

图5-28（a）为调速阀的工作原理图，图5-28（b）为调速阀的职能图形符号，

图 5-28（c）为其简化职能符号。

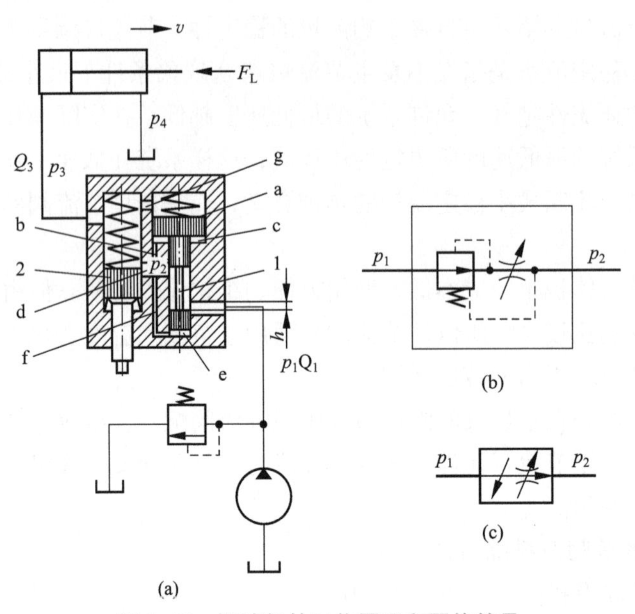

调速阀工作原理

图 5-28　调速阀的工作原理和职能符号

（a）工作原理图；（b）详细职能符号图；（c）简化职能符号

1—减压阀芯；2—节流阀芯；a—上腔；b，f，g—孔；c，e—下油腔；d—出油腔

调速阀是由一个减压阀后面串联一个普通节流阀组成的组合阀。其工作原理是利用前面的减压阀保证后面节流阀的前后压差不随负载而变化，进而来保持速度稳定的。当压力为 p_1 的油液流入时，经减压阀阀口后压力降为 p_2，分别经孔 b 和 f 进入下油腔 c 和 e。减压阀出口即出油腔 d，同时也是节流阀芯 2 的入口。油液经节流阀后，压力由 p_2 降为 p_3，压力为 p_3 的油液一部分经调速阀的出口进入执行元件（液压缸），另一部分经孔 g 进入减压阀芯 1 的上腔 a。调速阀稳定工作时，其减压阀芯 1 在上腔 a 的弹簧力、压力为 p_3 的油压力和 c、e 腔压力为 p_2 的油压力（不计液动力、摩擦力和重力）的作用下，处在某个平衡位置上。当负载 F_L 增加时，p_3 增加，上腔 a 的液压力亦增加，阀芯下移至一新的平衡位置，减压阀阀口增大，其减压能力降低，使压力为 p_1 的入口油压降减少一些，故 p_2 值相对增加。所以，当 p_3 增加时，p_2 也增加，因而差值（p_2-p_3）基本保持不变；反之亦然。于是通过调速阀的流量不变，液压缸的速度稳定，不受负载变化的影响。

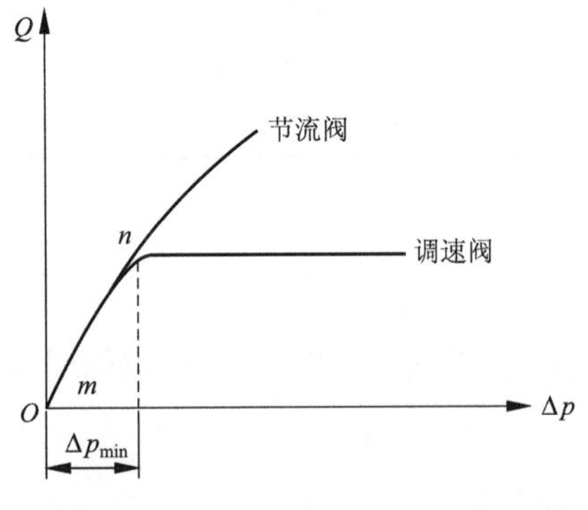

图 5-29　调速阀与节流阀的性能比较

2. 静特性曲线

图 5-29 为调速阀与普通节流阀相比较的阀两端的压差 Δp 与阀的过流量 Q 的关系曲线。从图中可以看出，调速阀的流量很稳定，不受外界压力变化的影响。但在压差较小时，调速阀的性能与普通节流阀相同，即二者曲线重合，这是由于较小的压差不能使调速阀中的减压阀芯抬起，不起减压作用，整个调速阀相当于节流阀的结果。因此，为了

保证调速阀正常工作，必须保证其前后压差至少为0.4～0.5 MPa，这样才能发挥调速阀的作用。

3. 一般应用

调速阀的应用和普通节流阀完全相似，可以与定量泵和溢流阀配合，组成进油口、出油口、旁路油口的节流调速回路，调节执行元件的速度，或者与变量泵和安全阀组合使用，组成容积节流调速回路等。与普通节流阀不同的地方是，调速阀用在对速度稳定性要求比较高的液压系统中。

4. 调速阀常见的故障及排除方法

调速阀常见的故障及排除方法见表5-11。

表5-11　调速阀常见的故障及排除方法

故障现象	产生原因	排除方法
压力补偿装置失灵	1. 阀芯、阀孔尺寸精度及形位公差超差，间隙过小，压力补偿阀芯卡死 2. 弹簧弯曲、使压力补偿阀芯卡死 3. 油液污染物使补偿阀芯卡死 4. 调速阀进出油口压力差太小	1. 拆卸检查、修配或更换超差的零件 2. 更换弹簧 3. 清洗元件，疏通油路 4. 调整压力，使之达到规定值
流量调节失灵或者调节范围小	1. 节流阀阀芯与阀体间隙过大，发生泄漏 2. 节流口阻塞或滑阀卡住 3. 节流阀结构不良 4. 密封件损坏	1. 修复或更换磨损零件 2. 清洗元件，更换液压油 3. 选用节流特性好的节流口 4. 更换密封件
流量不稳定	1. 油液中杂质污物黏附在节流口上，通流面积小，速度变慢 2. 节流阀性能差，由于振动使节流口变化 3. 节流阀内外泄漏大 4. 负载变化使速度突变 5. 油温升高，油液黏度降低，使速度加快 6. 系统中存在大量空气	1. 清洗元件，更换油液，加强过滤 2. 增加节流锁紧装置 3. 检查零件精度和配合间隙，修正或更换超差的零件 4. 改用调速阀 5. 采用温度补偿节流阀或调速阀，或设法减少温升，并采取散热冷却措施 6. 排出空气

5.5 比例阀、插装阀、叠加阀和电液数字控制阀

比例阀、插装阀、叠加阀和电液数字控制阀都是近年来随着液压应用范围越来越广泛、液压技术越来越进步而获得迅速发展的液压阀。它们与普通液压阀相比，有着许多显著的优点。下面对目前逐渐广泛使用的这 4 种阀作简要介绍。

5.5.1 比例阀

一般的液压阀都是对系统的液压参数（比如流量、压力等）进行通断式控制的元件。但是现在有相当一部分液压系统中，通断式控制已经不能满足要求，而这些系统又不需要像电液伺服阀那样有较高的精度和响应速度，通常只希望采用较简单的电器装置，在对精度和响应速度没有很高要求的情况下实现连续控制或遥控。比例阀正是根据这种需要，介于通断式控制元件和伺服控制元件之间发展起来的一种新型电—液控制元件。它可根据输入的电信号连续地、按比例地控制液压系统中液流的压力、流量和方向，并可防止液压冲击。其结构设计、工艺性能、使用维修和价格都介于通断式控制元件和伺服控制元件之间，并兼备了两种元件的一些特点。近年来在液压系统中，尤其是在有简易的自动控制的液压系统中得到了较多的应用。

比例阀按其控制的参数可分为比例压力阀、比例流量阀、比例反向阀和比例复合阀。前两种为单参数（压力或流量）控制阀，后两种同时控制多个参数（流量和方向等）。

目前常用的比例阀大多是电器控制的，所以一般也称电液比例阀。电器控制可采用电磁式或电动式，但常用的是电磁式。

1. 电磁比例压力阀

如图 5-30 所示为一种比较典型的比例溢流阀结构及其职能图形符号。

它由直流比例电磁铁（又称电磁式力马达）和先导式溢流阀组成，是一种电液比例压力阀。当电流（电信号）输入电磁铁 1 后，便产生与电流成比例的电磁推力，该力通过推杆 2、弹簧 3 作用于导阀芯 5 上，这时顶开导阀芯所需要的压力就是系统所调定的压力。因此，系统压力与输入电流成比例。如果输入电流按比例或按一定程序变化，则比例溢流阀所控制的系统压力也按比例或按一定程序变化。

由于一般先导式压力阀都由导阀和主阀两部分构成，因此，只要改变图 5-30 所示结构的主阀，就可以获得比例减压阀、比例顺序阀等不同类型的比例阀。若将图 5-30 所示结构的主阀部分去掉，便是直动式比例压力阀的结构形式。

采用比例控制后不仅大大减少了液压元件，简化了管路，方便了安装、使用和维修，降低了成本，而且显著提高了控制性能，使原来溢流阀控制的压力调整由阶跃式变为比例阀控制的缓变式，因此避免了压力调整引起的液压冲击和振动，提高了性能。

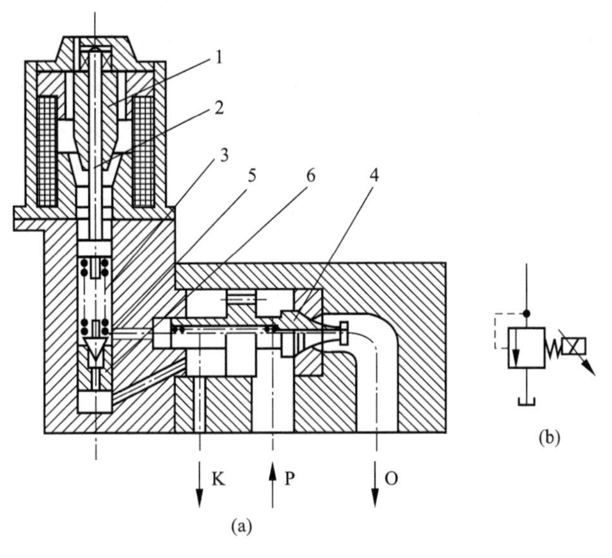

图 5-30 电磁比例溢流阀

（a）比例溢流阀结构；（b）职能图形符号

1—电磁铁；2—推杆；3—弹簧；4—主阀芯；5—导阀芯；6—导阀座

2. 比例流量阀

如图 5-31 所示为电磁比例调速阀结构及其职能图形符号。

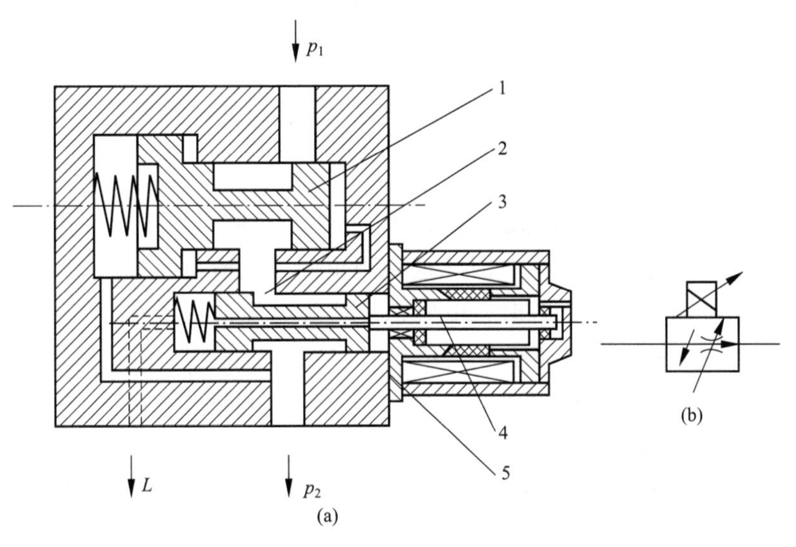

图 5-31 电磁比例调速阀

（a）调速阀结构；（b）职能图形符号

1—减压阀阀芯；2—节流口；3—节流阀阀芯；4—推杆；5—比例电磁铁

与普通调速阀相比，其主要区别是用直流比例电磁铁对节流阀的控制代替了节流阀的手动控制。当电流输入比例电磁铁 5 后，比例电磁铁便产生一个与电流成比例的电磁力。此力经推杆 4 作用于节流阀阀芯 3 上，使阀芯左移，阀口开度增加。当作用于阀芯上的电磁力与弹簧力相平衡时，节流阀阀芯停止移动，节流口保持一定的开度，调速阀通过一确定的流量。因此，只要改变输入比例电磁铁的电流的大小，即可控制通过调速阀的流量。若输入的电流连续或按一定程序变化，则比例调速阀所控制的流量也按比例或按一定程序变化。

比例调速阀常用于注射成型机、抛砂机、多工位加工机床等的速度控制系统中。进行多种速度控制时，只需要输入对应于各种速度的电流信号就可以实现，而不必像一般调速阀那样，对应一个速度值需要一个调速阀及换向阀等。当输入电流信号连续变化时，被控制的执行元件的速度也连续变化。

3. 比例方向阀

如图 5-32 所示为电液比例方向阀结构原理。

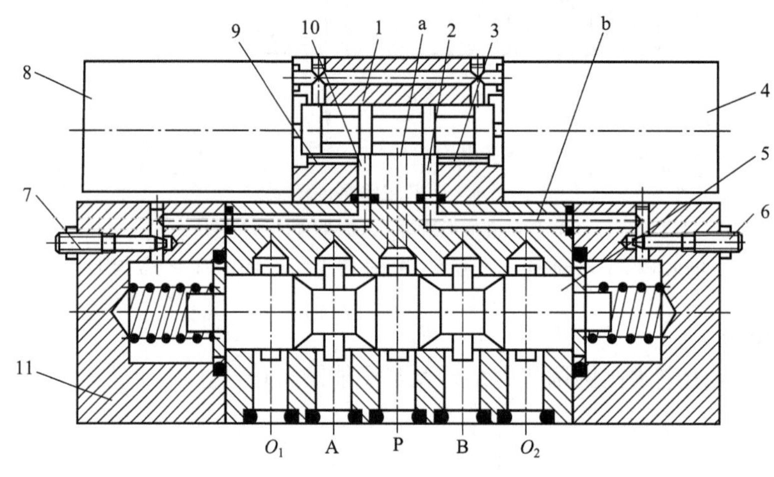

图 5-32 电液比例方向阀

1—比例减压阀；2，10—通道；3，9—反馈孔；4，8—电磁铁；
5—阀芯；6，7—节流阀；11—液动换向阀；a，b—孔道

从图中可以看出，以比例减压阀为先导阀，利用减压阀出口压力来控制液动换向阀，从而来控制系统的油流方向和流量。因此这种阀也叫比例流量—方向阀。该阀的工作原理是：当直流电信号输入电磁铁 8 时，电磁铁 8 产生电磁力，经推杆将减压阀芯推向右移，通道 2 与孔道 a 沟通，压力油则自 P 口进入，经减压阀阀口后压力降为 p_2，并经孔道 b 流至液动换向阀 11 的右侧，推动阀芯 5 左移，使阀 11 的 P、B 口沟通。同时，反馈孔 3 将压力油压力 p_2 引至减压阀的右侧，形成压力反馈。当作用于减压阀芯的反馈油压与电磁力相等时，减压阀处于平衡状态，液动换向阀则有一相对应的开口量。压力 p_2 与输入电流量成比例，阀 11 的开口量又与压力 p_2 呈线性关系，所以阀 11 的开口量即阀 11 的过流量与输入电流的大小成比例。增大输入电流，可使 P 至 B 之间的过流断面积变大，流量增加。

若信号电流输入电磁铁 4，则使阀芯 5 右移，压力油从孔口 A 流出，液流变向。

可见，电液比例方向阀既可改变液流方向，又可用来调速，并且二者均可由输入电流连续控制。另外，液动换向阀的端盖上装有节流阀 6、7，可用来调节液动换向阀的换向时间。

比例方向阀与伺服阀相比，虽然控制精度较低，但由于作用相似，所以其应用的范围也

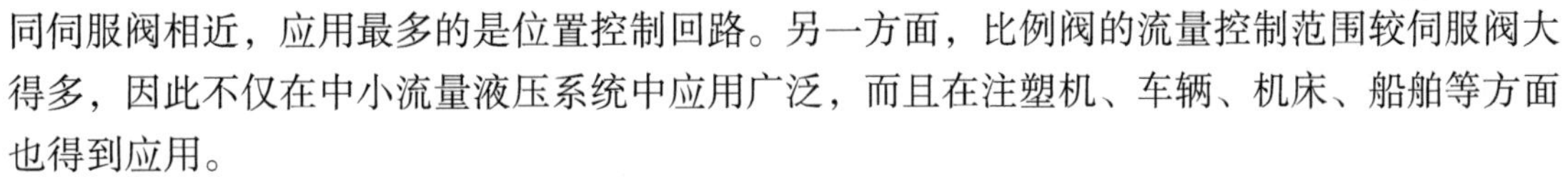

同伺服阀相近，应用最多的是位置控制回路。另一方面，比例阀的流量控制范围较伺服阀大得多，因此不仅在中小流量液压系统中应用广泛，而且在注塑机、车辆、机床、船舶等方面也得到应用。

5.5.2 插装阀

为了适应现代液压技术的需要，把相关的阀做成插装阀。常用的插装阀为二通插装阀，由于插装元件已标准化，可将几个插装式元件组成复合阀。和普通液压阀比较，它有如下的优点：

（1）通流能量大，特别适用于大流量的场合，它的最大通径可达200～250 mm，通过的流量可达10 000 L/min。

（2）阀芯动作灵敏。

（3）密封性好，泄漏小。

（4）结构简单，易于实现标准化。

从工作原理而言，二通插装阀是一个液控单向阀。图5-33（a）所示为插装阀的插装式元件的结构示意图，图5-33（b）为其职能图形符号。由图可见，插装式元件由阀套1、阀芯2和弹簧3组成。A、B为主油路通口，C为控制油路通口。

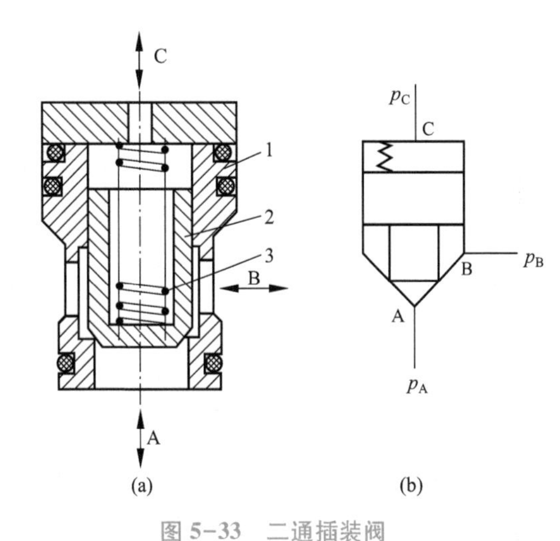

图5-33 二通插装阀

（a）结构示意图；（b）职能图形符号

1—阀套；2—阀芯；3—弹簧

设A、B、C油口的压力为p_A、p_B、p_C，作用面积分别和a_1、a_2、a_3。其中$a_3=a_1+a_2$，F_S为弹簧的作用力，如不考虑阀芯的质量和液流的液动力，则当$p_Aa_1+p_Ba_2>p_Ca_3+F_S$时，阀芯开启，油路A、B接通。

如阀的A口通压力油，B口为输出口，只要改变控制口C的压力便可控制B口的输出。当控制口C接油箱时，则A、B接通。当控制口C接通控制压力油液p_C，且$p_C a_3+F_S>p_Aa_1+p_Ba_2$时，阀芯关闭，A、B不通。

把二通插装阀的盖扳做成不同的结构和形式，与各种先导阀组合后，就可成为方向控制阀、压力控制阀和流量控制阀。

5.5.3 叠加阀

叠加式液压阀简称叠加阀。其阀体本身既是元件又是具有油路通道的连接体，阀体的上、下两面做成连接面。选择同一通径系列的叠加阀，叠合在一起用螺栓紧固，即可组成所需要的液压传动系统。叠加阀按功用的不同分为压力控制阀、流量控制阀和方向控制阀三类，其中方向控制阀仅有单向阀类。

1. 叠加阀的结构及工作原理

叠加阀的工作原理与一般液压阀相同，只是具体结构有所不同，现以溢流阀为例，说明其结构和工作原理。

图5-34（a）所示为Y1—F10D—P/T先导型叠加式溢流阀的结构原理图，图5-34（b）为其职能图形符号。

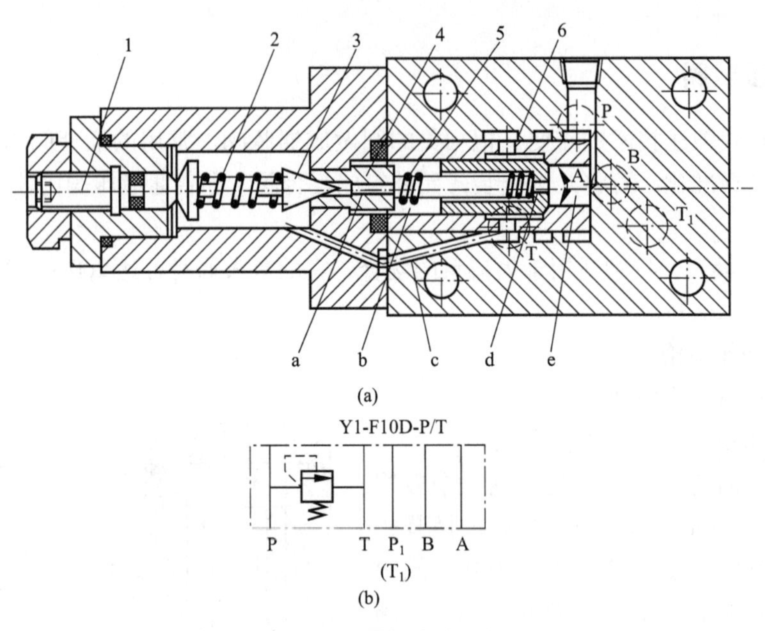

图5-34　叠加式溢流阀

（a）结构原理图；（b）职能图形符号图

1—推杆；2—调节弹簧；3—锥阀阀芯；4—阀座；5—弹簧；6—主阀阀芯；a，c，d—孔；b，e—油腔

该阀由先导阀和主阀两部分组成，先导阀为锥阀，主阀相当于锥阀式的单向阀。其工作原理是：压力油由P口进入主阀阀芯6右端的e腔，并经阀芯上阻尼孔d流至主阀阀芯6左端b腔，再经小孔a作用于锥阀阀芯3上。当系统压力低于溢流阀调定压力时，锥阀关闭，主阀也关闭，阀不溢流。当系统压力达到溢流阀的调定压力时，锥阀阀芯3打开，b腔的油液经锥阀口及孔c由油口T流回油箱，主阀阀芯6右腔的油经阻尼孔d向左流动，于是使主阀芯的两端油液产生压力差。此压力差使主阀阀芯克服弹簧5的作用力而左移，主阀阀口打开，实现了自油口P向油口T的溢流。调节弹簧2的压缩量便可调节溢流阀的调整压力，即溢流压力。

2. 叠加式液压系统的组装

叠加阀自成体系，每一种通径系列的叠加阀，其主油路通道和螺钉孔大小、位置、数量都与相应通径的板式换向阀相同。因此，将同一通径系列的叠加阀互相叠加，可直接连接而组成集成式液压系统。

如图5-35所示为叠加式液压装置示意图。最下面的是底板，底板上有进油孔、回油孔和通向液压执行元件的油孔。底板上面第一个元件一般是压力表开关，然后依次向上叠加各压力控制阀和流量控制阀，最上层为换向阀，用螺栓将它们紧固成一个叠加阀组，一般一个叠加阀组控制一个执行元件。如果液压系统有几个需要集中控制的执行元件，则用多联底板，并排在上面组成相应的几个叠加阀组，这样可以充分发挥叠加阀的优点。

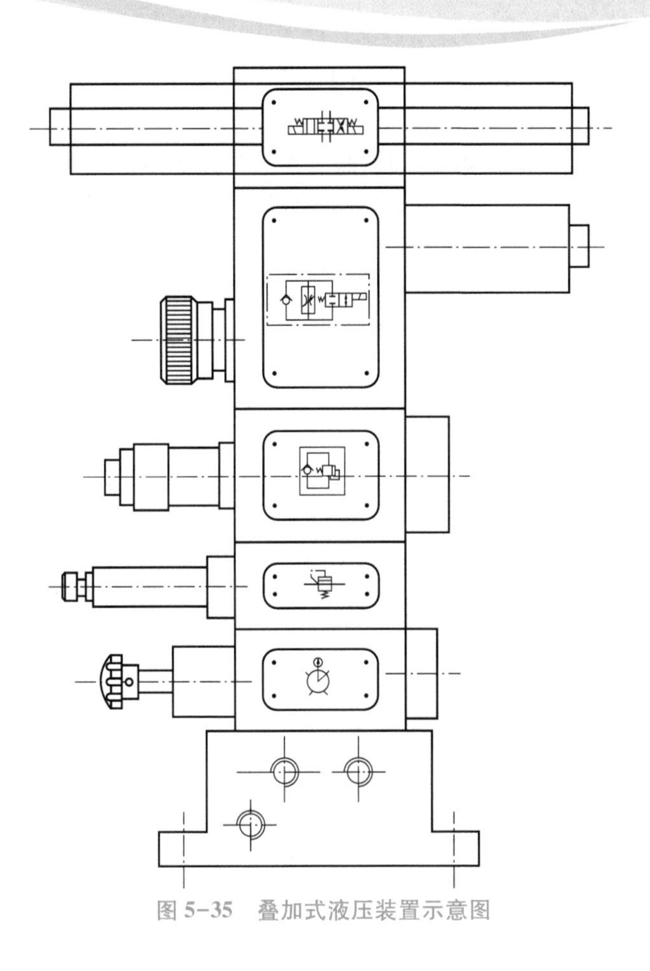

图 5-35　叠加式液压装置示意图

5.5.4　电液数字控制阀

用数字信息直接控制的液压阀，称为电液数字控制阀，简称数字阀。它是 20 世纪 80 年代初期出现且目前正在研究开发的新型液压控制阀。它将计算机技术和液压技术紧密结合，是液压技术发展的必然趋势。数字阀可直接与计算机接口，不需要“数-模”转换器。与电液比例控制阀、电液伺服控制阀相比，数字阀具有结构简单、工艺性好、灵活可靠、价格低廉、抗污染性强、重复性好和功率损失小等优点。数字阀已在塑料注射成型机、压榨机、运输线、机床、飞行控制系统等方面得到了应用，有着广阔的发展前景。

接受计算机数字控制的方法有多种，当今技术比较成熟的是增量式数字阀，即用步进电动驱动的液压控制阀。它是在原有步数的基础上增加或减少一些步数以达到控制的目的，这种方法称为增量法。用这种方法控制的液压控制阀称为增量式数字阀，目前已有数字流量阀、数字压力阀等系列产品。步进电动机能接受计算机发出的经驱动电源放大的脉冲信号，每接受一个脉冲便转动一定的角度。步进电动机的转动又通过凸轮或丝杠等机构转换成直线位移量，从而推动阀芯或压缩弹簧，实现液压控制阀对液流方法、流量或压力的控制。

1. 增量式数字流量阀

如图 5-36 所示为增量式数字流量阀。当计算机发出信号后，步进电动机 1 转动，通过滚珠丝杠 2 将旋转角度转化为轴向位移，带动节流阀阀芯 3 移动，开启阀口。步进电动机转动一定的步数，对应于阀芯一定的开度。该阀有两个节流口，当阀芯移动时，首先打开右边的非全周节流口，流量较小；继续移动，打开左边第二个全周节流口，流量较大，可达3 600 L/min。该阀的流量由节流阀阀芯3、阀套4及推杆5的相对热膨胀取得温度补偿。当油液温度上升时，油的黏度下降，流量增加。与此同时，阀套、阀芯及连杆的不同方向的热膨胀使阀的开口变小，从而保持了流量的恒定。

该阀无反馈功能，但装有零位移传感器6，在每个控制周期终了时，阀芯都可在它的控制下回到零位。这样就能保证阀芯的每个工作周期都在相同的位置开始，使阀有较高的重复精度。

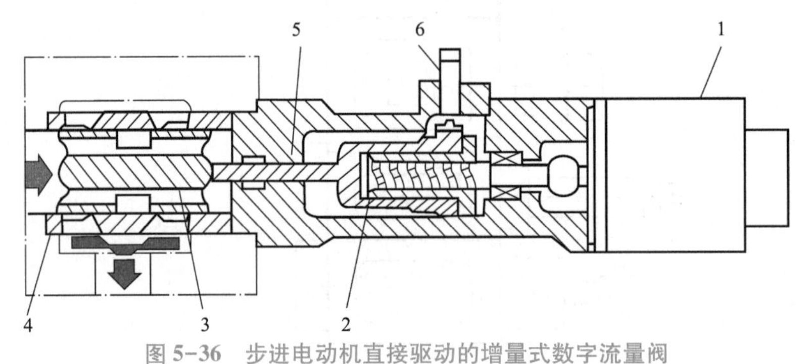

图 5-36　步进电动机直接驱动的增量式数字流量阀

1—步进电动机；2—滚珠丝杠；3—节流阀阀芯；4—阀套；5—推杆；6—零位移传感器

2. 增量式数字压力阀

如图5-37所示为增量式数字压力阀，其中，图5-37（a）为结构原理图，图5-37（b）为压力控制阀先导级的示意图。当计算机发出脉冲信号时，使步进电动机1转动且带动偏心轮2转动，顶杆3作往复运动，从而使弹簧的压缩量及先导阀的针阀4的开度产生相应的变化，也就调整了压力。

该数字阀的最高压力和最低压力取决于凸轮的行程和弹簧的刚度及压缩量。这种压力阀也可手动调节，图5-37（a）上的手轮5即为手动调节压力时使用。

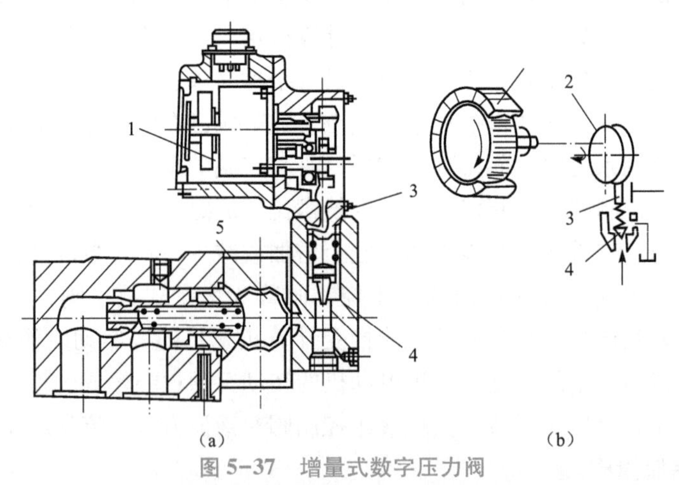

图 5-37　增量式数字压力阀

（a）结构原理图；（b）压力控制阀先导级示意图

1—步进电动机；2—偏心轮；3—顶杆；4—针阀；5—手轮

思考题与习题

5-1　控制阀有哪些共同点？应具备哪些基本要求？

5-2　若单杆液压缸两腔工作面积相差很大，当小腔进油大腔回油得到快速运动时，大腔回油量和大。为了避免选用流量很大的二位四通阀，常增加一个大流量的液控单向阀旁通油路排油。试画出油路。

5-3　节流阀装的开口调定后，其通过的流量是否稳定，为什么？

5-4　溢流阀装反后，会出现什么情况？

5-5　在液压系统中，可以做背压阀的有哪些元件？

5-6　先导式溢流阀的阻尼小孔起什么作用？若将其堵塞或加大会出现什么情况？

5-7　溢流阀、顺序阀和减压阀各有什么作用？它们在原理、结构和职能图形符号上有什么异同点？

5-8　说明三位换向阀中位机能的特点及适用场合。

5-9　如图所示，油路中各溢流阀的调定压力分别是 p_A = 5 MPa，p_B = 4 MPa，p_C = 2 MPa。在外负荷趋于无限大时，图（a）、图（b）油路的供油压力各为多大？

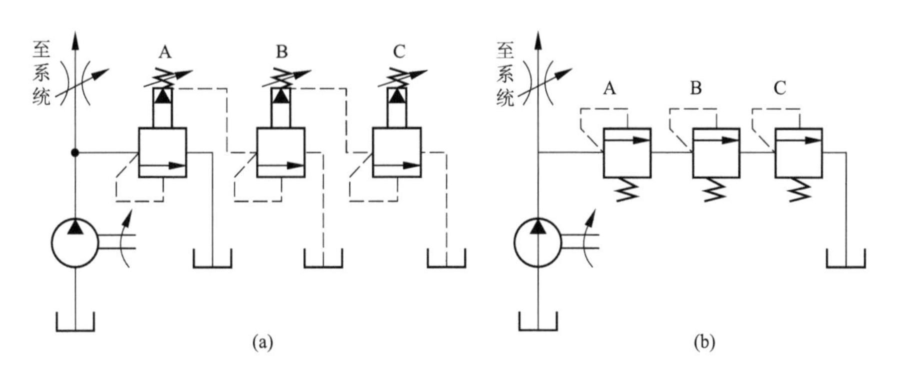

题 5-9 图

5-10　节流阀的最小稳定流量有什么意义？影响最小稳定流量的主要因素有哪些？

5-11　三个溢流阀的调整压力如图所示。试问泵的供油压力有几级？数值各为多少？

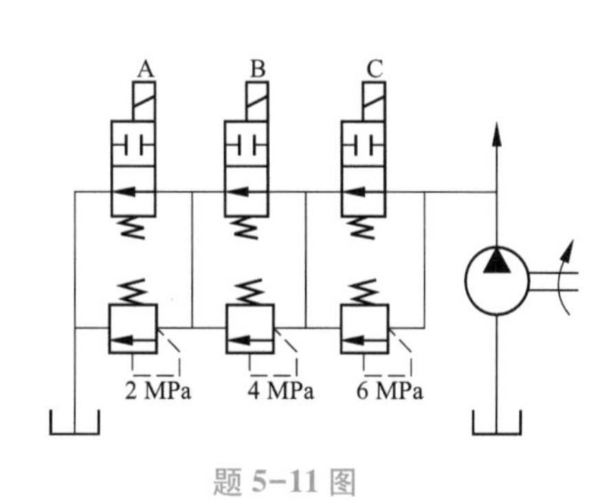

题 5-11 图

5-12　如图所示，已知两液压缸活塞面积相同，液压缸无杆腔面积 $A_1 = 20 \times 10^{-4}\ m^2$，负载分别为 F_1 = 8 000 N、F_2 = 4 000 N。若溢流阀的调整压力为 p_Y = 4.5 MPa，试分析减压阀压力调整值分别为 1、3、4 MPa 时，两液压缸的动作情况。

5-13　如图所示，两个电磁换向阀分别控制两液压缸换向，用压力继电器能否控制缸 A 和缸 B 的动作顺序？为什么？

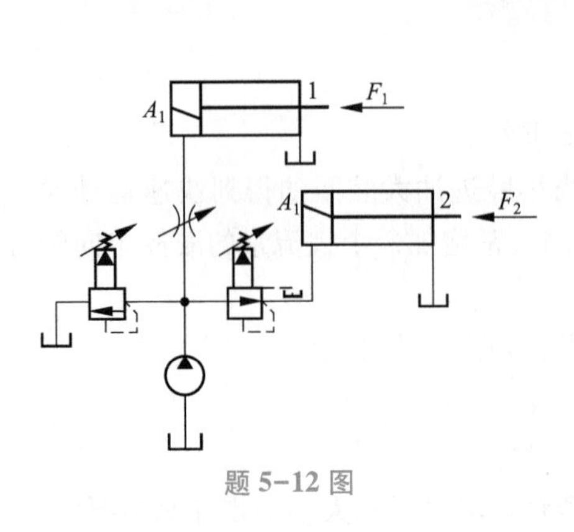

题 5-12 图

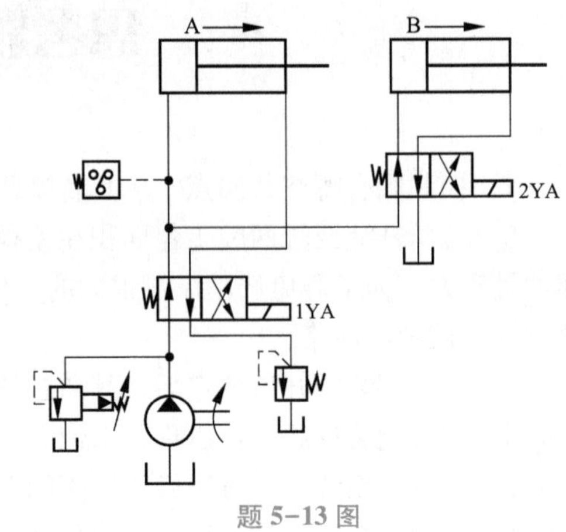

题 5-13 图

第6章 液压辅助元件

6.1 蓄能器

6.1.1 蓄能器的分类和功用

蓄能器是液压系统中的储能元件。它储存多余的压力油液，并在需要时释放出来供给系统。

1. 蓄能器的分类

蓄能器有重锤式、弹簧式和充气式三类，常用的是充气式蓄能器。

充气式蓄能器利用压缩气体储存能量。为安全考虑，所充气体一般为氮气。按蓄能器的结构又可分为直接接触式和隔离式两类。隔离式又分为活塞式和气囊式两种。在此主要介绍活塞式及气囊式两种蓄能器。

1）活塞式蓄能器

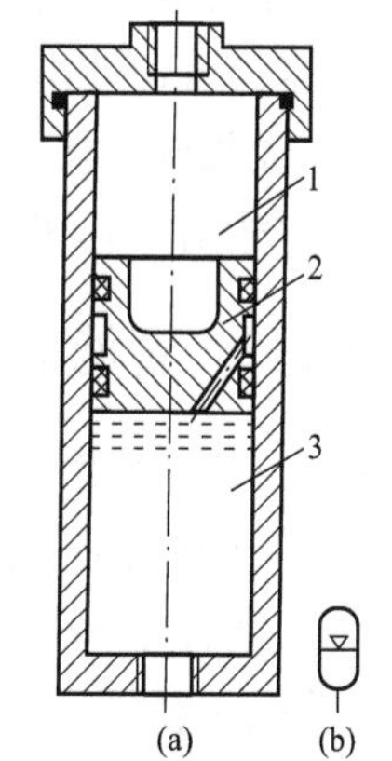

图6-1 活塞式蓄能器

（a）结构；（b）图形符号

1—气体；2—活塞；

3—液压油

活塞式蓄能器是一种隔离式蓄能器，如图6-1所示。它利用活塞2将气体1与液压油3隔离，以减少气体渗入油液的可能性。活塞随着下部油压的增减在缸体内上下移动，活塞向上移动蓄能器就储能。这种蓄能器的活塞上装有密封圈，活塞的凹部面向气体，以增加气体室的容积。这种蓄能器结构简单，易安装，维修方便；但

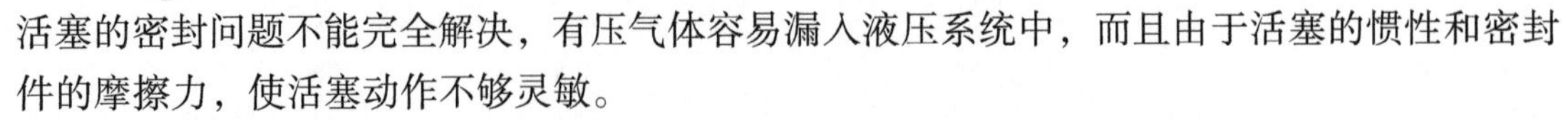

活塞的密封问题不能完全解决，有压气体容易漏入液压系统中，而且由于活塞的惯性和密封件的摩擦力，使活塞动作不够灵敏。

2）气囊式蓄能器

图6-2（a）所示为NXQ型皮囊折合式蓄能器。它由限位阀1、皮囊2、壳体3、充气阀4等组成，工作压力为3.5～35 MPa，容量为0.6～200 L，温度适用范围为-10 ℃～65 ℃。工作前，从充气阀向皮囊内充进一定压力的气体，然后将充气阀关闭，使气体封闭在皮囊内。要储存的油液，从壳体底部限位阀处引到皮囊外腔，使皮囊受压缩而储存液压能。其优点是惯性小，反应灵敏，且结构小、质量轻，一次充气后能长时间的保存气体，充气也较方便，故在液压系统中得到广泛的应用。图6-2（b）为充气式蓄能器的职能图形符号。

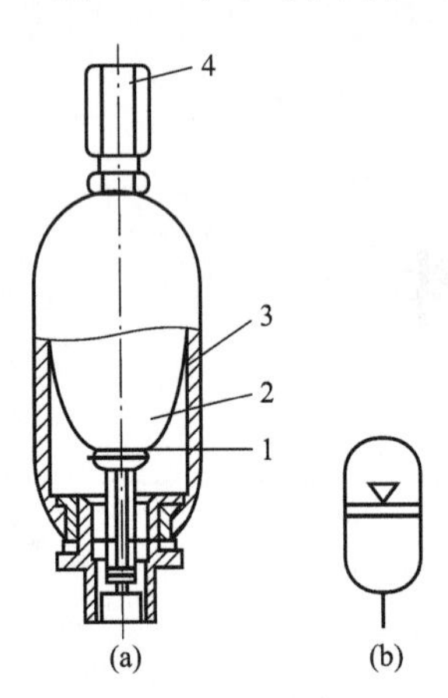

图6-2　气囊式蓄能器
（a）结构；（b）图形符号
1—限位阀；2—皮囊；3—壳体；4—充气阀

2. 蓄能器的功用

1）作辅助动力源

当液压系统工作循环中所需的流量变化较大时，可采用一个蓄能器与一个较小流量（整个工作循环的平均流量）的泵，在短期大流量时，由蓄能器与泵同时供油；所需流量较小时，泵将多余的油液向蓄能器充油，这样，可节省能源，降低温升。另一方面，在有些特殊的场合为防止停电或驱动液压泵的原动力发生故障，蓄能器可作应急能源短期使用。

2）保压和补充泄漏

当液压系统要求较长时间内保压时，可采用蓄能器，补充其泄漏，使系统压力保持在一定范围内。

3）缓和冲击压力

当阀门突然开启或闭合时，可能在液压系统中产生冲击压力，在产生冲击压力的部位加接蓄能器，可使冲击压力得到缓和。

4）吸收脉动压力

泵的输出口并接一蓄能器，可使泵的流量脉动以及因之而引起的压力脉动减小。

6.1.2　蓄能器的使用和安装

（1）气囊式蓄能器安装时，应将油口垂直朝下。

（2）装在管路上的蓄能器必须用支架固定。

（3）蓄能器与管路系统之间应安装截止阀，这便于在系统长期停止工作以及充气或检修时，将蓄能器与主油路切断。

（4）蓄能器是压力容器，搬运和装拆时应先排除内部的气体，工作中要注意安全。

（5）用于吸收液压冲击和脉动压力的蓄能器，应尽可能装在振源附近，并便于检修。

（6）蓄能器与液压泵之间应设单向阀，以防止液压泵停转时蓄能器内的压力油倒流。

6.2　过　滤　器

6.2.1　过滤器的主要性能指标

1. 过滤精度

它表示过滤器对各种不同尺寸的污染颗粒的滤除能力，用绝对过滤精度、过滤比和过滤效率等指标来评定。

绝对过滤精度是指通过滤芯滤过的最大坚硬球状颗粒的尺寸（y）。它反映了过滤颗粒中的尺寸。过滤比（β_x 值）是指滤油器上游油液单位容积中大于某给定尺寸的颗粒数与下游油液单位容积中大于同一尺寸的颗粒数之比，即对于某一尺寸 x 的颗粒来说，其过滤比 β_x 的表达式为

$$\beta_x = N_u / N_d \tag{6-1}$$

式中　N_u——上游油液中大于某一尺寸 x 的颗粒浓度；

N_d——下游油液中大于同一尺寸 x 的颗粒浓度。

从上式可看出，β_x 越大，过滤精度越高。当过滤比的数值达到 75 时，y 即被认为是过滤器的绝对过滤精度。过滤比能确切地反映滤油器对不同尺寸颗粒污染物的过滤能力。它已被国际标准化组织采纳作为评定过滤器过滤精度的性能指标。一般要求系统的过滤精度要小于运动副间隙的一半。此外，压力越高，对过滤精度要求越高。其推荐值见表 6-1。

过滤效率 E_c 可以通过下式由过滤比 β_x 直接换算出来：

$$E_c = (N_u - N_d) / N_u = 1 - \frac{1}{\beta_x} \tag{6-2}$$

表 6-1　过滤精度推荐值表

系统类别	润滑系统	传动系统			伺服系统
工作压力/MPa	0～2.5	≤14	14<p<21	≥21	21
过滤精度/μm	100	25～50	25	10	5

2. 压降特性

液压回路中的滤油器对油液流动来说是一种阻力，因而油液通过滤芯时必然要出现压力降。一般来说，在滤芯尺寸和流量一定的情况下，滤芯的过滤精度越高，压力降越大；在流量一定的情况下，滤芯的有效过滤面积越大，压力降越小；油液的黏度越大，流经滤芯的压力降也越大。

滤芯所允许的最大压力降，应以不致使滤芯元件发生结构性破坏为原则。在高压系统中，滤芯在稳定状态下工作时承受到的仅仅是它那里的压力降，这就是为什么纸质滤芯亦能

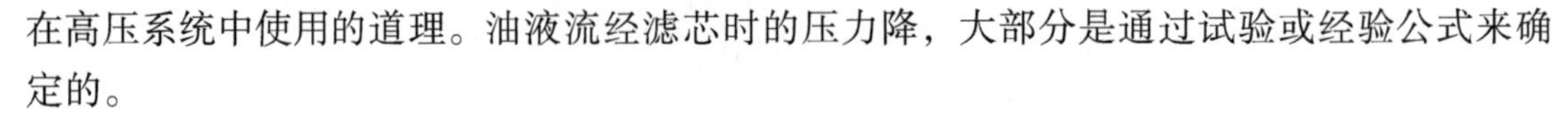

在高压系统中使用的道理。油液流经滤芯时的压力降，大部分是通过试验或经验公式来确定的。

3. 纳垢容量

这是指滤油器在压力降达到其规定限值之前可以滤除并容纳的污染物数量。这项性能指标可以用多次通过性试验来确定。滤油器的纳垢容量越大，使用寿命越长，所以它是反映滤油器寿命的重要指标。一般来说，滤芯尺寸越大，即过滤面积越大，纳垢容量就越大。增大过滤面积，可以使纳垢容量至少成比例地增加。

滤油器过滤面积 A 的表达式为

$$A = q\mu / a\Delta p \tag{6-3}$$

式中 q——滤油器的额定流量，L/min；

μ——油液的黏度，Pa · s；

Δp——压力降，Pa；

a——滤油器单位面积通过能力，L/cm^2，由实验确定。

在 20 ℃ 时，对特种滤网，$a=0.003 \sim 0.006$；纸质滤芯，$a=0.035$；线隙式滤芯，$a=10$；一般网式滤芯，$a=2$。式（6-3）清楚地说明了过滤面积与油液的流量、黏度、压降和滤芯形式的关系。

6.2.2 过滤器的类型和结构特点

过滤器按过滤精度来分可分为粗过滤器和精过滤器两大类；按滤芯的结构可分为网式、线隙式、磁性、烧结式和纸质等；按过滤的方式可分为表面型、深度型和中间型过滤器，见表 6-2，下面将分别叙述。

1. 表面型过滤器

整个过滤作用是由一个几何面来实现的。滤下的污染杂质被截留在滤芯元件靠油液上游的一面。在这里，滤芯材料具有均匀的标定小孔，可以滤除比小孔尺寸大的杂质。由于污染杂质积聚在滤芯表面上，因此它很容易被阻塞住。编网式滤芯、线隙式滤芯属于这种类型。

2. 深度型过滤器

这种滤芯材料为多孔可透性材料，内部具有曲折迂回的通道。大于表面孔径的杂质直接被截留在外表面，较小的污染杂质进入滤材内部，撞到通道壁上，由于吸附作用而得到滤除。滤材内部曲折的通道也有利于污染杂质的沉积。纸芯、毛毡、烧结金属、陶瓷和各种纤维制品等属于这种类型。

3. 中间型过滤器

中间型过滤器的过滤方式介于上述两者之间，如采用有一定厚度（0.35～0.75 mm）的微孔滤纸制成的滤芯的纸质过滤器。它的过滤精度比较高，一般约为 10～20 μm ，高精度的可达 1 μm 左右。这种过滤器的过滤精度适用于一般的高压液压系统，它是当前在中高压液压系统中使用最为普遍的精过滤器。为了扩大过滤面积，纸滤芯做成 W 形，但当纸滤芯被杂质堵塞后不能清洗，要更换滤芯。由于这种过滤器阻力损失较大，一般在 0.08～0.35 MPa 之间，所以只能安在排油管路和回油管路上，不能放在液压泵的进油口。

表 6-2　常见的过滤器及其特点

类型	名称及结构简图	特点说明
表面型	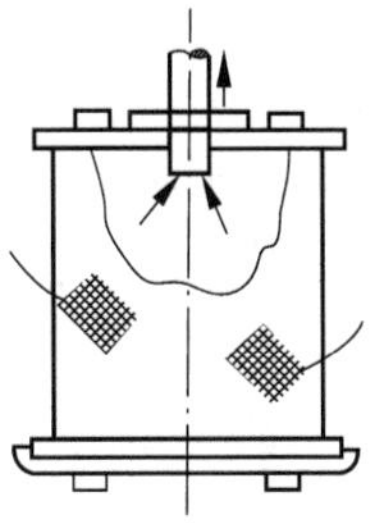 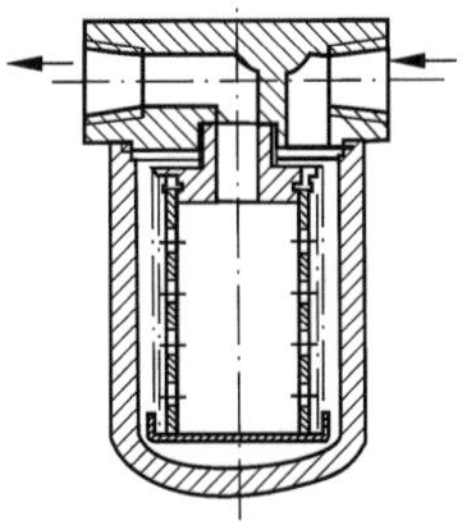	（1）过滤精度与铜丝网层数及网孔大小有关；在压力管路上常用 100、150、200 目（每英寸长度上孔数）的铜丝网，在液压泵吸油管路上常采用 20～40 目铜丝网； （2）压力损失不超过 0.004 MPa； （3）结构简单，通流能力大，清洗方便，但过滤精度低
深度型	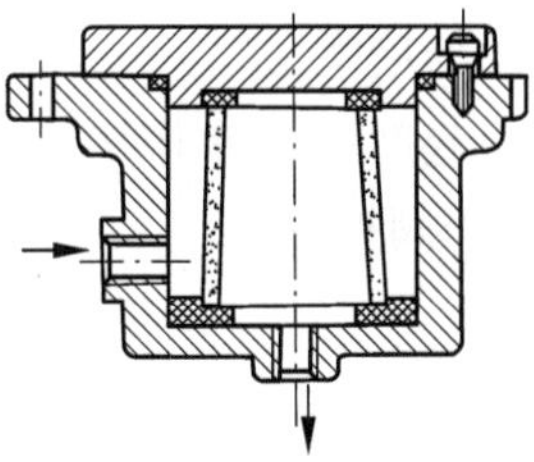	结构如左图所示，它由壳体、端盖和滤芯构成；其滤芯部分是由球状青铜颗粒用粉末冶金烧结工艺高温烧结而成
吸附型	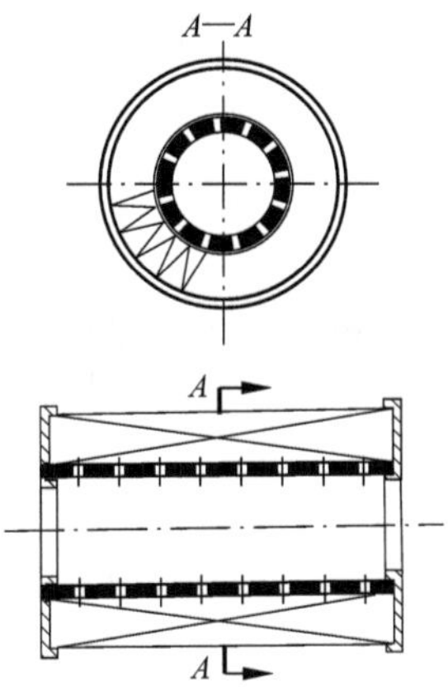	（1）结构与线隙式相同，但滤芯为平纹或波纹的酚醛树脂或木浆微孔滤纸制成的纸芯；为了增大过滤面积，纸芯常制成折叠形； （2）压力损失为 0.01～0.04 MPa； （3）过滤精度高，但堵塞后无法清洗，必须更换纸芯； （4）通常用于精过滤

6.2.3　选用和安装

1. 选用

过滤器按其过滤精度（滤去杂质的颗粒大小）的不同，有粗过滤器、普通过滤器、精密过滤器和特精过滤器四种。它们分别能滤去大于 100 μm、10～100 μm、5～10 μm 和 1～

5 μm 大小的杂质。

选用滤油器时，要考虑下列几点：

（1）过滤精度应满足预定要求。

（2）能在较长时间内保持足够的通流能力。

（3）滤芯具有足够的强度，不因液压的作用而损坏。

（4）滤芯抗腐蚀性能好，能在规定的温度下持久地工作。

（5）滤芯清洗或更换简便。

因此，滤油器应根据液压系统的技术要求，按过滤精度、通流能力、工作压力、油液黏度、工作温度等条件选定其型号。

2. 安装

滤油器在液压系统中的安装位置通常有以下几种：

（1）安装在泵的吸油口处：泵的吸油路上一般都安装有表面型过滤器，目的是滤去较大的杂质微粒以保护液压泵，此外过滤器的过滤能力应为泵流量的两倍以上，压力损失小于 0.02 MPa。

（2）安装在泵的出口油路上：此处安装滤油器的目的是用来滤除可能侵入阀类等元件的污染物。其过滤精度应为 10～15 μm，且能承受油路上的工作压力和冲击压力，压力降应小于 0.35 MPa。同时应安装安全阀以防过滤器堵塞。

（3）安装在系统的回油路上：这种安装起间接过滤作用，一般与过滤器并连安装一背压阀，当过滤器堵塞达到一定压力值时，背压阀打开。

（4）安装在系统分支油路上。

（5）单独过滤系统。

大型液压系统可专设一液压泵和过滤器组成独立过滤回路。

液压系统中除了整个系统所需的过滤器外，还常常在一些重要元件（如伺服阀、精密节流阀等）的前面单独安装一个专用的精过滤器来确保它们的正常工作。

6.3 油　箱

6.3.1　油箱的功用和种类

1. 油箱的功用

油箱的功用是储存液压系统所需足够的油液（液压液）、散发油液中的热量、沉淀油液中的污染物和释放溶入油液中的气体。

2. 油箱的种类

油箱可分为开式油箱和闭式油箱。开式油箱通过空气过滤器与大气连通，油箱中的液体受到大气压的作用，一般固定作业和行走作业机械均采用开式油箱；闭式油箱完全与大气隔绝，箱体内设置气囊或者弹簧活塞对箱中油液施加一定压力，闭式油箱适用于水下作业机械或海拔较高地区及飞行器的液压系统中。

油箱的典型结构如图 6-3 所示。由图可见，油箱内部用隔板 7、9 将吸油管 1 与回油管 4 隔开。顶部、侧部和底部分别装有滤油网 2、油位计 6 和排放污油的放油阀 8。安装液压泵及其驱动电动机的安装板 5 则固定在油箱顶面上。

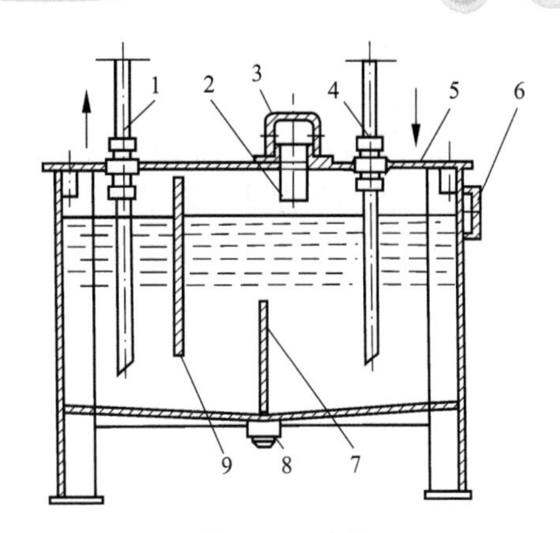

图 6-3　油箱

1—吸油管；2—滤油网；3—盖；4—回油管；5—安装板；6—油位计；7，9—隔板；8—放油阀

6.3.2　油箱的结构设计

（1）油箱的有效容积（油面高度为油箱高度 80%时的容积）应根据液压系统发热、散热平衡的原则来计算。这项计算在系统负载较大、长期连续工作时是必不可少的。但对于一般情况来说，油箱的有效容积可以按液压泵的额定流量 q_n（L/min）估计出来。例如，适用于机床或其他一些固定式机械的估算式为

$$V=\xi q_n \tag{6-4}$$

式中　V——油箱的有效容积，L；

ξ——与系统压力有关的经验数字：低压系统 $\xi=2\sim4$，中压系统 $\xi=5\sim7$，高压系统 $\xi=10\sim12$。

（2）吸油管和回油管应尽量相距远些。两管之间要用隔板隔开，以增加油液循环距离，使油液有足够的时间分离气泡，沉淀杂质，消散热量。隔板高度最好为箱内油面高度的3/4。吸油管入口处要装粗滤油器。精滤油器与回油管管端在油面最低时仍应没在油中，防止吸油时卷吸空气或回油冲入油箱时搅动油面而混入气泡。回油管管端宜斜切 45°，以增大出油口截面积，减慢出口处油流速度，此外，应使回油管斜切口面对箱壁，以利于油液散热。当回油管排回的油量很大时，宜使它出口处高出油面，向一个带孔或不带孔的斜槽（倾角为 5°～15°）排油，使油流散开，一方面减慢流速，另一方面排走油液中空气。减慢回油流速、减少它的冲击搅拌作用，也可以采取让它通过扩散的办法来达到。泄油管管端亦可斜切，但不可没入油中。

管端与箱底、箱壁间距离均不宜小于管径的 3 倍。粗滤油器距箱底不应小于 20 mm。

（3）为了防止油液污染，油箱上各盖板、管口处都要妥善密封。注油器上要加滤油网，防止油箱出现负压而设置的通气孔上须装空气滤清器。空气滤清器的容量至少应为液压泵额定流量的 2 倍。油箱内回油集中部分及清污口附近宜装设一些磁性块，以去除油液中的铁屑和带磁性颗粒。

（4）为了易于散热和便于对油箱进行搬移及维护保养，按 GB 3766—1983 规定，箱底离地至少应在 150 mm 以上。箱底应适当倾斜，在最低部位处设置堵塞或放油阀，以便排放污油。按照 GB 3766—1983 规定，箱体上注油口的近旁必须设置液位计。滤油器的安装位置应便于装拆。箱内各处应便于清洗。

（5）油箱中如要安装热交换器，必须考虑好它的安装位置，以及测温、控制等措施。

（6）分离式油箱一般用 2.5～4 mm 钢板焊成。箱壁越薄，散热越快。有资料建议 100 L 容量的油箱箱壁厚度取 1.5 mm，400 L 以下的取3 mm，400 L 以上的取 6 mm，箱底厚度大于箱壁，箱盖厚度应为箱壁的 4 倍。大尺寸油箱要加焊角板、筋条，以增加刚性。当液压泵及其驱动电动机和其他液压件都要装在油箱上时，油箱顶盖要相应地加厚。

（7）油箱内壁应涂上耐油防锈的涂料。外壁如涂上一层极薄的黑漆（不超过 0.025 mm 厚度），会有很好的辐射冷却效果。铸造的油箱内壁一般只进行喷砂处理，不涂漆。

6.4 热交换器

液压系统的工作温度一般希望保持在 30 ℃～50 ℃的范围之内，最高不超过 65 ℃，最低不低于 15 ℃。液压系统如依靠自然冷却仍不能使油温控制在上述范围内时，就须安装冷却器；反之，如环境温度太低无法使液压泵启动或正常运转时，就须安装加热器。

6.4.1 冷却器

液压系统中的冷却器，最简单的是蛇形管冷却器，如图 6-4 所示，它直接装在油箱内，冷却水从蛇形管内部通过，带走油液中热量。这种冷却器结构简单，但冷却效率低，耗水量大。

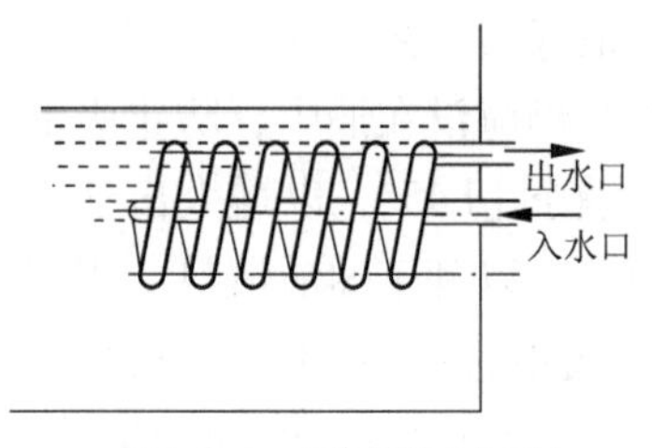

图 6-4 蛇形管冷却器

液压系统中用得较多的冷却器是强制对流式多管式冷却器，如图 6-5 所示。油液从进油口 5 流入，从出油口 3 流出；冷却水从进水口 7 流入，通过图 6-5 可知，多根水管后由出水口 1 流出。油液在水管外部流动时，它的行进路线因冷却器内设置了隔板而加长，因而增加了热交换效果。近来出现一种翅片管式冷却器，水管外面增加了许多横向或纵向的散热翅片，大大扩大了散热面积和热交换效果。图 6-6 所示为翅片管式冷却器的一种形式。它是在圆管或椭圆管外嵌套上许多径向翅片，其散热面积可达光滑管的 8～10 倍。椭圆管的散热效果一般比圆管更好。

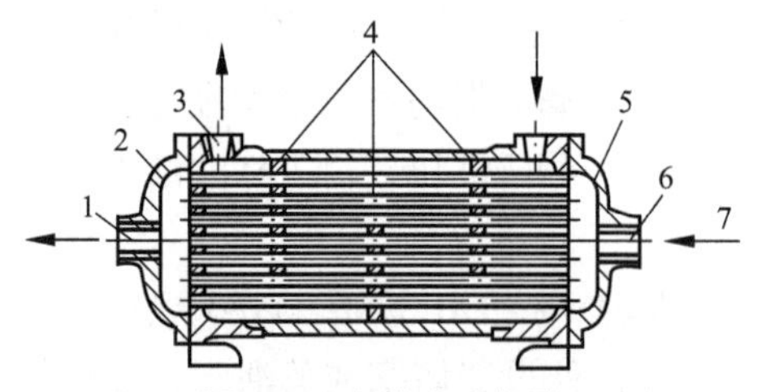

图 6-5 多管式冷却器

1—出水口；2—端盖；3—出油口；4—隔板；5—进油口；6—端盖；7—进水口

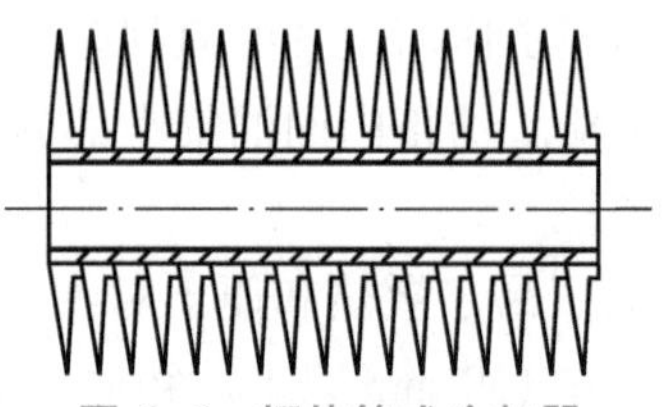
图 6-6 翅片管式冷却器

液压系统亦可以用汽车上的风冷式散热器来进行冷却。这种用风扇鼓风带走流入散热器内油液热量的装置不需另设通水管路，结构简单，价格低廉，但冷却效果较水冷式差。

冷却器一般应安放在回油管或低压管路上，如溢流阀的出口、系统的主回流路上或单独的冷却系统。

冷却器所造成的压力损失一般为0.01～0.1 MPa。

6.4.2　加热器

液压系统的加热一般常采用结构简单、能按需要自动调节最高和最低温度的电加热器。这种加热器的安装方式是用法兰盘横装在箱壁上，发热部分全部浸在油液内。加热器应安装在箱内油液流动处，以有利于热量的交换。由于油液是热的不良导体，单个加热器的功率容量不能太大，以免其周围油液过度受热后发生变质现象。

6.5　压力表及压力表开关

6.5.1　压力表

压力表的作用是用于检测和显示液压系统工作压力的。液压系统使用的压力表按功能划分为普通压力表、真空压力表和电接点压力表。

压力表用于观察液压系统中某一工作点的油液压力，以便调整系统的工作压力。在液压系统中最常用的是如图6-7所示的弹簧管式压力表。当压力油进入弹簧弯管1时，弹簧弯管的管端产生变形，变形的大小与油液的压力成比例。此变形通过杠杆4使扇形齿轮5摆动，刻度盘3读出油液的压力值。压力表的精度用精度等级来衡量。精度等级为压力表最大误差与量程的百分比。如精度等级为1.5级、量程为10 MPa的压力表，最大量程时的误差为10 MPa×1.5%＝0.15 MPa。一般机械设备液压系统采用1.5～4级精度等级的压力表。压力表量程为系统最高工作压力的1.5倍左右。

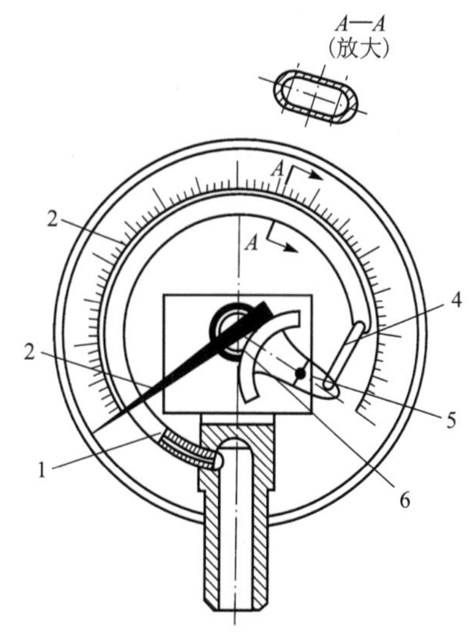

图6-7　弹簧管式压力表

1—弹簧弯管；2—指针；3—刻度盘；4—杠杆；5—扇形齿轮；6—小齿轮

6.5.2　压力表开关

压力表应通过阻尼小孔以及压力表开关接入压力管道，以防止系统压力突变或压力脉动损坏压力表。压力表开关相当于一个小型截止阀，用于切断和接通压力表与油路的通道。压力表开关有一点、

三点等几种类型。多点压力表开关用一个压力表可与几个测压点油路相通，可分时测出相应点的油压力。

6.6 管件

6.6.1 油管

液压系统中使用的油管种类很多，有钢管、铜管、尼龙管、塑料管、橡胶管等，须按照安装位置、工作环境和工作压力来正确选用。油管的特点及其适用范围如表 6-3 所示。

表 6-3 液压系统中使用的油管

种类		特点和适用场
硬管	钢管	能承受高压，价格低廉，耐油，抗腐蚀，刚性好，但装配时不能任意弯曲；常在装拆方便处用作压力管道，中、高压用无缝管，低压用焊接管
	紫铜管	易弯曲成各种形状，但承压能力一般不超过 6.5～10 MPa，抗振能力较弱，又易使油液氧化；通常用在液压装置内配接不便之处
软管	尼龙管	乳白色半透明，加热后可以随意弯曲成形或扩口，冷却后又能定形不变，承压能力因材质而异，在 2.5～8 MPa 不等
	塑料管	质轻耐油，价格便宜，装配方便，但承压能力低，长期使用会变质老化，只宜用作压力低于 0.5 MPa 的回油管、泄油管等
	橡胶管	高压管由耐油橡胶夹几层钢丝编织网制成，钢丝网层数越多，耐压越高，价昂，用作中、高压系统中两个相对运动件之间的压力管道 低压管由耐油橡胶夹帆布制成，可用作回油管道

油管的规格尺寸（管道内径和壁厚）可由式（6-5）、式（6-6）算出 d、δ 后，查阅有关的标准选定：

$$d=2\sqrt{\frac{q}{\pi v}} \tag{6-5}$$

$$\delta=\frac{pdn}{2\sigma_b} \tag{6-6}$$

式中 d——油管内径；

q——管内流量；

v——管中油液的流速；

δ——油管壁厚；

p——管内工作压力；

n——安全系数；

σ_b——管道材料的抗拉强度。

流速 v 吸油管取 0.5～1.5 m/s，高压管取 2.5～5 m/s（压力高的取大值，低的取小值，例如：压力在 6 MPa 以上的取 5 m/s，在 3～6 MPa 之间的取 4 m/s，在 3 MPa 以下的取 2.5～3 m/s；管道较长的取小值，较短的取大值；油液黏度大时取小值），回油管取 1.5～2.5 m/s，短管及局部收缩处取 5～7 m/s。安全系数为 n，对钢管来说，$p<7$ MPa 时取 $n=8$，7 MPa$<p<$17.5 MPa 时取 $n=6$，$p>$17.5 MPa 时取 $n=4$。

油管的管径不宜选得过大，以免使液压装置的结构庞大；但也不能选得过小，以免使管内液体流速加大，系统压力损失增加或产生振动和噪声，影响正常工作。

在保证强度的情况下，管壁可尽量选得薄些。薄壁易于弯曲，规格较多，装接较易，采用它可减少管系接头数目，有助于解决系统泄漏问题。

6.6.2 接头

管接头是油管与油管、油管与液压件之间的可拆式连接件。它必须具有装拆方便、连接牢固、密封可靠、外形尺寸小、通流能力大、压降小、工艺性好等各项条件。

管接头的种类很多，其规格品种可查阅有关手册。液压系统中油管与管接头的常见连接方式如表 6-4 所示。管路旋入端用的连接螺纹采用国家标准米制锥螺纹（ZM）和普通细牙螺纹（M）。

表 6-4 液压系统中常用的管接头

名 称	结构简图	特点和说明
焊接式管接头	球形头	连接牢固，利用球面进行密封，简单可靠。 焊接工艺必须保证质量，必须采用厚壁钢管，拆装不便
卡套式管接头	油管 卡套	用卡套卡住油管进行密封，轴向尺寸要求不严，装拆简便。 对油管径向尺寸精度要求较高，为此要采用冷拔无缝钢管
扩口式管接头	油管 管套	用油管管端的扩口在管套的压紧下进行密封，结构简单。 适用于铜管、薄壁钢管、尼龙管和塑料管等低压管道的连接
扣压式管接头		用来连接高压软管。 在中、低压系统中应用

续表

名　称	结构简图	特点和说明
固定铰接管接头	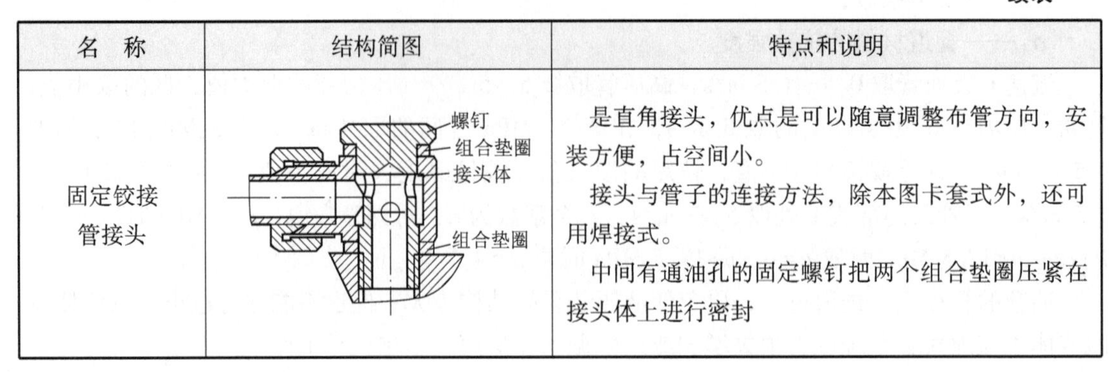	是直角接头，优点是可以随意调整布管方向，安装方便，占空间小。 接头与管子的连接方法，除本图卡套式外，还可用焊接式。 中间有通油孔的固定螺钉把两个组合垫圈压紧在接头体上进行密封

锥螺纹依靠自身的锥体旋紧和采用聚四氟乙烯等材料进行密封，广泛用于中、低压液压系统；细牙螺纹密封性好，常用于高压系统，但要采用组合垫圈或O形圈进行端面密封，有时也可用紫铜垫圈。

液压系统中的泄漏问题大部分都出现在管系中的接头上，为此对管材的选用、接头形式的确定（包括接头设计、垫圈、密封、箍套、防漏涂料的选用等）、管系的设计（包括弯管设计、管道支承点和支承形式的选取等）以及管道的安装（包括正确的运输、储存、清洗、组装等）都要谨慎从事，以免影响整个液压系统的使用质量。

国外对管子材质、接头形式和连接方法上的研究工作从未间断，最近出现一种用特殊的镍钛合金制造的管接头，它能使低温下受力后发生的变形在升温时消除，即把管接头放入液氮中用芯棒扩大其内径，然后取出来迅速套装在管端上，便可使它在常温下得到牢固、紧密的结合。这种“热缩”式的连接已在航空和其他一些加工行业中得到了应用。它能保证在40～55 MPa的工作压力下不出现泄漏。这是一个十分值得注意的动向。

6.7 密封元件

密封按其工作原理来分可分为非接触式密封和接触式密封。前者主要指间隙密封，后者指密封件密封。

6.7.1 间隙密封

间隙密封是靠相对运动件配合面之间的微小间隙来进行密封的，常用于柱塞、活塞或阀的圆柱配合副中，一般在阀芯的外表面开有几条等距离的均压槽，它的主要作用是使径向压力分布均匀，减少液压卡紧力，同时使阀芯在孔中对中性好，以减小间隙的方法来减少泄漏。同时槽所形成的阻力，对减少泄漏也有一定的作用。均压槽一般宽0.3～0.5 mm，深为0.5～1.0 mm。圆柱面配合间隙与直径大小有关，对于阀芯与阀孔一般取0.005～0.017 mm。

这种密封的优点是摩擦力小，缺点是磨损后不能自动补偿，主要用于直径较小的圆柱面

之间，如液压泵内的柱塞与缸体之间、滑阀的阀芯与阀孔之间的配合。

6.7.2 接触密封

接触密封主要指密封件密封，主要包括O形密封圈、唇形密封圈、组合密封圈和回转轴密封装置。

1. O形密封圈

O形密封圈一般用耐油橡胶制成，其横截面呈圆形。它具有良好的密封性能，内外侧和端面都能起到密封作用，且结构紧凑，运动件的摩擦阻力小，制造容易，装拆方便，成本低，在液压系统中得到广泛应用。

O形密封圈的安装沟槽，除矩形外，也有V形、燕尾形、半圆形、三角形等，实际应用中可查阅有关手册及国家标准。

图6-8所示为O形密封圈的结构和工作情况。图6-8（a）为其外形圈；图6-8（b）为装入密封沟槽的情况，δ_1、δ_2为O形圈装配后的预压缩量，通常用压缩率W表示，即$W=[(d_0-h)/d_0]\times100\%$，对于固定密封、往复运动密封和回转运动密封，应分别达到15%～20%、10%～20%和5%～10%，才能取得满意的密封效果。当油液工作压力超过10 MPa时，O形圈在往复运动中容易被油液压力挤入间隙而提早损坏，见图6-8（c），为此要在它的侧面安放1.2～1.5 mm厚的聚四氟乙烯挡圈，单向受力时在受力侧的对面按放一个挡圈，如图6-8（d）；双向受力时则在两侧各放一个挡圈，如图6-8（e）。

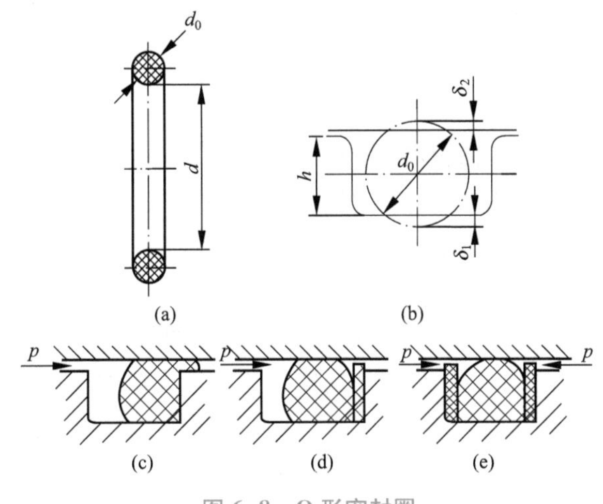

图6-8 O形密封圈

（a）结构；（b）装入密封槽；（c）挤入间隙；（d）加一个挡圈；（e）加两个挡圈

2. 唇形密封圈

唇形密封圈根据截面的形状可分为Y形、V形、U形、L形等。其工作原理如图6-9所示。这种密封作用的特点是能随着工作压力的变化自动调整密封性能，压力越高则唇边被压得越紧，密封性越好；当压力降低时唇边压紧程度也随之降低，从而减少了摩擦阻力和功率消耗，除此之外，还能自动补偿唇边的磨损，保持密封性能不降低。

目前，液压缸中普遍使用如图 6-10 所示的所谓小 Y 形密封圈作为活塞和活塞杆的密封。其中图 6-10（a）为轴用密封圈，图 6-10（b）所示为孔用密封圈。这种小 Y 形密封圈的特点是断面宽度和高度的比值大，增加了底部支承宽度，可以避免摩擦力造成的密封圈的翻转和扭曲。

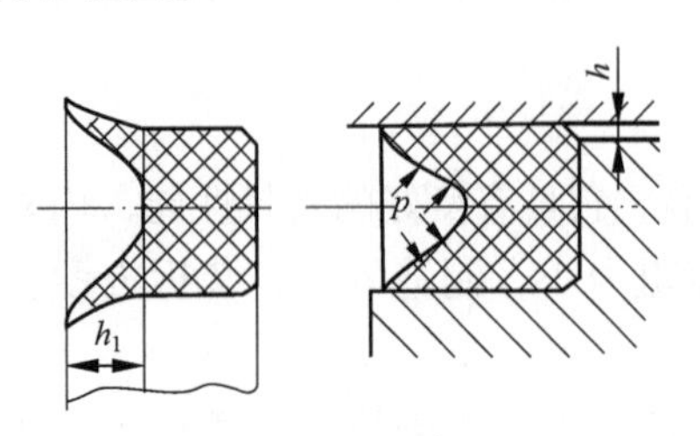

图 6-9　唇形密封圈的工作原理

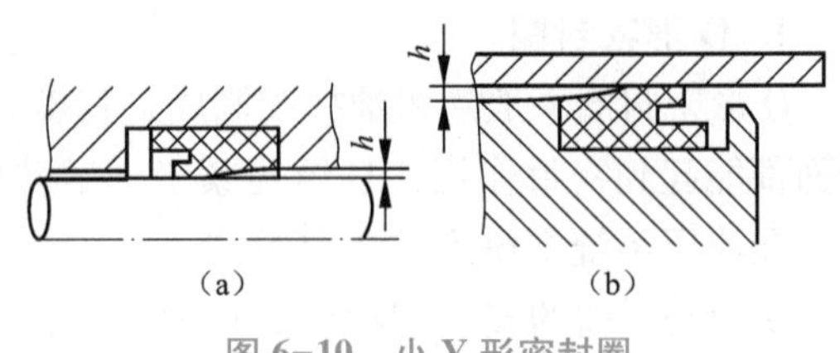

图 6-10　小 Y 形密封圈

（a）轴用；（b）孔用

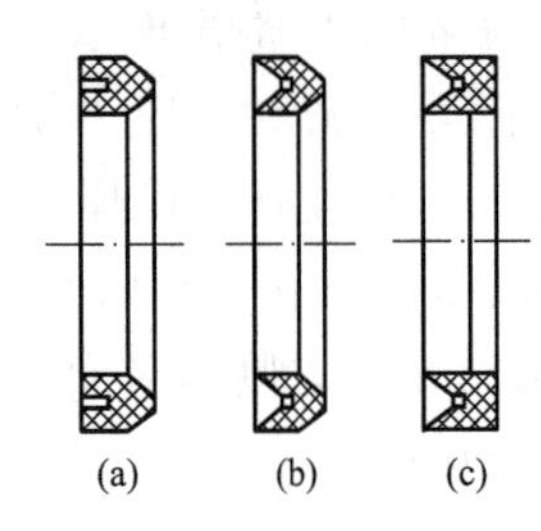

图 6-11　V 形密封圈

（a）支承环；（b）密封环；（c）压环

在高压和超高压情况下（压力大于 25 MPa）V 形密封圈也有应用，V 形密封圈的形状如图 6-11 所示。它由多层涂胶织物压制而成，通常由压环、密封环和支承环三个圈叠在一起使用，此时已能保证良好的密封性，当压力更高时，可以增加中间密封环的数量。这种密封圈在安装时要预压紧，所以摩擦阻力较大。

唇形密封圈安装时应使其唇边开口面对压力油，使两唇张开，分别贴紧在机件的表面上。

3. 组合密封圈

组合密封圈是由金属外圈和橡胶内圈整体硫化而成。特点是使用方便，密封可靠。

这种组合密封圈的工作原理是：金属圈保护橡胶圈并起支承作用，橡胶内圈起密封作用。橡胶内圈高度和金属外圈高度之差即为可压缩量。根据实际工作压力，施加适当压紧力起到密封作用。

图 6-12（a）所示为 O 形密封圈与截面为矩形的聚四氟乙烯塑料滑环组成的组合式密封装置。其中，滑环 2 紧贴密封面，O 形密封圈 1 为滑环提供弹性预压力，在介质压力等于零时构成密封。由于密封间隙靠滑环，而不是 O 形密封圈，因此摩擦阻力小而且稳定，可以用于40 MPa的高压；往复运动密封时，速度可达 15 m/s；往复摆动与螺旋运动密封时，

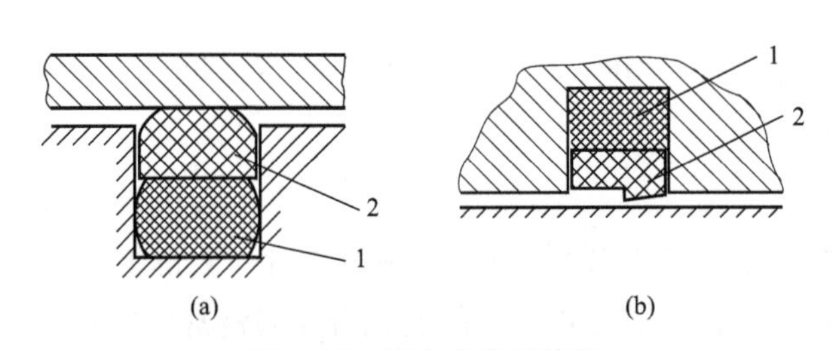

图 6-12　组合式密封装置

（a）组合密封装置；（b）轴用组合密封装置

1—O 形密封圈；2—滑环

速度可达5 m/s。矩形滑环组合密封的缺点是抗侧倾能力稍差，在高低压交变的场合下工作容易漏油。图6-12（b）为由滑环2和O形密封圈1组成的轴用组合密封装置，滑环与被密封件之间为线密封，其工作原理类似唇边密封。滑环采用一种经特别处理的化合物，具有极佳的耐磨性、低摩擦和保形性，不存在橡胶密封低速时易产生的“爬行”现象，工作压力可达80 MPa。

组合式密封装置由于充分发挥了橡胶密封圈和滑环（支持环）的长处，因此不仅工作可靠，摩擦力低而稳定，而且使用寿命比普通橡胶密封提高近百倍，在工程上的应用日益广泛。

4. 回转轴密封装置

回转轴密封装置很多。图6-13所示是一种耐油橡胶制成的回转轴用密封圈。它的内部有直角形圆环铁骨架支撑着，密封圈的内边围着一条螺旋弹簧，把内边收紧在轴上来进行密封。这种密封圈主要用作液压泵、液压马达和回转式液压缸的伸出轴的密封，以防止油液漏到壳体外部。它的工作压力一般不超过0.1 MPa，最大允许线速度为4～8 m/s，须在有润滑情况下工作。

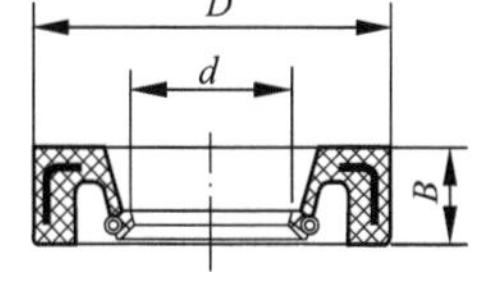

图6-13　回转轴用密封圈

6.7.3　密封圈使用注意事项

（1）在工作压力和一定的温度范围内，应具有良好的密封性能，并随着压力的增加能自动提高密封性能。

（2）密封装置和运动件之间的摩擦力要小，摩擦系数要稳定。

思考题与习题

6-1　滤油器有哪几种类型？分别有什么特点？

6-2　油管和管接头有哪些类型？各适用于什么场合？

6-3　蓄能器的功用是什么？

6-4　油箱的作用是什么？设计时应考虑哪些问题？

6-5　选择过滤器应考虑哪些问题？

第 7 章 液压基本回路

任何一个液压系统，无论它所要完成的动作有多么复杂，总是由一些基本回路组成的。所谓液压基本回路，就是由一些液压元件组成的，用来完成特定功能的油路结构。

液压基本回路按功用可以分为方向控制回路、压力控制回路、速度控制回路、多缸动作控制回路等。

7.1 方向控制回路

方向控制回路的作用是利用各种方向阀来控制流体的通断和变向，以便使执行元件启动、停止和换向。

在液压系统中，工作机构的启动、停止或变化运动方向等都是利用控制进入执行元件液流的通、断及改变流动方向来实现的。实现这些功能的回路称为方向控制回路。常见的方向控制回路有换向回路和锁紧回路。

7.1.1 换向回路

换向回路用于控制液压系统中液流方向，从而改变执行元件的运动方向。下面主要介绍由电磁换向阀和液动换向阀组成的换向回路。

1. 电磁换向阀组成的换向回路

图 7-1 是利用行程开关控制三位四通电磁换向阀组成的换向回路。按下启动按钮，1YA 通电，阀左位工作，液压缸左腔进油，活塞右移；当触动行程开关 2ST 时，1YA 断电，2YA

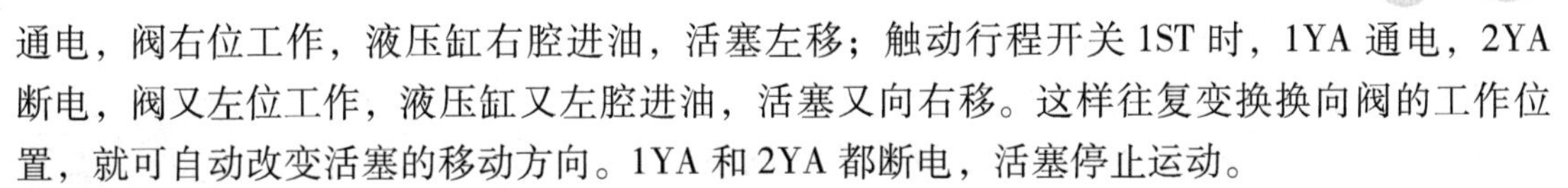

通电，阀右位工作，液压缸右腔进油，活塞左移；触动行程开关1ST时，1YA通电，2YA断电，阀又左位工作，液压缸又左腔进油，活塞又向右移。这样往复变换换向阀的工作位置，就可自动改变活塞的移动方向。1YA和2YA都断电，活塞停止运动。

采用二位四通、三位四通、三位五通电磁换向阀组成的换向回路是较常用的。电磁换向阀组成的换向回路操作方便，易于实现自动化，但换向时间短，故换向冲击大（尤以交流电磁阀更甚），适用于小流量、平稳性要求不高的场合。

2. 液动换向阀组成的换向回路

液动换向阀组成的换向回路，适用于流量超过63 L/min、对换向精度和平稳性有一定要求的液压系统，但是，为使机械自动化程度提高，液动换向阀常和电磁换向阀、机动换向阀组成电液换向阀和机液换向阀来使用。此外，液动换向阀也可以手动换向阀为先导，组成换向回路。

图7-2为电液换向阀组成的换向回路。当1YA通电，三位四通电磁换向阀左位工作，控制油路的压力油推动液动换向阀的阀芯右移，液动换向阀处于左位工作状态，泵输出的液压油经液动换向阀的左位进入缸左腔，推动活塞右移；当1YA断电2YA通电，三位四通电磁换向阀换向（右位工作），使液动换向阀也换向，主油路的液压油经液动换向阀的右位进入缸右腔，推动活塞左移。

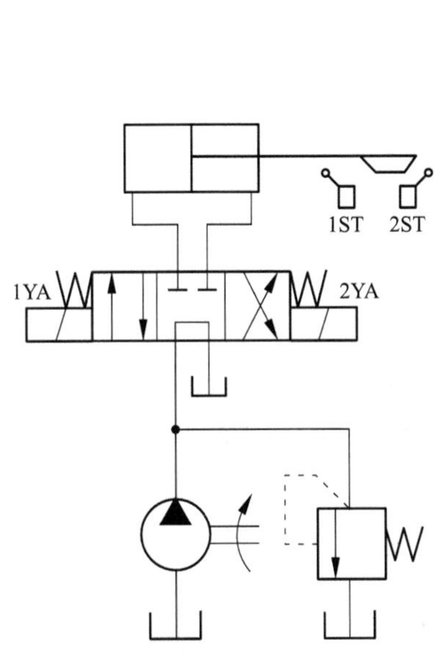

图7-1　电磁换向阀组成的换向回路

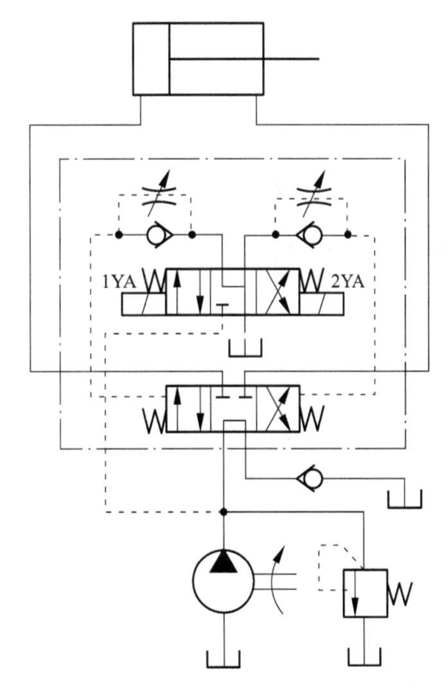

图7-2　电液换向阀组成的换向回路

7.1.2　锁紧回路

能使液压缸在任意位置上停留，且停留后不会在外力作用下移动位置的回路称锁紧回路。凡采用M型或O型滑阀机能换向阀的回路，都能使执行元件锁紧。但由于普通换向阀的密封性较差，泄漏较大，当执行元件长时间停止时，就会出现松动，而影响锁紧精度。

图7-3为采用液压锁（由两个液控单向阀组成）的锁紧回路。液压缸两个油口处各装一个液控单向阀，当换向阀处于左位或右位工作时，液控单向阀控制口 X_1 或 X_2 通入压力油，缸的回油便可反向通过单向阀口，此时活塞可向左或向右移动；当换向阀处中位时，因阀的中位机能为H型，两个液控单向阀的控制油直接通油箱，故控制压力立即消失（Y型中位机能亦可），液控单向阀不再反向导通，液压缸因两腔油液封闭便被锁紧。由于液控单向阀的反向阀的反向密封性很好，因此锁紧可靠。

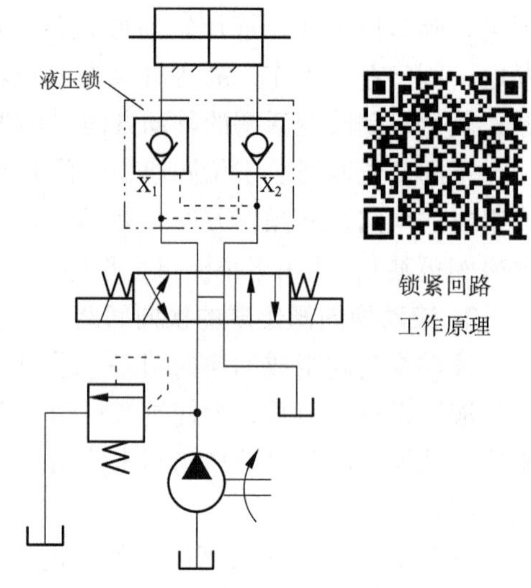

锁紧回路
工作原理

图7-3　液压锁锁紧回路

7.2 压力控制回路

压力控制回路是对系统整体或系统某一部分的压力进行控制的回路。这类回路包括调压、减压、卸荷、平衡等多种回路。

7.2.1 调压回路

为使系统的压力与负载相适应并保持稳定，或为了安全而限定系统的最高压力，都要用到调压回路，下面介绍三种调压回路。

1. 单级调压回路

图7-4为定量泵节流调速液压系统，调节节流阀的开口大小，即可调节进入执行元件的流量，泵输出的多余流量经溢流阀溢回油箱。在工作过程中溢流阀是常开的，液压泵的工作压力决定于溢流阀的调整压力，并且保持基本恒定。溢流阀的调整压力必须大于液压缸最大工作压力和油路各种压力损失的总和。

2. 双向调压回路

执行元件正反行程需不同的供油压力时，可采用双向调压回路，如图7-5所示。当换向阀在左位工作时，活塞为工作行程，泵出口由溢流阀1调定为较高压力，缸右腔油液通过换向阀回油箱，溢流阀2此时不起作用。当换向阀如图示在右位工作时，缸作空行程返回。泵出口由溢流阀2调定为较低压力，阀1不起作用。缸退至终点后，泵在低压下回油，功率损耗小。

3. 多级调压回路

有些液压设备的液压系统需要在不同的工作阶段获得不同的压力。

如图7-6（a）所示为二级调压回路。在图示状态，泵出口压力由溢流阀1调定为较高压力；二位二通换向阀通电后，则由远程调压阀2调定为较低压力。阀2的调定压力必须小

于阀 1 的调定压力。

图 7-6（b）为三级调压回路。图示状态下，泵出口压力由阀 1 调定为最高压力（若阀 4 采用 H 型中位机能的电磁阀，则此时泵卸荷，即为最低压力）；当换向阀 4 的左、右电磁铁分别通电时，泵压由远程调压阀 2 和 3 调定。阀 2 和阀 3 的调定压力必须小于阀 1 的调定压力值。

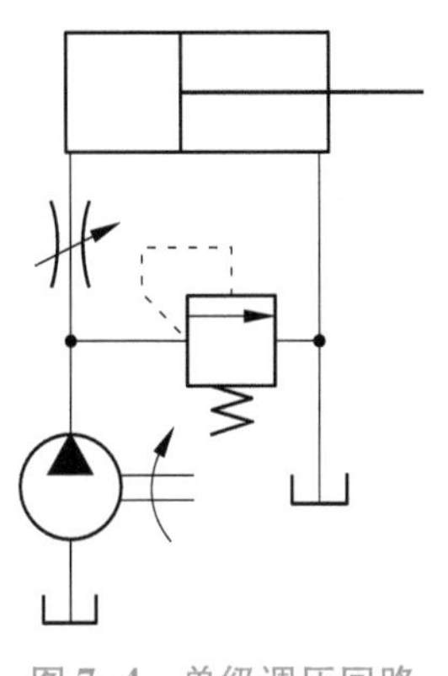

图 7-4　单级调压回路

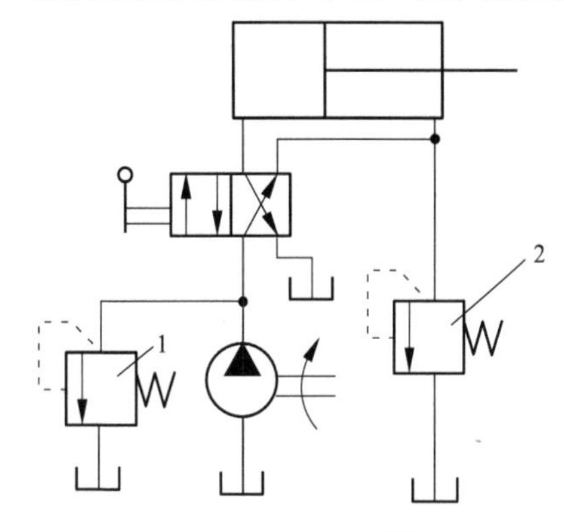

图 7-5　双向调压回路

1，2—溢流阀

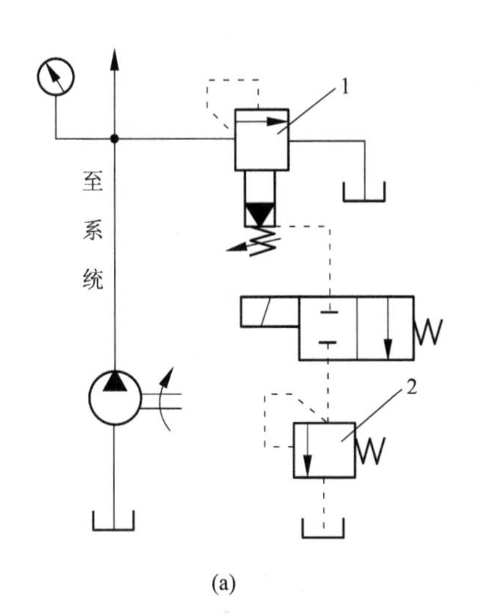

(a)

(b)

图 7-6　多级调压回路

（a）二级调压回路；（b）三级调压回路

1—溢流阀；2，3—远程调压阀；4—换向阀

多级调压回路

7.2.2　减压回路

1. 单向减压回路

如图 7-7 所示为用于夹紧系统的单向减压回路。单向减压阀 5 安装在液压缸 6 与换向阀 4 之间，当 1YA 通电，三位四通电磁换向阀左位工作，液压泵输出压力油通过单向阀 3、换向阀 4，经单向减压阀 5 减压后输入液压缸左腔，推动活塞向右运动，夹紧工件，右腔的油液经换向阀 4 流回油箱；当工件加工完了，2YA 通电，换向阀 4 右位工作，液压缸 6 左腔的油液经单向减压阀 5 的单向阀、换向阀 4 流回油箱，回程时减压阀不起作用。单向阀 3 在回路

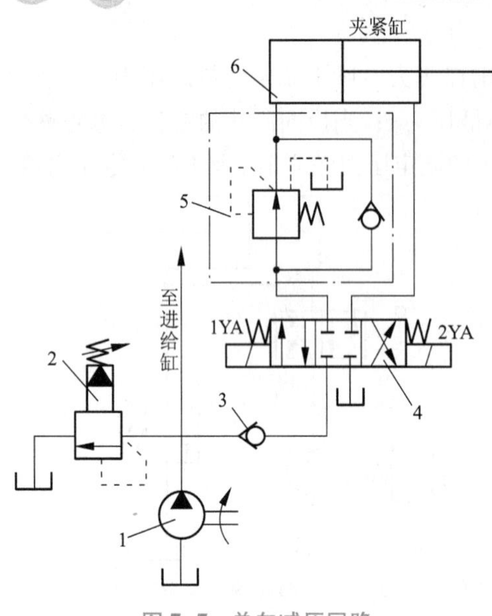

图 7-7　单向减压回路

1—定量泵；2—溢流阀；3—单向阀；4—换向阀；5—单向减压阀；6—液压缸

中的作用是，当主油路压力低于减压回路的压力时，利用锥阀关闭的严密性，保证减压油路的压力不变，使夹紧缸保持夹紧力不变。还应指出，单向减压阀 5 的调整压力应低于溢流阀 2 的调整压力，才能保证减压阀正常工作（起减压作用）。

2. 二级减压回路

如图 7-8 是减压阀和远程调压阀组成的二级减压回路。图示状态，夹紧压力由减压阀 1 调定；当二通阀通电后，夹紧压力则由远程调压阀 2 决定，故此回路为二级减压回路。若系统只需一级减压，可取消二通阀与阀 2，堵塞阀 1 的外控口。若取消二通阀，阀 2 用直动式比例溢流阀取代，根据输入信号的变化，便可获得无级或多级的稳定低压。为使减压回路可靠地工作，其最高调整压力应比系统压力低一定的数值，例如中高压系统减压阀约低 1 MPa（中低压系统约低 0.5 MPa），否则减压阀不能正常工作。当减压支路的执行元件速度需要调节时，节流元件应装在减压阀的出口，因为减压阀起作用时，有少量泄油从先导阀流回油箱，节流元件装在出口，可避免泄油对节流元件调定的流量产生影响。减压阀出口压力若比系统压力低得多，会增加功率损失和系统升温，必要时可用高低压双泵分别供油。

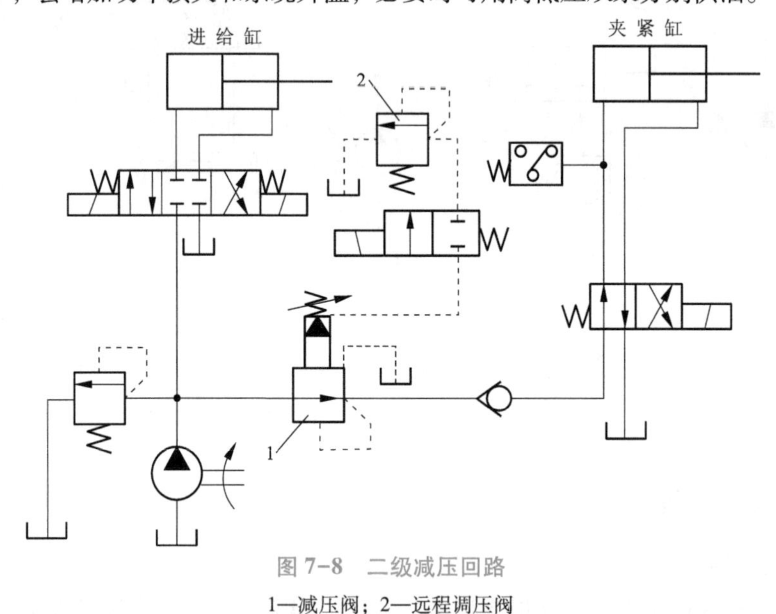

图 7-8　二级减压回路

1—减压阀；2—远程调压阀

7.2.3　平衡回路

为了防止立式液压缸与垂直运动的工作部件由于自重而自行下落造成事故或冲击，可以

在立式液压缸下行时的回路上设置适当的阻力，产生一定的背压，以阻止其下降或使其平稳地下降，这种回路即为平衡回路。

1. 单向顺序阀的平衡回路

图7-9所示是单向顺序阀组成的平衡回路。调节单向顺序阀1的开启压力，使其稍大于立式液压缸下腔的背压。活塞下行时，由于回路上存在一定背压支承重力负载，活塞将平稳下落；换向阀处于中位时，活塞停止运动。此处的单向顺序阀又称为平衡阀。这种平衡回路由于回路上有背压，功率损失较大。另外，由于顺序阀和滑阀存在内泄，活塞不可能长时间停在任意位置，故这种回路适用于工作负载固定且活塞闭锁要求不高的场合。

2. 采用液控单向阀的平衡回路

图7-10所示是液控单向阀的平衡回路。由于液控单向阀是锥面密封，泄漏小，故其闭锁性能好。回油路上的单向节流阀2是用于保证活塞向下运动的平稳性。假如回油路上没有节流阀，活塞下行时，液控单向阀1将被控制油路打开，回油腔无背压，活塞会加速下降，使液压缸上腔供油不足，液控单向阀会因控制油路失压而关闭。但关闭后控制油路又建立起压力，又将阀1打开，致使液控单向阀时开时闭，活塞下行时很不平稳，产生振动或冲击。

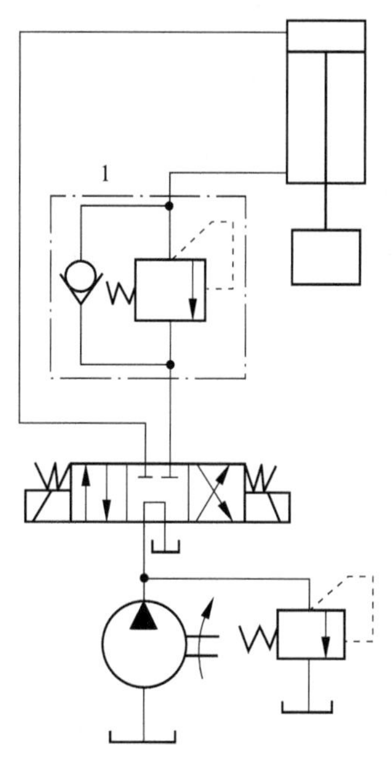

图7-9 单向顺序阀的平衡回路

1—单向顺序阀

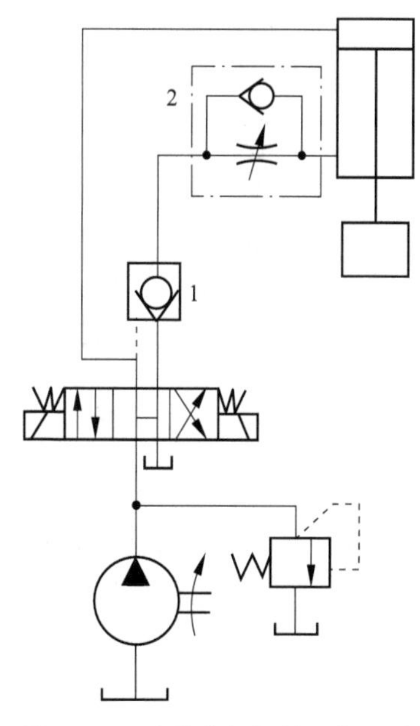

图7-10 液控单向阀的平衡回路

1—液控单向阀；2—单向节流阀

7.2.4 卸荷回路

当系统中执行元件短时间工作时，常使液压泵在很小的功率下作空运转，而不是频繁启动驱动液压泵的原动机。因为泵的输出功率为其输出压力与输出流量之积，当其中的一项数值等于或接近于零时，即为液压泵卸荷。这样可以减少液压泵磨损，降低功率消耗，减小温升。卸荷的方式有两类：一类是液压泵卸荷，执行元件不需要保持压力；另一类是液压泵卸

荷，但执行元件仍需保持压力。

1. 执行元件不需保压的卸荷回路

1）换向阀中位机能的卸荷回路

图7-11所示为采用M型（或H型）中位机能换向阀实现液压泵卸荷的回路。当换向阀处于中位时，液压泵出口通油箱，泵卸荷。故在泵出口安装单向阀。

2）电磁溢流阀的卸荷回路

图7-12所示为采用电磁溢流阀1的卸荷回路。电磁溢流阀是带遥控口的先导式溢流阀与二位二通电磁阀的组合。当工作部件停止运动时，二位二通电磁阀通电，溢流阀阀芯上部弹簧腔的油经二位二通电磁阀回油箱，因此电磁阀全开，油泵输出的油经溢流阀流回油箱，实现泵卸荷。

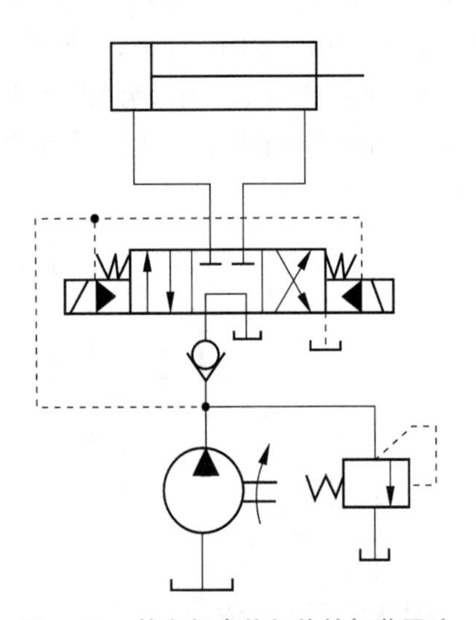

图7-11　换向阀中位机能的卸荷回路

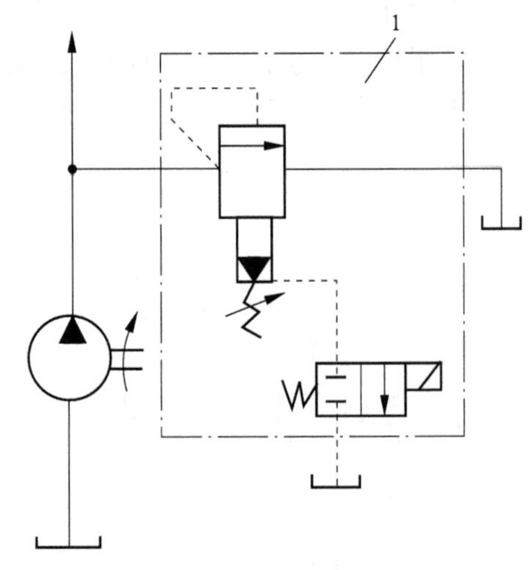

图7-12　电磁溢流阀的卸荷回路

1—电磁溢流阀

2. 执行元件需要保压的卸荷回路

1）限压式变量泵的卸荷回路

图7-13所示为限压式变量泵的卸荷回路。当系统压力升高达到变量泵压力调节螺钉调定压力时，压力补偿装置动作，液压泵3输出流量随供油压力升高而减小，直到维持系统压力所必需的流量，回路实现保压卸荷，系统中的溢流阀1作安全阀用，以防止泵的压力补偿装置的失效而导致压力异常。

2）卸荷阀的卸荷回路

图7-14所示为用蓄能器保持系统压力而用卸荷阀使泵卸荷的回路。当电磁铁1YA得电时，泵和蓄能器同时向液压缸左腔供油，推动活塞右移，接触工件后，系统压力升高。当系统压力升高到卸荷阀1的调定值时，卸荷阀打开，液压泵通过卸荷阀卸荷，而系统压力用蓄能器保持。若蓄能器压力降低到允许的最小值时，卸荷阀关闭，液压泵重新向蓄能器和液压缸供油，以保证液压缸左腔的压力是在允许的范围内。图中的溢流阀2是当安全阀用。

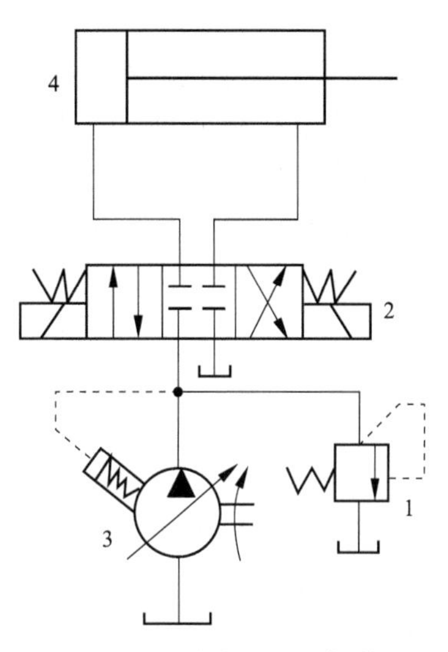

图 7-13　限压式变量泵的卸荷回路

1—溢流阀；2—换向阀；3—液压泵；4—液压缸

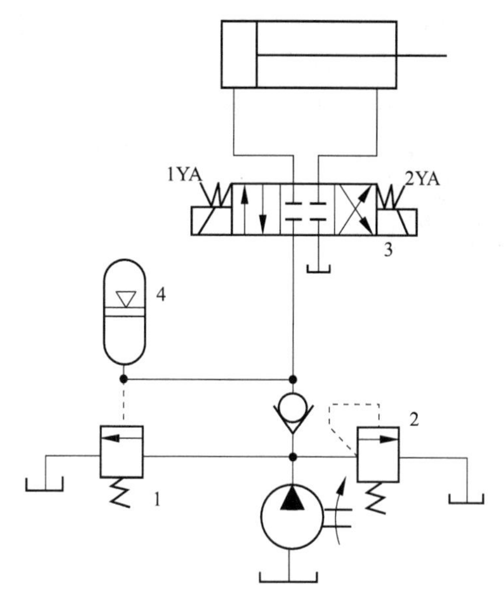

图 7-14　卸荷阀的卸荷回路

1—卸荷阀；2—溢流阀；3—换向阀；4—气囊式蓄能器

7.3　速度控制回路

用来控制执行元件运动速度的回路称为速度控制回路。速度控制回路包括调节执行元件工作行程速度的调速回路和使执行元件获得尽可能大的速度的快速运动回路。

7.3.1　调速回路

假设输入执行元件的流量为 q，液压缸的有效面积为 A，液压马达的排量为 V_M，则液压缸的运动速度为

$$v=\frac{q}{A}$$

液压马达的转速为

$$n=\frac{q}{V_M}$$

由以上两式可知，改变输入液压执行元件的流量 q（或液压马达的排量 V_M）可以达到改变速度的目的。

调速方法有以下三种：

节流调速——采用定量泵供油，由流量阀改变进入执行元件的流量以实现调速；

容积调速——采用变量泵或变量马达实现调速；

容积节流调速——采用变量泵和流量阀联合调速。

1. 节流调速回路

节流调速回路在定量液压泵供油的液压系统中安装了流量阀，调节进入液压缸的油液流量，从而调节执行元件工作行程速度。该回路结构简单，成本低，使用维修方便，但它的能量损失大，效率低，发热大，故一般只用于小功率场合。

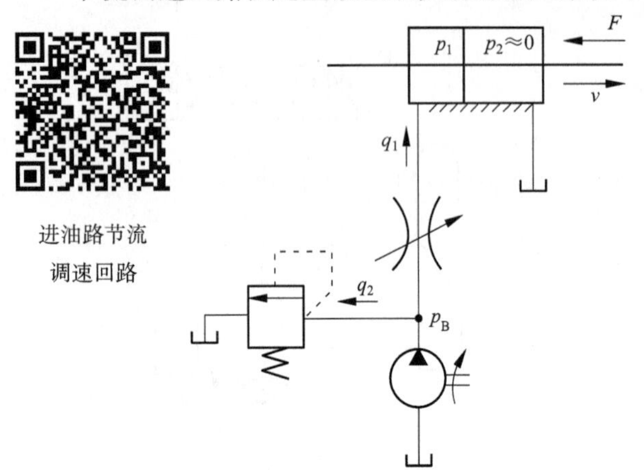

图 7-15　进油路节流调速回路

根据流量阀在油路中安装位置的不同，可分为进油路节流调速、回油路节流调速、旁油路节流调速等形式。

1）进油路节流调速回路

把流量控制阀串联在执行元件的进油路上的调速回路称为进油路节流调速回路，如图 7-15 所示。回路工作时，液压泵输出的油液（压力 p_B 由溢流阀调定），经可调节流阀进入液压缸左腔，推动活塞向右运动，右腔的油液则流回油箱。液压缸左腔的油液压力 p_1 由作用在活塞上的负载阻力 F 的大小决定。液压缸右腔的油液压力 $p_2\approx0$，进入液压缸油液的流量 q_1 由节流阀调节，多余的油液 q_2 经溢流阀流回油箱。

若 A 为活塞的有效作用面积，A_0 为流量阀节流口通流截面积，当活塞带动执行机构以速度 v 向右作匀速运动时，作用在活塞两个方向上的力互相平衡，则

$$p_1A=F$$

即

$$p_1=\frac{F}{A}$$

设节流阀前后的压力差为 Δp，则

$$\Delta p=p_B-p_1$$

由于经流量阀流入液压缸左腔的流量为

$$q_1=KA_0\Delta p^m=KA_0\sqrt{\Delta p}$$

所以活塞的运动速度为

$$v=\frac{q_1}{A}=\frac{KA_0}{A}\sqrt{\Delta p}=\frac{KA_0}{A}\sqrt{P_B-\frac{F}{A}}$$

进油路节流调速回路的特点如下：

① 结构简单，使用简单：由于活塞运动速度 v 与节流阀口通流截面积 A_0 成正比，调节 A_0 即可方便地调节活塞运动速度。

② 可以获得较大的推力和较低的速度：液压缸回油腔和回油管路中油液压力很低，接近于零，且当单活塞杆液压缸在无活塞杆腔进油实现工作进给时，活塞有效作用面积较大，故输出推力较大，速度较低。

③ 速度稳定性差：由上式可知液压泵工作压力 P_B 经溢流阀调定后近于恒定，节流阀调定

后 A_0 也不变，活塞有效作用面积 A 为常量，所以活塞运动速度 v 将随负载 F 的变化而波动。

④ 运动平稳性差：由于回油路压力为零，即回油腔没有背压力，当负载突然变小、为零或为负值时，活塞会产生突然前冲。为了提高运动的平稳性，通常在回油管路中串接一个背压阀（换装大刚度弹簧的单向阀或溢流阀）。

⑤ 系统效率低，传递功率低：因液压泵输出的流量和压力在系统工作时经调定后均不变，所以液压泵的输出功率为定值。当执行元件在轻载低速下工作时，液压泵输出功率中有很大部分消耗在溢流阀和节流阀上，流量损失和压力损失大，系统效率很低。功率损耗会引起油液发热，使进入液压缸的油液温度升高，导致泄露增加。

用节流阀的进油节流调速回路一般应用于功率较小、负载变化不大的液压系统中。

2）回油路节流调速回路

把流量控制阀安装在执行元件通往油箱的回油路上的调速回路称为回油路节流调速回路，如图 7-16 所示。

和前面分析相同，当活塞匀速运动时，活塞上的作用力平衡方程式为

$$p_1A=F+p_2A$$

p_1 等于由溢流阀调定的液压泵出口压力 p_B，即

回油路节流调速回路

$$p_1=p_B$$

则

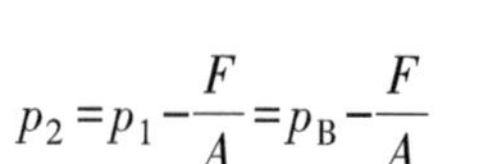

$$p_2=p_1-\frac{F}{A}=p_B-\frac{F}{A}$$

节流阀前后的压力差 $\Delta p=p_2-p_3$，因节流阀出口接油箱，即 $p_3\approx0$，所以有

$$\Delta p=p_2=p_B-\frac{F}{A}$$

活塞运动速度为

$$v=\frac{q_1}{A}=\frac{KA_0}{A}\sqrt{\Delta p}=\frac{KA_0}{A}\sqrt{p_B-\frac{F}{A}}$$

此式与进油节流调速回路所得的公式完全相同，因此两种回路具有相似的调速特点。但回油节流调速回路有两个明显的优点：一是节流阀装在回油路上，回油路上有较大的背压，因此在外界负载变化时可起缓冲作用，运动的平稳性比进油节流调速回路要好；二是回油节流调速回路中，经节流阀后压力损耗而发热，导致温度升高的油液直接流回油箱，容易散热。

回油节流调速回路广泛应用于功率不大、负载变化较大或运动平稳性要求较高的液压系统中。

3）旁油路节流调速回路

如图 7-17 所示，将节流阀设置在与执行元件并联的旁油路上，即构成了旁油路节流调速回路。该回路中，节流阀调节了液压泵溢回油箱的流量 q_2，从而控制了进入液压缸的流量 q_1，调节流量阀的通流面积，即可实现调速。这时，溢流阀作为安全阀，常态时关闭。回路中只有节流损失，无溢流损失，功率损失较小，系统效率较高。

旁油路节流调速回路主要用于高速、重载、对速度平稳性要求不高的场合。

使用节流阀的节流调速回路，速度受负载变化的影响比较大，亦即速度稳定性较差，为了克服这个缺点，在回路中可用调速阀替代节流阀。

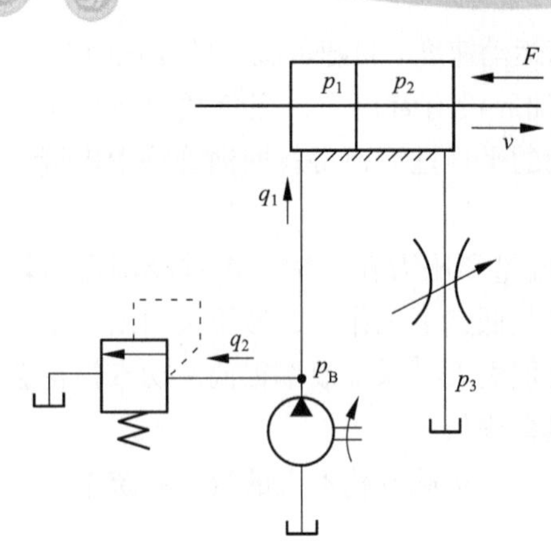

图 7-16　回油路节流调速回路

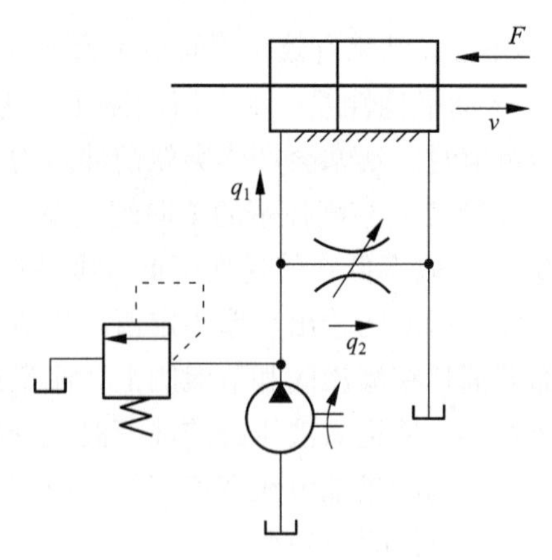

图 7-17　旁油路节流调速回路

2. 容积调速回路

容积调速回路通过改变变量泵或变量马达排量以调节执行元件的运动速度。在容积式调速回路中，液压泵输出的液压油全部直接进入液压缸或液压马达，无溢流损失和节流损失。而且，液压泵的工作压力随负载的变化而变化，因此，这种调速回路效率高，发热量少；其缺点是变量液压泵结构复杂，价格较高。容积调速回路多用于工程机械、矿山机械、农业机械和大型机床等大功率的调速系统中。

按油液的循环方式不同，容积调速回路可分为开式和闭式。如图 7-18（a）所示的是开式回路，泵从油箱吸油，执行元件的油液返回油箱，油液在油箱中便于沉淀杂质、析出空气，并得到良好的冷却，但油箱尺寸较大，污物容易侵入。图 7-18（b）所示的是闭环回路，液压泵的吸油口与执行元件的回油口直接连接，油液在系统内封闭循环，其结构紧凑、油气隔绝、运动平稳、噪声小，但散热条件较差。闭式回路中需设置补油装置，由辅助泵及其配套的溢流阀和油箱组成，绝大部分容积调速回路的油液循环采用闭式循环方式。

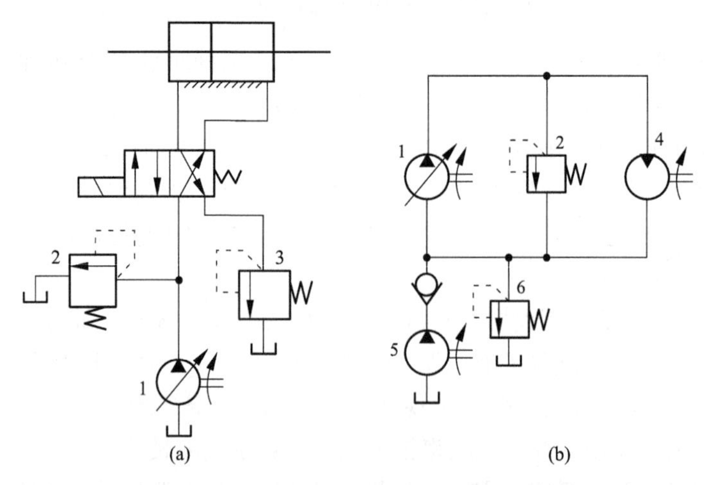

图 7-18　变量泵和定量执行元件容积调速回路

（a）开式回路；（b）闭环回路

1—变量泵；2—安全阀；3—背压阀；4—定量液压马达；5—辅助泵；6—溢流阀

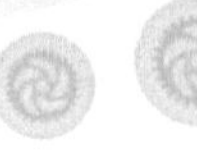

根据液压泵和执行元件组合方式不同，容积调速回路有以下三种形式：

1）变量泵和定量执行元件组合

图7-18（a）所示为变量泵1和液压缸组成的容积调速回路；图7-18（b）所示为变量泵1和定量液压马达4组成的容积调速回路。这两种回路均采用改变变量泵1的输出流量的方法来调速的。工作时，溢流阀2可作安全阀用，它可以限定液压泵的最高工作压力，起过载保护作用。溢流阀3作背压阀用，溢流阀6用于调定辅助泵5的供油压力，补充系统泄漏油液。

2）定量泵和变量液压马达组合

在图7-19所示的回路中，定量泵1的输出流量不变，调节变量液压马达3的排量，便可改变其转速，溢流阀2可作安全阀用。

3）变量泵和变量液压马达组合

在图7-20所示的回路中，变量泵1正反向供油，双向变量液压马达3正反向旋转，调速时液压泵和液压马达的排量分阶段调节。在低速阶段，液压马达排量保持最大，由改变液压泵的排量来调速；在高速阶段，液压泵排量保持最大，通过改变液压马达的排量来调速。这样就扩大了调速范围。单向阀6、7用于使辅助泵4双向补油，单向阀8、9使安全阀2在两个方向都能起过载保护作用，溢流阀5用于调节辅助泵的供油压力。

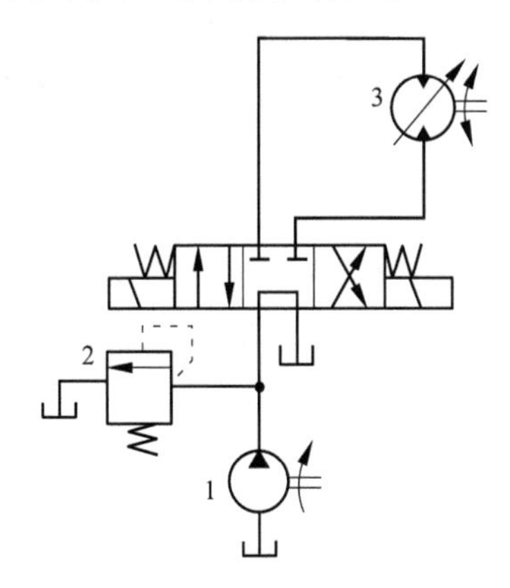

图7-19　定量泵和变量马达调速回路

1—定量泵；2—溢流阀；3—液压马达

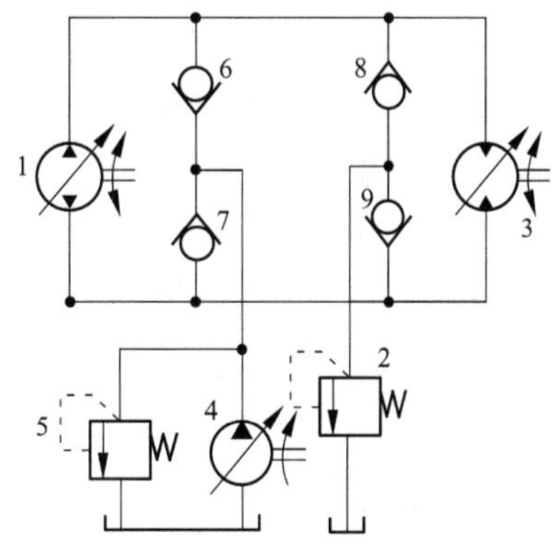

图7-20　变量泵和变量马达调速回路

1—变量泵；2，5—溢流阀；3—液压马达；4—辅助泵；6，7，8，9—单向阀

3. 容积节流调速回路

用变量液压泵和节流阀（或调速阀）相配合进行调速的方法称为容积节流调速。

图7-21所示为由限压式变量叶片泵和调速阀组成的容积节流调速回路。调节调速阀节流口的开口大小，就能改变进入液压缸的流量，从而改变液压缸活塞的运动速度。如果变量液压泵的流量大于调速阀调定的流量，由于系统中没有设置溢流阀，多余的油液没有排油通路，势必使液压泵和调速阀之间油路的油液压力升高，但是当限压式变量叶片泵的工作压力增大到预先调定的数值后，泵的流量会随工作压力的升高而自动减小。

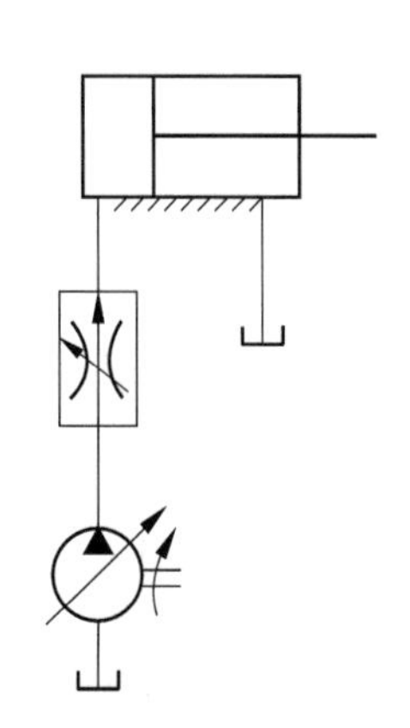

图7-21　容积节流调速回路

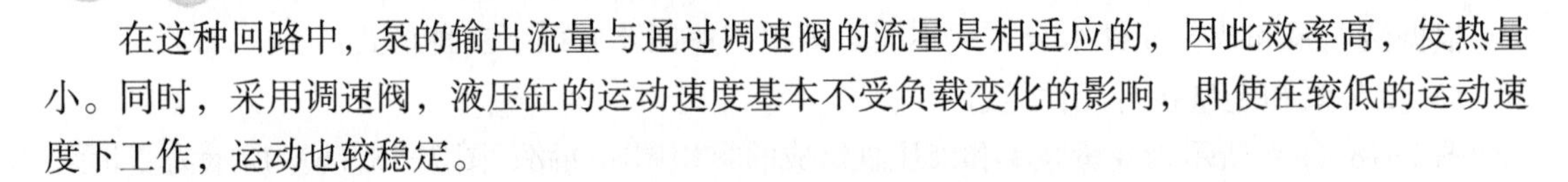

在这种回路中，泵的输出流量与通过调速阀的流量是相适应的，因此效率高，发热量小。同时，采用调速阀，液压缸的运动速度基本不受负载变化的影响，即使在较低的运动速度下工作，运动也较稳定。

7.3.2 快速运动回路

快速运动回路的功用在于使执行元件获得尽可能大的工作速度，以提高劳动生产率并使功率得到合理的利用。

1. 液压缸差动连接的快速运动回路

如图 7-22 所示，换向阀 2 处于原位时，液压泵 1 输出的液压油同时与液压缸 3 的左右两腔相通，两腔压力相等。由于液压缸无杆腔的有效面积 A_1 大于有杆腔的有效面积 A_2，使活塞受到的向右作用力大于向左的作用力，导致活塞向右运动。于是有杆腔排出的油液与泵 1 输出的油液合流进入无杆腔，亦即相当于在不增加泵的流量的前提下增加了供给无杆腔的油液量，使活塞快速向右运动。这种回路比较简单也比较经济，但液压缸的速度加快有限，差动连接与非差动连接的速度之比为 $\frac{v_1'}{v_1}=\frac{A_1}{A_1-A_2}$，有时仍不能满足快速运动的要求，常常要求和其他方法（如限压式变量泵）联合使用。值得注意的是：在差动回路中，泵的流量和液压缸有杆腔排出的流量合在一起流过的阀和管路应按合流流量来选择其规格，否则会产生较大的压力损失，增加功率消耗。

2. 双泵供油的快速运动回路

如图 7-23 所示，由低压大流量泵 1 和高压小流量泵 2 组成的双联泵作为动力源。外控顺序阀 3 和溢流阀 5 分别设定双泵供油和高压泵 2 单独供油时系统的最高工作压力。当换向

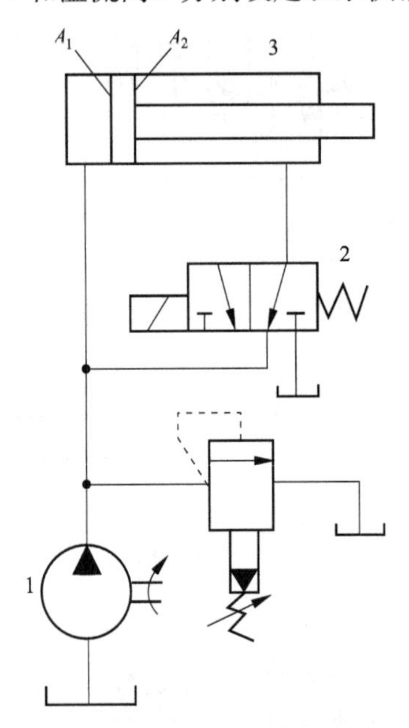

图 7-22 液压缸差动连接的快速运动回路

1—液压泵；2—换向阀；3—液压缸；

A_1—无杆腔有效面积；A_2—有杆腔有效面积

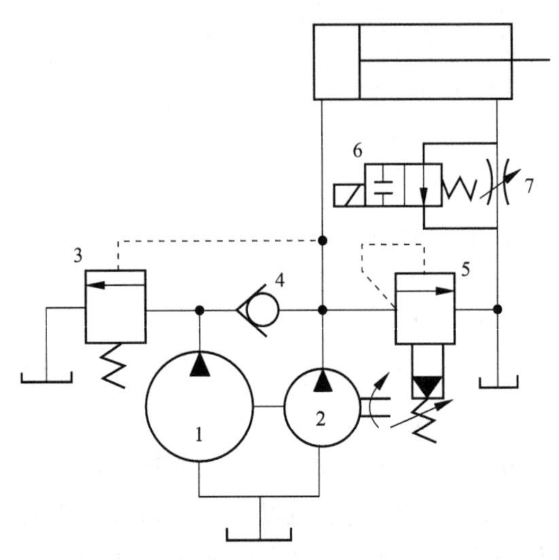

图 7-23 双泵供油的快速运动回路

1—低压大流量泵；2—高压小流量泵；3—外控顺序阀；

4—单向阀；5—溢流阀；6—换向阀；7—节流阀

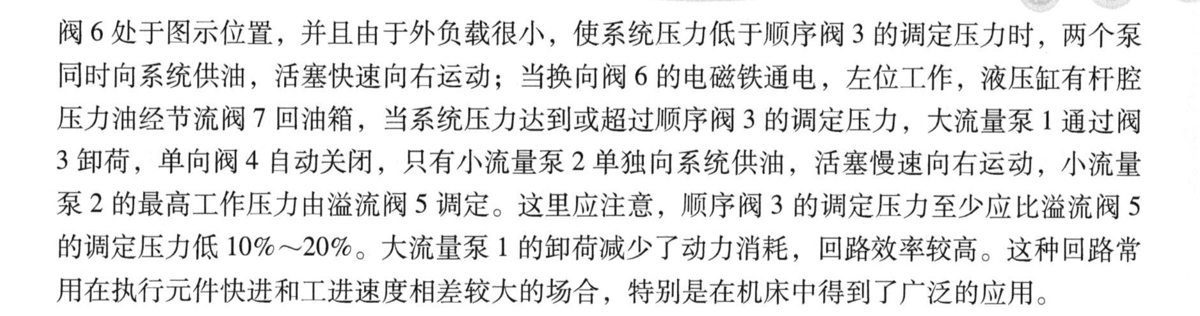

阀6处于图示位置，并且由于外负载很小，使系统压力低于顺序阀3的调定压力时，两个泵同时向系统供油，活塞快速向右运动；当换向阀6的电磁铁通电，左位工作，液压缸有杆腔压力油经节流阀7回油箱，当系统压力达到或超过顺序阀3的调定压力，大流量泵1通过阀3卸荷，单向阀4自动关闭，只有小流量泵2单独向系统供油，活塞慢速向右运动，小流量泵2的最高工作压力由溢流阀5调定。这里应注意，顺序阀3的调定压力至少应比溢流阀5的调定压力低10%～20%。大流量泵1的卸荷减少了动力消耗，回路效率较高。这种回路常用在执行元件快进和工进速度相差较大的场合，特别是在机床中得到了广泛的应用。

7.4 多缸动作控制回路

液压系统中，一个油源往往驱动多个液压缸。按照系统的要求，这些缸或顺序动作，或同步动作，多缸之间要求能避免在压力和流量上的相互干扰。

顺序动作回路

7.4.1 顺序动作回路

当用一个液压泵向几个执行元件供油时，如果这些元件需要按一定顺序依次动作，就应该采用顺序回路，如转位机构的转位和定位、夹紧机构的定位和夹紧等。

1. 行程控制顺序动作回路

图7-24是一种采用行程开关和电磁换向阀配合的顺序动作回路。操作时首先按动启动

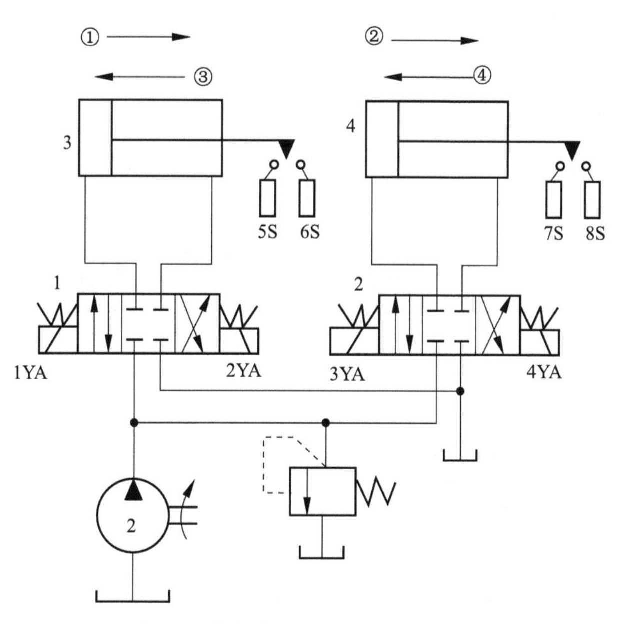

图7-24 行程开关和电磁换向阀配合的顺序动作回路

1，2—换向阀；3，4—液压缸

按钮，使电磁铁1YA得电，压力油进入液压缸3的左腔，使活塞按箭头①所示方向向右运动。当活塞杆上的挡块压下行程开关6S后，通过电气上的连锁使1YA断电，3YA得电。液压缸3的活塞停止运动，压力油进入液压缸4的左腔，使其按箭头②所示的方向向右运动。当活塞杆上的挡块压下行程开关8S，使3YA断电，2YA得电，压力油进入液压缸3的右腔，使其活塞按箭头③所示的方向向左运动；当活塞杆上的挡块压下行程开关5S，使2YA断电，4YA得电，压力油进入液压缸4右腔，使其活塞按箭头④的方向返回。当挡块压下行程开关7S时，4YA断电，活塞停止运动，至此完成一个工作循环。

这种顺序动作回路的优点是：调整行程比较方便，改变电气控制线路就可以改变油缸的动作顺序，利用电气互锁，可以保证顺序动作的可靠性。

2. 压力控制顺序动作回路

图7-25是利用压力继电器实现顺序动作的顺序回路。按启动按钮，使1YA得电，换向阀1左位工作，液压缸7的活塞向右移动，实现动作顺序①；到右端后，液压缸7左腔压力上升，达到压力继电器3的调定压力时发信号，使电磁铁1YA断电，3YA得电，换向阀2左位工作，压力油进入液压缸8的左腔，其活塞右移，实现动作顺序②；到行程端点后，液压缸8左腔压力上升，达到压力继电器5的调定压力时发信号，使电磁铁3YA断电，4YA得电，换向阀2右位工作，压力油进入液压缸8的右腔，其活塞左移，实现动作顺序③；到行程端点后，液压缸8右腔压力上升，达到压力继电器6的调定压力时发信号，使电磁铁4YA断电，2YA得电，换向阀1右位工作，液压缸7的活塞向左退回，实现动作顺序④。到左端后，液压缸7右端压力上升，达到压力继电器4的调定压力时发信号，使电磁铁2YA断电，1YA得电，换向阀1左位工作，压力油进入液压缸7左腔，自动重复上述动作循环，直到按下停止按钮为止。

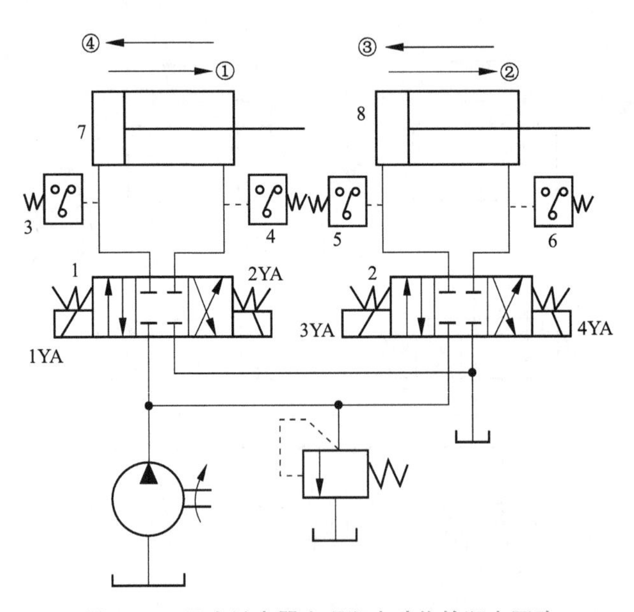

图7-25　压力继电器实现顺序动作的顺序回路

1，2—换向阀；3，4，5，6—压力继电器；7，8—液压缸

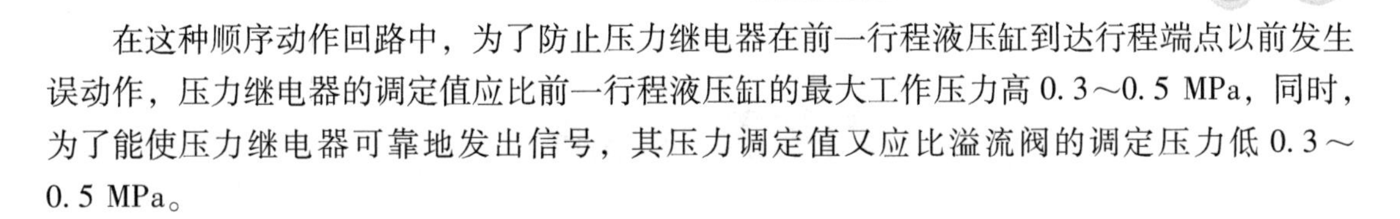

在这种顺序动作回路中，为了防止压力继电器在前一行程液压缸到达行程端点以前发生误动作，压力继电器的调定值应比前一行程液压缸的最大工作压力高 0.3～0.5 MPa，同时，为了能使压力继电器可靠地发出信号，其压力调定值又应比溢流阀的调定压力低 0.3～0.5 MPa。

7.4.2　同步回路

在多缸工作的液压系统中，常常会遇到要求两个或两个以上的执行元件同时动作的情况，并要求它们在运动过程中克服负载、摩擦阻力、泄漏、制造精度和结构变形上的差异，维持相同的速度或相同的位移，即作同步运动。

图 7-26 所示为带有补偿装置的两个液压缸串联的同步回路。当两缸同时下行时，若液压缸 5 活塞先到达行程端点，则挡块压下行程开关 1S，电磁铁 3YA 得电，换向阀 3 左位投入工作，压力油经换向阀 3 和液控单向阀 4 进入液压缸 6 上腔，进行补油，使其活塞继续下行到达行程端点。如果液压缸 6 活塞先到达端点，行程开关 2S 使电磁铁 4YA 得电，换向阀 3 右位投入工作，压力油进入液控单向阀控制腔，打开阀 4，液压缸 5 下腔与油箱接通，使其活塞继续下行达到行程端点，从而消除累积误差。这种回路允许较大偏载，偏载所造成的压差不影响流量的改变，只会导致微小的压缩和泄漏，因此同步精度较高，回路效率也较高。应注意的是这种回路中泵的供油压力至少是两个液压缸工作压力之和。

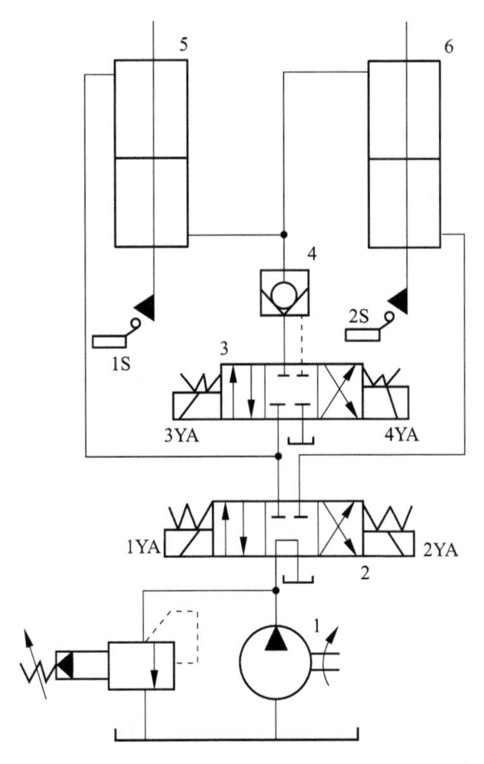

图 7-26　串联液压缸的同步回路

1—液压泵；2，3—换向阀；4—液控单向阀；5，6—液压缸

思考题与习题

7-1　什么是液压基本回路？常见的液压基本回路有几类？各在系统中起什么作用？

7-2　如何调节执行元件的运动速度？常用的调速方法有哪些？

7-3　调速回路应满足哪些基本要求？

7-4　如何用调速阀来提高节流调速回路的速度稳定？

7-5　如图所示，填写当施行下列工作循环时的电磁铁动作顺序表。

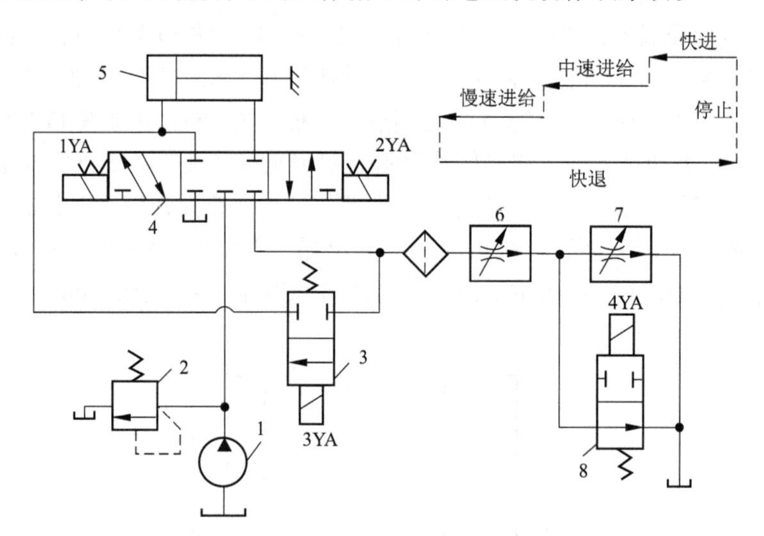

题 7-5 图

电磁铁动作顺序表

电磁铁 动作	电磁铁			
	1YA	2YA	3YA	4YA
快进				
中速进给				
慢速进给				
快退				
停止和卸荷				

7-6　如图所示的液压系统能实现：“A 夹紧→B 快进→B 工进→B 快退→B 停止→A 松开→泵卸荷” 等顺序动作的工作循环。

（1）试列出上述循环时电磁铁动作顺序表（如题 7-5 中相似的表）。

（2）说明系统是由哪些基本回路组成的。

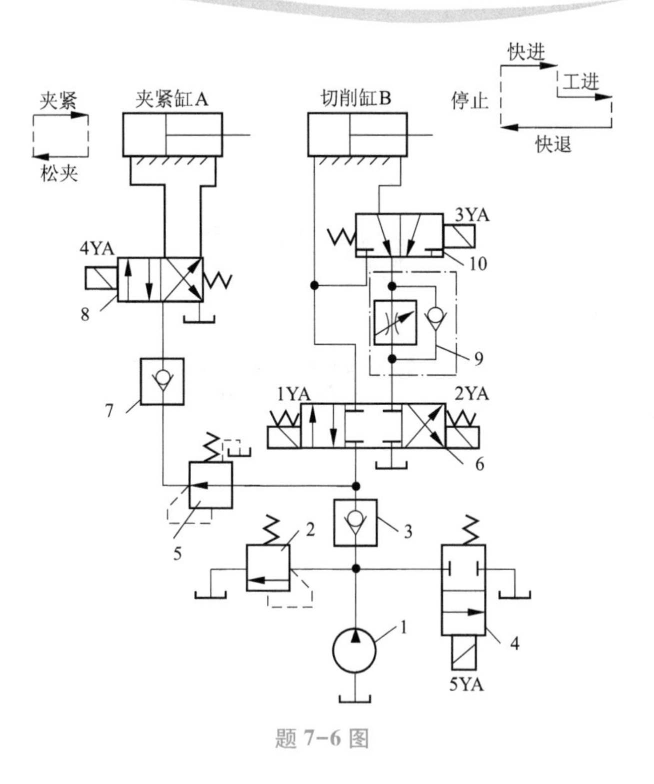

题 7-6 图

第 8 章 典型液压系统实例分析

8.1 液压系统图的阅读方法

近年来，液压传动技术已广泛应用于工程机械、起重运输机械、机械制造业、冶金机械、矿山机械、建筑机械、农业机械、轻工机械、航空航天等领域。由于液压系统所服务的主机的工作循环、动作特点等各不相同，相应的各液压系统的组成、作用和特点也不尽相同。液压系统图用来表示液压系统内所有液压元件及其连接、控制情况和执行元件实现各种运动的工作原理。通过对典型液压系统图的阅读和分析，进一步加深对各种基本回路和液压元件的综合应用的理解，为液压系统的调整、维护和使用打下基础。

阅读、分析液压系统图，可分为以下几个步骤：

(1) 了解液压设备的任务以及完成该任务应具备的动作要求和特性，即弄清任务和要求；

(2) 在液压系统图中找出实现上述动作要求所需的执行元件，并搞清其类型、工作原理及性能；

(3) 找出系统的动力元件，并弄清其类型、工作原理、性能以及吸、排油情况；

(4) 理清各执行元件与动力元件的油路联系，并找出该油路上相关的控制元件，弄清其类型、工作原理及性能，从而将一个复杂的系统分解成了一个个单独系统；

(5) 分析各单独系统的工作原理，即分析各单独系统由哪些基本回路所组成，每个元件在回路中的功用及其相互间的关系，实现各执行元件的各种动作的操作方法，弄清油液流动路线，写出进、回油路线，从而弄清各单独系统的基本工作原理；

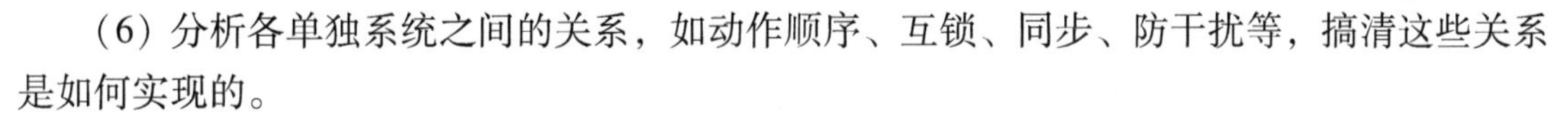

（6）分析各单独系统之间的关系，如动作顺序、互锁、同步、防干扰等，搞清这些关系是如何实现的。

在读懂系统图后，要归纳出系统的特点，以加深对系统的理解。

阅读液压系统图应注意以下两点：

（1）液压系统图中的符号只表示液压元件的职能和各元件的连通方式，而不表示元件的具体结构和参数；

（2）各元件在系统图中的位置及相对位置关系，并不代表它们在实际设备中的位置及相对位置关系。

8.2　组合机床动力滑台液压系统

组合机床动力滑台工作过程

组合机床是由通用部件和某些专用部件所组成的高效率和自动化程度较高的专用机床。它能完成钻、镗、铣、刮端面、倒角、攻螺纹等加工和工件的转位、定位、夹紧、输送等动作。

动力滑台是组合机床的一种通用部件。在滑台上可以配置各种工艺用途的切削头，例如安装动力箱和主轴箱、钻削头、铣削头、镗削头、镗孔、车端面等。YT4543 型组合机床液压动力滑台可以实现多种不同的工作循环，其中一种比较典型的工作循环是：快进→一工进→二工进→死挡铁停留→快退→停止。完成这一动作循环的动力滑台液压系统工作原理图如图 8-1 所示。系统中采用限压式变量叶片泵供油，并使液压缸差动连接以实现快速运动。由电液换向阀换向，用行程阀、液控顺序阀实现快进与工进的转换，用二位二通电磁换向阀实现一工进和二工进之间的速度换接。为保证进给的尺寸精度，采用了死挡铁停留来限位。实现工作循环的工作原理如下：

1. 快进

按下启动按钮，三位五通电液换向阀 5 的先导电磁换向阀 1YA 得电，使阀芯右移，左位进入工作状态，这时的主油路是：

进油路：滤油器 1→变量泵 2→单向阀 3→管路 4→电液换向阀 5 的 P 口到 A 口→管路 10，11→行程阀 17→管路 18→液压缸 19 左腔；

回油路：液压缸 19→右腔管路 20→电液换向阀 5 的 B 口到 T 口→管路 8→单向阀 9→管路11→行程阀 17→管路 18→液压缸 19 左腔。

这时形成差动连接回路。因为快进时，滑台的载荷较小，系统中压力较低，所以变量泵 2 输出流量大，动力滑台快速前进，实现快进。

在快进行程结束时，滑台上的挡铁压下行程阀 17，行程阀上位工作，使管路 11 和 18 断开。电磁铁 1YA 继续通电，电液换向阀 5 左位仍在工作，电磁换向阀 14 的电磁铁处于断电状态。进油路必须经调速阀 12 进入液压缸左腔，与此同时，系统压力升高，将液控顺序阀 7 打开，并关闭单向阀 9，使液压缸实现差动连接的油路切断。回油经顺序阀 7 和背压阀 6

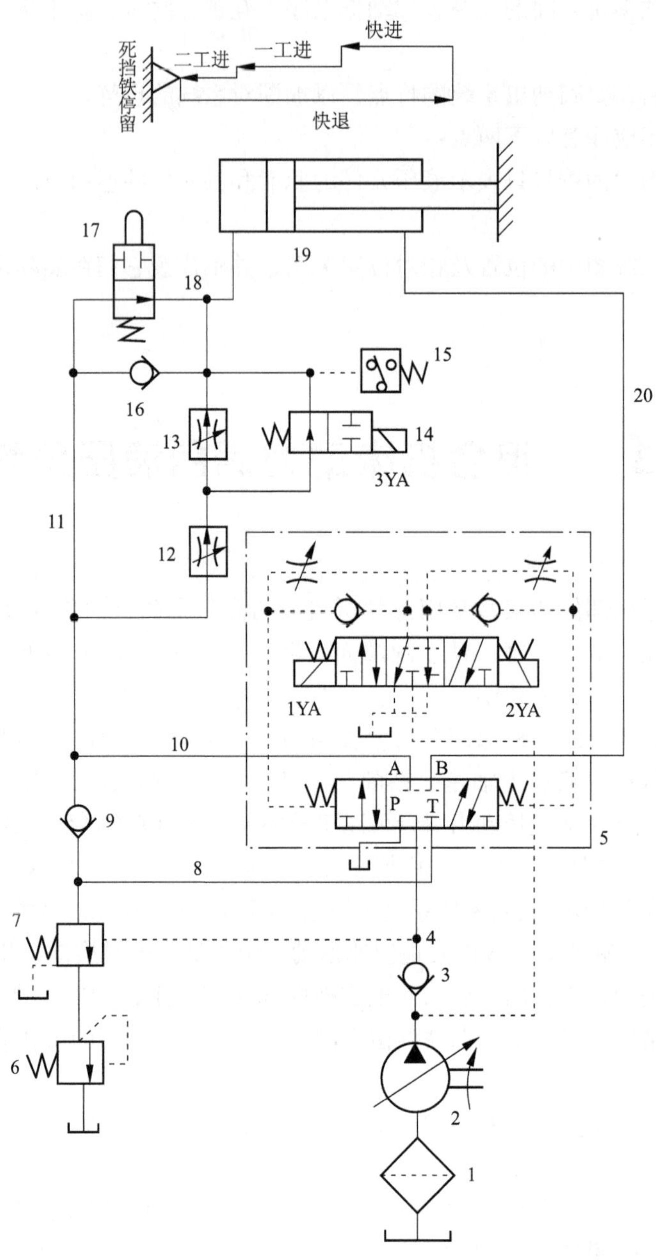

图 8-1　YT4543 型组合机床动力滑台液压系统原理图

1—滤油器；2—变量泵；3，9，16—单向阀；4，8，10，11，18，20—管路；5—电液换向阀；6—背压阀；7—顺序阀；12，13—调速阀；14—电磁换向阀；15—压力继电器；17—行程阀；19—液压缸

组合机床动力滑台工作原理

回到油箱。这时的主油路是：

进油路：滤油器 1→变量泵 2→单向阀 3→电液换向阀 5 的 P 口到 A 口→管路 10→调速阀 12→二位二通电磁换向阀 14→管路 18→液压缸 19 左腔。

回油路：液压缸 19 右腔→管路 20→电液换向阀 5 的 B 口到 T 口→管路 8→顺序阀 7→背压阀 6→油箱。

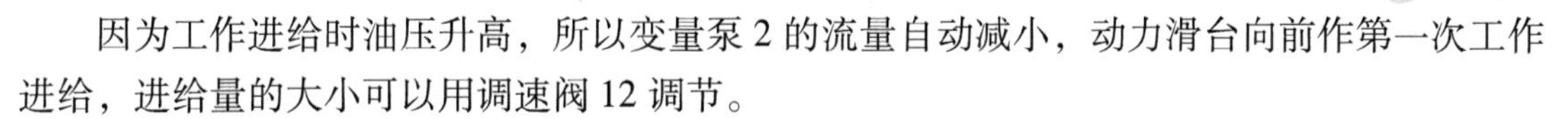

因为工作进给时油压升高，所以变量泵2的流量自动减小，动力滑台向前作第一次工作进给，进给量的大小可以用调速阀12调节。

3. 第二次工作进给（二工进）

在第一次工作进给结束时，滑台上的挡铁压下行程开关，使电磁换向阀14的电磁铁3YA得电，阀14右位接入工作，切断了该阀所在的油路，经调速阀12的油液必须经过调速阀13进入液压缸的左腔，其他油路不变。由于调速阀13的开口量小于阀12，进给速度降低，进给量的大小可由调速阀13来调节。

4. 死挡铁停留

当动力滑台第二次工作进给终了碰上死挡铁后，液压缸停止不动，系统的压力进一步升高，达到压力继电器15的调定值时，经过时间继电器的延时，再发出电信号，使滑台退回。在时间继电器延时动作前，滑台停留在死挡铁限定的位置上。

5. 快退

时间继电器发出电信号后，2YA得电，1YA失电，3YA断电，电液换向阀5右位工作，这时的主油路是：

进油路：滤油器1→变量泵2→单向阀3→管路4→电液换向阀5的P口到B口→管路20→液压缸19的右腔；

回油路：液压缸19的左腔→管路18→单向阀16→管路11→电液换向阀5的A口到T口→油箱。

这时系统的压力较低，变量泵2输出流量大，动力滑台快速退回。由于活塞杆的面积大约为活塞的一半，所以动力滑台快进、快退的速度大致相等。

6. 原位停止

当动力滑台退回到原始位置时，挡块压下行程开关，这时电磁铁1YA、2YA、3YA都失电，电液换向阀5处于中位，动力滑台停止运动，变量泵2输出油液的压力升高，使泵的流量自动减至最小。

电磁铁和行程阀的动作顺序如表8-1。

表8-1 电磁铁和行程阀的动作表

工作循环	电磁铁			行程阀
	1YA	2YA	3YA	
快进	+	−	−	−
一工进	+	−	−	+
二工进	+	−	+	+
死挡铁停留	+	−	+	+
快退	−	+	−	+/−
原位停止	−	−	−	−

通过以上分析可以看出，为了实现自动工作循环，该液压系统应用了下列一些基本

回路：

（1）调速回路：采用了由限压式变量泵和调速阀的调速回路，调速阀放在进油路上，回油经过背压阀；

（2）快速运动回路：应用限压式变量泵在低压时输出的流量大的特点，并采用差动连接来实现快速前进；

（3）换向回路：应用电液换向阀实现换向，工作平稳、可靠，并由压力继电器与时间继电器发出的电信号控制换向信号；

（4）快速运动与工作进给的换接回路：采用行程换向阀实现速度的换接，换接的性能较好，同时利用换向后，系统中的压力升高使液控顺序阀接通，系统由快速运动的差动连接转换为使回油排回油箱；

（5）两种工作进给的换接回路：采用了两个调速阀串联的回路结构。

8.3 液压机液压系统

液压机是用于调直、压装、冷冲压、冷挤压和弯曲等工艺的压力加工机械。它是最早应用液压传动的机械之一。液压机液压系统是用于机器的主传动，以压力控制为主，系统压力高、流量大、功率大，应该特别注意如何提高系统效率和防止液压冲击。

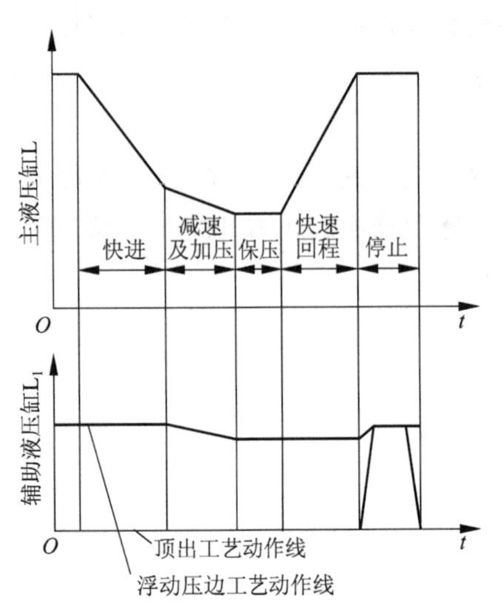

图 8-2　液压机的典型工艺循环图

液压机的典型工艺循环如图 8-2 所示。一般主缸的工作循环要求有“快进→减速接近工件及加压→保压延时→泄压→快速回程及保持活塞停留在行程的任意位置”等基本动作。当有辅助缸时，如需顶料，顶料缸的动作循环一般是“活塞上升→停止→向下退回”；薄板拉伸则要求有“液压垫上升→停止→压力回程”等动作；有时还需要压边缸将料压紧。

图 8-3 是双动薄板冲压液压机液压系统原理图。本机最大工作压力为 450 kN，用于薄板的拉伸成形等冲压工艺。

系统采用恒功率变量柱塞泵供油，以满足低压快速行程和高压慢速行程的要求，最高工作压力由电磁溢流阀 4 的远程调压阀 3 调定，其工作原理如下：

1. 启动

按启动按钮，电磁铁全部处于失电状态，恒功率变量泵输出的油以很低的压力经电磁溢流阀的溢流流回油箱，泵空载启动。

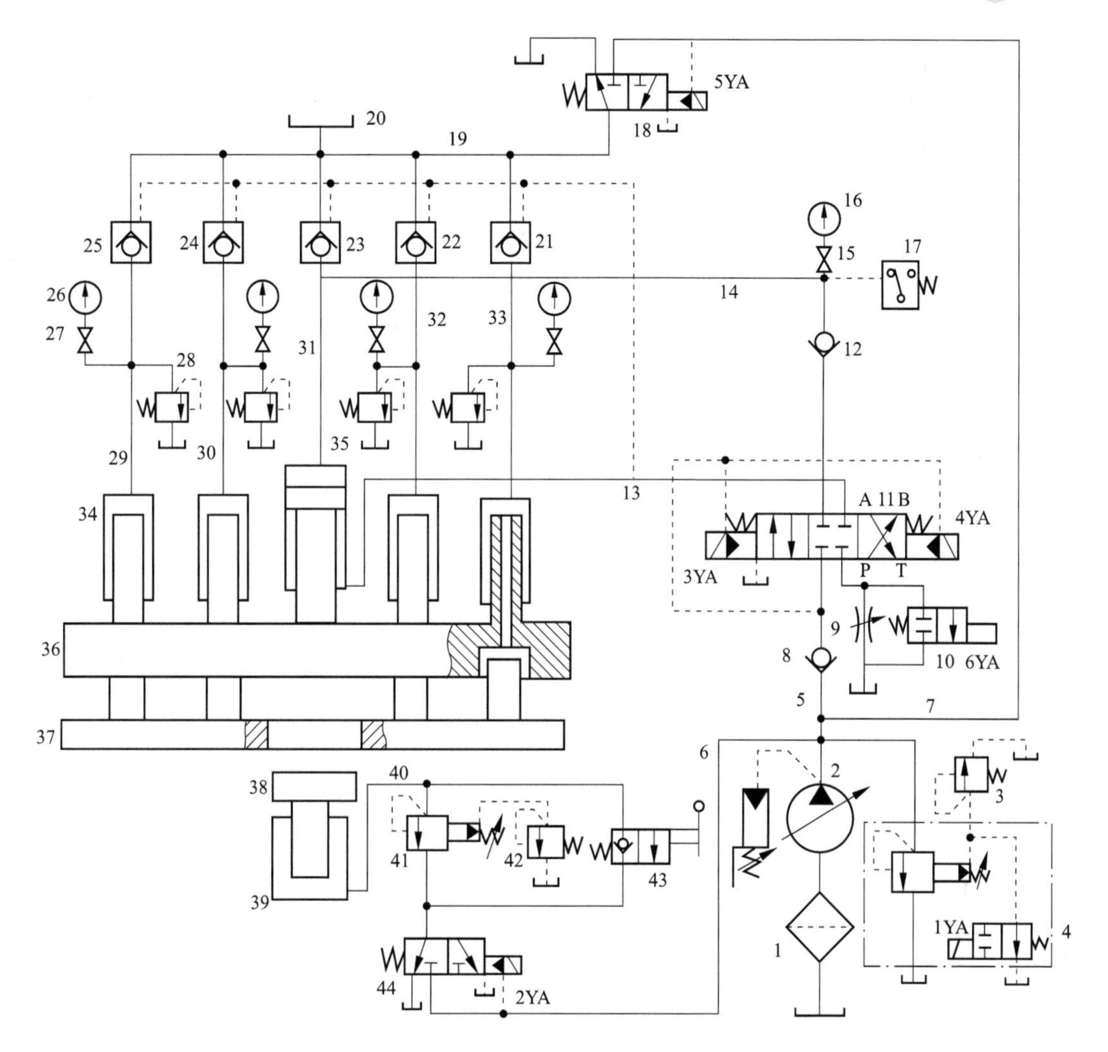

图 8-3　双动薄板冲压液压机液压系统原理图

1—滤油器；2—变量泵；3，42—远程调压阀；4—电磁溢流阀；
5，6，7，13，14，19，29，30，31，32，33，40—管路；8，12，21，22，23，24，25—单向阀；
9—节流阀；10—电磁换向阀；11—电液换向阀；15，27—压力表开关；16，26—压力表；
17—压力继电器；18，44—二位三通电液换向阀；20—高位油箱；28—安全阀；34—压边缸；
35—主缸；36—拉伸滑块；37—压边滑块；38—顶出块；39—顶出缸；
41—先导溢流阀；43—手动换向阀

2. 伸滑块和压边滑块快速下行

使电磁铁 1YA 和 3YA、6YA 得电，电磁溢流阀 4 的二位二通电磁铁左位工作，切断泵的卸荷通路。同时三位四通电液动换向阀 11 的左位接入工作，泵向拉伸滑块主缸 35 上腔供油。因电磁换向阀 10 的电磁铁 6YA 得电，其右位接入工作，所以回油经阀 11 和阀 10 回油箱，使其快速下行。同时带动压边缸 34 快速下行，压边缸从高位油箱 20 补油。这时的主油路是：

进油路：滤油器 1→变量泵 2→管路 5→单向阀 8→三位四通电液换向阀 11 的 P 口到 A

口→单向阀 12→管路 14→管路 31→缸 35 上腔；

回油路：缸 35 下腔→管路 13→电液换向阀 11 的 B 口到 T 口→电磁换向阀 10→油箱。

拉伸滑块液压缸快速下行时泵始终处于最大流量状态，但仍不能满足其需要，因而其上腔形成负压，高位油箱 20 中的油液经单向阀 23 向主缸上腔充液。

3. 减速和加压

在拉伸滑块和压边滑块与板料接触之前，首先碰到一个行程开关（图中未画出）、发出一个电信号，使阀 10 的电磁铁 6YA 失电，左位工作，主缸回油须经节流阀 9 回油箱，实现慢进。当压边滑块接触工件后，又一个行程开关（图中未画出）发信号，使 5YA 得电，阀 18 右位接入工作，变量泵 2 打出的油经阀 18 向压边缸 34 加压。

4. 拉伸和压紧

当拉伸滑块接触工件后，主缸 35 中的压力由于负载阻力的增加而增加，单向阀 23 关闭，泵输出的流量也自动减小。主缸继续下行，完成拉延工艺。在拉延过程中，变量泵 2 输出的最高压力由远程调压阀 3 调定，主缸进油路同上。回油路为：主缸 35 下腔→管路 13→电液换向阀 11 的 B 口到 T 口→节流阀 9→油箱。

5. 保压

当主缸 35 上腔压力达到预定值时，压力继电器 17 发出信号，使电磁铁 1YA、3YA、5YA 均失电，阀 11 回到中位，主缸上、下腔以及压力缸上腔均封闭，主缸上腔短时保压，此时变量泵 2 经电磁溢流阀 4 卸荷。保压时间由压力继电器 17 控制的时间继电器调整。

6. 快速回程

使电磁铁 1YA、4YA 得电，阀 11 右位工作，泵打出的油进入主缸下腔，同时控制油路打开液控单向阀 21、22、23、24、25，主缸上腔的油经阀 23 回到高位油箱 20，主缸 35 回程的同时，带动压边缸快速回程。这时主缸的油路是：

进油路：滤油器 1→变量泵 2→管路 5→单向阀 8→阀 11 右位的 P 口到 B 口→管路 13→主缸 35 下腔；

回油路：主缸 35 上腔→阀 23→高位油箱 20。

7. 原位停止

当主缸滑块上升到触动行程开关 1S 时（图中未画出），电磁铁 4YA 失电，阀 11 中位工作，使主缸 35 下腔封闭，主缸停止不动。

8. 顶出缸上升

在行程开关 1S 发出信号使 4YA 失电的同时也使 2YA 得电，使阀 44 右位接入工作，变量泵 2 打出的油经管路 6→阀 44→手动换向阀 43 左位→管路 40，进入顶出缸 39，顶出缸上行完成顶出工作，顶出压力由远程调压阀 42 设定。

9. 顶出缸下降

在顶出缸顶出工件后，行程开关 4S（图中未画出）发出信号，使 1YA、2YA 均失电、变量泵 2 卸荷，阀 44 左位工作。阀 43 右位工作，顶出缸在自重作用下下降，回油经阀 43、44 回油箱。

该系统采用高压大流量恒功率变量泵供油和利用拉延滑块自动充油的快速运动回路，既符合工艺要求，又节省了能量。

电磁铁动作顺序如表 8-2。

表 8-2　电磁铁动作顺序表

拉伸滑块	压边滑块	顶出缸	电磁铁						手动换向阀
			1YA	2YA	3YA	4YA	5YA	6YA	
快速下降	快速下降		+	−	+	−	−	+	
减速	减速		+	−	+	−	+	−	
拉伸	压紧工件		+	−	+	−	+	+	
快退返回	快退返回		+	−	−	+	−	−	
		上升	+	+	−	−	−	−	左位
		下降	+	−	−	−	−	−	右位
液压泵卸荷			−	−	−	−	−	−	

8.4　数控车床液压系统

8.4.1　概述

装有程序控制系统的车床简称为数控车床。在数控车床上进行车削加工时，其自动化程度高，能获得较高的加工质量。目前，在数控车床上，大多都应用了液压传动技术。下面介绍 MJ—50 型数控车床的液压系统，如图 8-4 所示为该系统的原理图。

机床中由液压系统实现的动作有：卡盘的夹紧与松开、刀架的夹紧与松开、刀架的正反、尾座套筒的伸出与缩回。液压系统中各电磁阀的电磁铁动作由数控系统的 PC 控制实现，各电磁铁动作见表 8-3。

表 8-3　电磁铁动作顺序表

动作＼电磁铁			电磁铁							
			1YA	2YA	3YA	4YA	5YA	6YA	7YA	8YA
卡盘正卡	高压	夹紧	+	−	−					
		松开	−	+	−					
	低压	夹紧	+	−	+					
		松开	−	+	+					

续表

动作 \ 电磁铁			1YA	2YA	3YA	4YA	5YA	6YA	7YA	8YA
卡盘反卡	高压	夹紧	−	+	−					
		松开	+	−	−					
	低压	夹紧	−	+	+					
		松开	+	−	+					
刀架	正转								−	+
	反转								+	−
	松开					+				
	夹紧					−				
尾座	套筒伸出						−	+		
	套筒退回						+	−		

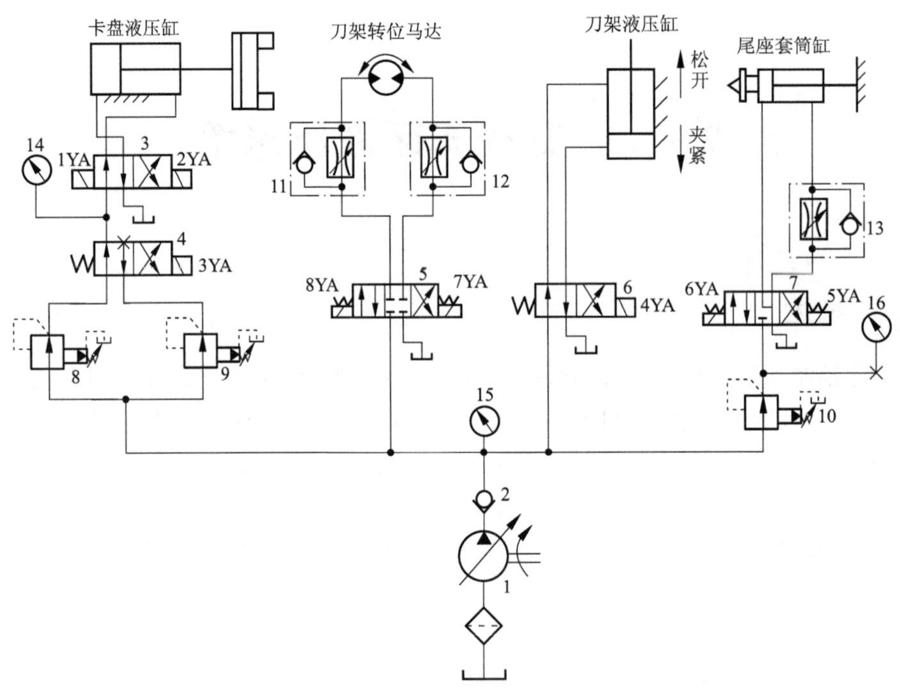

图 8-4　MJ—50 型数控车床的液压系统

1—变量泵；2—单向阀；3，4，5，6，7—换向阀；
8，9，10—减压阀；11，12，13—单向调速阀；14，15，16—压力计

8.4.2　液压系统的工作原理

机床的液压系统采用单向变量泵供油，系统压力调至 4 MPa，压力由压力计 15 显示。

泵输出的压力油经过单向阀进入系统，其工作原理如下。

1. 卡盘的夹紧与松开

当卡盘处于正卡（或称外卡）且在高压夹紧状态下，夹紧力的大小由减压阀 8 来调整，夹紧压力由压力计 14 来显示。当 1YA 通电时，阀 3 左位工作，系统压力油经阀 8、阀 4、阀 3 到液压缸右腔，液压缸左腔的油液经阀 3 直接回油箱。这时，活塞杆左移，卡盘夹紧。反之，当 2YA 通电时，阀 3 右位工作，系统压力油经阀 8、阀 4、阀 3 到液压缸左腔，液压缸右腔的油液经阀 3 直接回油箱，活塞杆右移，卡盘松开。

当卡盘处于正卡且在低压夹紧状态下，夹紧力的大小由减压阀 9 来调整。这时，3YA 通电，阀 4 右位工作。阀 3 的工作情况与高压夹紧时相同。卡盘反卡（或称内卡）时的工作情况与正卡相似，不再赘述。

2. 回转刀架的回转

回转刀架换刀时，首先是刀架松开，然后刀架转位到指定的位置，最后刀架复位夹紧，当 4YA 通电时，阀 6 右位工作，刀架松开。当 8YA 通电时，液压马达带动刀架正转，转速由单向调速阀 11 控制。若 7YA 通电，则液压马达带动刀架反转，转速由单向调速阀 12 控制。当 4YA 断电时，阀 6 左位工作，液压缸使刀架夹紧。

3. 尾座套筒的伸缩运动

当 6YA 通电时，阀 7 左位工作，系统压力油经减压阀 10、换向阀 7 到尾座套筒液压缸的左腔，液压缸右腔油液经单向调速阀 13、阀 7 回油箱，缸筒带动尾座套筒伸出，伸出时的预紧力大小通过压力计 16 显示。反之，当 5YA 通电时，阀 7 右位工作，系统压力油经减压阀 10、换向阀 7、单向调速阀 13 到液压缸右腔，液压缸左腔的油液经阀 7 流回油箱，套筒缩回。

8.4.3　液压系统的特点

（1）采用单向变量液压泵向系统供油，能量损失小。

（2）用换向阀控制卡盘，实现高压和低压夹紧的转换，并且分别调节高压夹紧或低压夹紧压力的大小，这样可根据工件情况调节夹紧力，操作方便简单。

（3）用液压马达实现刀架的转位，可实现无级调速，并能控制刀架正、反转。

（4）用换向阀控制尾座套筒液压缸的换向，以实现套筒的伸出或缩回，并能调节尾座套筒伸出工作时的预紧力大小，以适应不同工件的需要。

（5）压力计 14、15、16 可分别显示系统相应处的压力，以便于故障诊断和调试。

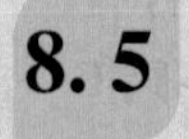

8.5　汽车起重机液压系统

汽车起重机工作过程

8.5.1　概述

汽车起重机是将起重机安装在汽车底盘上的一种起重运输设备。它主要由起升、回转、变幅、伸缩和支腿等工作机构组成。这些动作的完成由液压系统来实现。对于汽车起重机的液压系统，一般要求输出力大、动作要平稳、耐冲击、操作要灵活、方便、可靠、安全。

图 8-5 是 Q2-8 汽车起重机外形图。它的最大起重量为 80 kN，最大起重高为 11.5 m。

图 8-5　Q2-8 汽车起重机外形图

1—载重汽车；2—转台；3—支腿；
4—吊臂变幅液压缸；5—吊臂伸缩缸；
6—起升机构；7—基本臂

8.5.2　液压系统的工作原理

Q2-8 型汽车起重机的液压系统如图 8-6 所示。该系统属于中高压系统，用一个轴向柱塞泵作动力源，有汽车发动机通过传动装置（取力箱）驱动工作。整个系统由支腿收放、转台回转、吊臂伸缩、吊臂变幅和吊重起升五个工作支路所组成。其中，前、后支腿收放支路的换向阀 A、B 组成一个阀组（双联多路阀，如图 8-6 所示阀 1）。其余四支路的换向阀 C、D、E、F 组成另一阀组（四联多路阀，如图 8-6 所示阀 2）。各换向阀均为 M 型中位机能三位四通手动阀，互相串联组合，可实现多缸卸荷。根据起重工作的具体要求，操纵各阀不仅可以分别控制各执行元件的运动方向，还可以通过控制阀芯的位移量来实现节流调速。

系统中除液压泵、安全阀、阀组 1 及支腿液压缸外，其他液压元件都装在可回转的上车部分。油箱也装在上车部分，兼作配重。上车和下车部分的油路通过中心回转接头 9 连通。

1. 支腿收放支路

由于汽车轮胎支承能力有限，且为弹性变形体，作业时很不安全，故在起重作业前必须放下前、后支腿，使汽车轮胎架空，用支腿承重，在行驶时又必须将支腿收起，轮胎着地。为此在汽车的前、后端各设置两条支腿，每条支腿均配置有液压缸。前支腿两个液压缸同时用一个手动换向阀 A 控制其收、放动作，后支腿两个液压缸用阀 B 来控制其收、放动作。为确保支腿停放在任意位置并能可靠地锁住，故在每一个支腿液压缸的油路中设置一个由两个液控单向阀组成的双向液压锁。

当阀 A 在左位工作时，前支腿放下，其进、回油路线为：

进油路：液压泵→换向阀 A→液控单向阀→前支腿液压缸无杆腔；

回油路：前支腿液压缸有杆腔→液控单向阀→阀 A→阀 B→阀 C→阀 D→阀 E→阀 F→油箱。

后支腿液压缸用阀 B 控制，其油路路线与前支腿支路相同。

2. 转台回转支路

回转支路的执行元件是一个大转矩液压马达，它能双向驱动转台回转。通过齿轮、蜗杆机构减速，转台可获得 1～3 r/min 的低速。马达由手动换向阀 C 控制正、反转，其油路为：

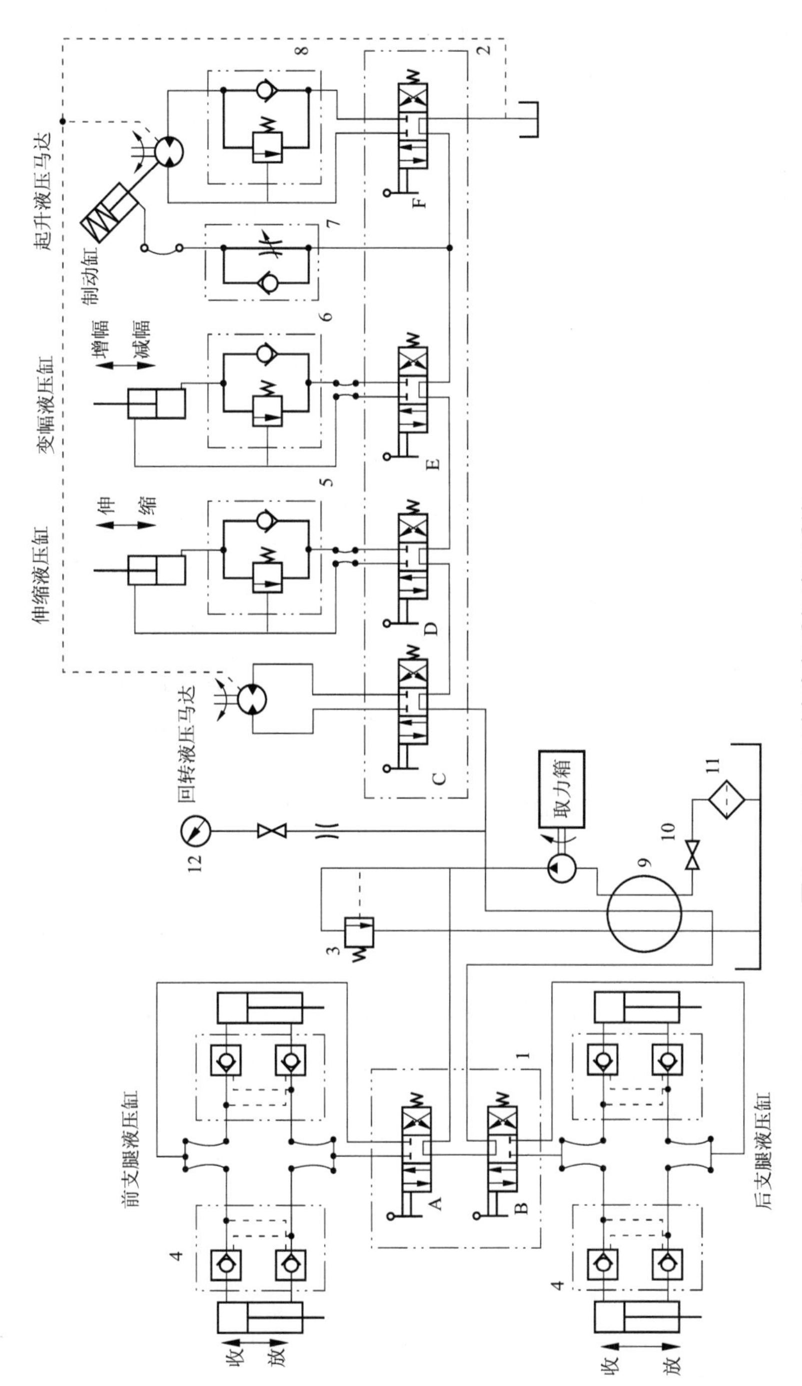

图 8-6　Q2-8 型汽车起重机液压系统

1，2—手动阀组；3—安全阀；4—双向液压锁；5，6，8—平衡阀；7—单向节流阀；9—中心回转接头；10—开关；11—滤油器；12—压力表；

A，B，C，D，E，F—换向阀

进油路：液压泵→阀 A→阀 B →阀 C→回转液压马达；

回油路：回转液压马达→阀 C→阀 D→阀 E→阀 F→油箱。

3. 吊臂伸缩支路

吊臂由基本臂和伸缩臂组成，伸缩臂套装在基本臂内，由吊臂伸缩液压缸带动作伸缩运动。为防止吊臂在停止阶段因自重作用而向下滑移，油路中设置了平衡阀 5（外控式单向顺序阀）。吊臂的伸缩由换向阀 D 控制，使伸缩臂具有伸出、缩回和停止三种工况。例如，当阀 D 在右位工作时，吊臂伸出，其油路路线为：

进油路：液压泵→阀 A→阀 B→阀 C→阀 D→阀 5 中的单向阀→伸缩液压缸无杆腔；

回油路：伸缩液压缸有杆腔→阀 D→阀 E→阀 F→油箱。

4. 吊臂变幅支路

吊臂变幅是用液压缸来改变吊臂的起落角度。变幅要求工作平稳可靠，故在油路中也设置了平衡阀 6。增幅或减幅运动由换向阀 E 控制，其油流路线类同伸缩支路。

5. 吊重起升支路

起升支路是系统的主要工作油路。吊重的提升和落下作业由一个大转矩液压马达带动绞车来完成。液压马达的正、反转由换向阀 F 控制，马达转速，即起吊速度可通过改变发动机油门（转速）及控制换向阀 F 来调节。油路设有平衡阀 8，用以防止重物因自重而下落。由于液压马达的内泄漏比较大，当重物吊在空中时，尽管油路中设有平衡阀，重物仍会向下缓慢滑移，为此，在液压马达驱动的轴上设有制动器。当起升机构工作时，在系统油压作用下，制动器液压缸使闸块松开；当液压马达停止转动时，在制动器弹簧作用下，闸块将轴抱紧。当重物悬空停止后再次起升时，若制动器立即松闸，但马达的进油路可能未来及建立足够的油压，就会造成重物短时间失控下滑。为避免这种现象产生，在制动器油路中设置单向节流阀 7，使制动器抱闸迅速，松闸却能缓慢进行（松闸时间用节流阀调节）。液压系统的作用原理见表 8-4。

表 8-4　Q2—8 型汽车起重机液压系统的动作原理

<table>
<tr><th colspan="6">手动阀位置</th><th colspan="7">系统工作情况</th></tr>
<tr><th>A</th><th>B</th><th>C</th><th>D</th><th>E</th><th>F</th><th>前支腿液压缸</th><th>后支腿液压缸</th><th>回转液压马达</th><th>伸缩液压缸</th><th>变幅液压缸</th><th>起升液压马达</th><th>制动液压缸</th></tr>
<tr><td>左</td><td rowspan="2">中</td><td rowspan="4">中</td><td rowspan="6">中</td><td rowspan="8">中</td><td rowspan="10">中</td><td>放下</td><td rowspan="2">不动</td><td rowspan="4">不动</td><td rowspan="6">不动</td><td rowspan="8">不动</td><td rowspan="10">不动</td><td rowspan="10">制动</td></tr>
<tr><td>右</td><td>收起</td></tr>
<tr><td rowspan="10">中</td><td>左</td><td rowspan="10">不动</td><td>放下</td></tr>
<tr><td>右</td><td>收起</td></tr>
<tr><td rowspan="8">中</td><td>左</td><td rowspan="8">不动</td><td>正转</td></tr>
<tr><td>右</td><td>反转</td></tr>
<tr><td rowspan="6">中</td><td>左</td><td rowspan="6">不动</td><td>缩回</td></tr>
<tr><td>右</td><td>伸出</td></tr>
<tr><td rowspan="4">中</td><td>左</td><td rowspan="4">不动</td><td>减幅</td></tr>
<tr><td>右</td><td>增幅</td></tr>
<tr><td rowspan="2">中</td><td>左</td><td rowspan="2">不动</td><td>正转</td><td rowspan="2">松开</td></tr>
<tr><td>右</td><td>反转</td></tr>
</table>

8.5.3　液压系统的主要特点

（1）系统中采用了平衡回路、锁紧回路和制动回路，能保证起重机工作可靠，操作安全。

（2）采用三位四通手动换向阀，不仅可以灵活方便地控制换向动作，还可以通过手柄操纵来控制流量，以实现节流调速。在起升工作中，将此节流调速方法与控制发动机转速的方法结合使用，可以实现各工作部件微速动作。

（3）换向阀串联组合，不仅各机构的动作可以独立进行，而且在轻载作业时，可实现起升和回转复合动作，以提高工作效率。

（4）各换向阀处于中位时系统即卸荷，能减少功率损耗，适于起重机间歇性工作。

8.6　液压系统故障的诊断方法

8.6.1　液压系统故障的诊断方法

1. 感观诊断法

（1）观察液压系统的工作状态，一般有六看：一看速度，即看执行机构运动速度有无变化；二看压力，即看液压系统各测压点压力有无波动现象；三看油液，即观察油液是否清洁、是否变质，油量是否满足要求，油的黏度是否合乎要求及表面有无泡沫等；四看泄漏，即看液压系统各接头处是否渗漏、滴漏和出现油垢现象；五看振动，即看活塞杆或工作台等运动部件运行时，有无跳动、冲击等异常现象；六看产品，即从加工出来的产品判断运动机构的工作状态，观察系统压力和流量的稳定性。

（2）用听觉来判断液压系统的工作是否正常，一般有四听：一听噪声，即听液压泵和系统噪声是否过大，液压阀等元件是否有尖叫声；二听冲击声，即听执行部件换向时冲击声是否过大；三听泄漏声，即听油路板内部有无细微而连续不断的声音；四听敲打声，即听液压泵和管路中是否有敲打撞击声。

（3）用手摸运动部件的温升和工作状况，一般有四摸：一摸温升，即用手摸泵、油箱和阀体等温度是否过高；二摸振动，即用手摸运动部件和管子有无振动；三摸爬行，即当工作台慢速运行时，用手摸其有无爬行现象；四摸松紧度，即用手拧一拧挡铁、微动开关等的松紧程度。

（4）闻一闻油液是否有变质异味。

（5）查阅技术资料及有关故障分析与修理记录和维修保养记录等。

（6）询问设备操作者，了解设备的平时工作状况。一般有六问：一问液压系统工作是否正常；二问液压油最近的更换日期、滤网的清洗或更换情况等；三问事故出现前调压阀或减压阀是否调节过，有无不正常现象；四问事故出现之前液压件或密封件是否更换过；五问事故前后液压系统的工作差别；六问过去常出现哪类事故及排除经过。

感官检测是定性分析，必要时应对有关元件在实验台上做定量分析测试。

2. 逻辑分析法

对于复杂的液压系统故障，常采用逻辑分析法，即根据故障产生的现象，采取逻辑分析和推理的方法。

采用逻辑分析法诊断液压系统故障通常有两个出发点：一是从主机出发，主机故障也就是指液压系统执行机构工作不正常；二是从系统本身故障出发，有时系统故障在短时间内并不影响主机，如油温变化、噪声增大等。

逻辑分析法只是定性分析，若将逻辑分析法与专用检测仪器的测试相结合，就可显著地提高故障诊断的效率及准确性。

3. 专用仪器检测法

专用仪器检测法即采用专门的液压系统故障检测仪器来诊断系统故障。该仪器能够对液压故障做定量的检测。国内外有许多专用的便携式液压系统故障检测仪，测量流量、压力和温度，并能测量泵和马达的转速等。

4. 状态检测法

状态检测用的仪器种类很多，通常有压力传感器、流量传感器、速度传感器、位移传感器、和油温监测仪等。把测试到的数据输入计算机系统，计算机根据输入的数据提供各种信息及技术参数，由此判断出某个液压元件和液压系统某个部位的工作状况，并可发出报警或自动停机等信号。所以状态检测技术可解决仅靠人的感觉器官无法解决的疑难故障的诊断，并为预知维修提供了信息。

状态检测法一般适用于下列几种液压设备：

(1) 发生故障后对整个生产影响较大的液压设备和自动线；

(2) 必须确保其安全性能的液压设备和控制系统；

(3) 价格昂贵的精密、大型、稀有、关键的液压系统；

(4) 故障停机修理费用过高或修理时间过长、损失过大的液压设备和液压控制系统。

8.6.2 液压系统故障分析

液压系统由于设计与调整不当，在运行中将会产生各种故障。以下是一些典型故障的分析。

1. 产生液压冲击

在如图 8-7 所示的二级调压回路中，液压系统循环运行，当二位二通电磁换向阀通电右位工作时，液压系统突然产生较大的液压冲击。该二级调压回路中，当二位二通阀 4 断电关闭后，系统压力决定于调压阀 2 的调整压力 p_1，阀 4 通电切换后，系统压力则由调压阀 3 的调整压力 p_2 决定。由于阀 4 和阀 3 之间的油路内压力为零，阀 4 右位工作时，调压阀 2 的远程控制口处的压力由 p_1 几乎下降到零后才回升到 p_2，系统必然产生较大的压力冲击。

不难看出，故障原因是系统中二级调压回路设计不当造成的。若将其改成如图 8-8 所

示的组合形式，即把二位二通阀 4 接到远程调压阀 3 的出油口，并与油箱接通，则从阀 2 远程控制口到阀 4 的油路中充满接近 p_1 压力的油液，阀 4 通电切换后，系统压力从 p_1 直接降到 p_2，不会产生较大的压力冲击。

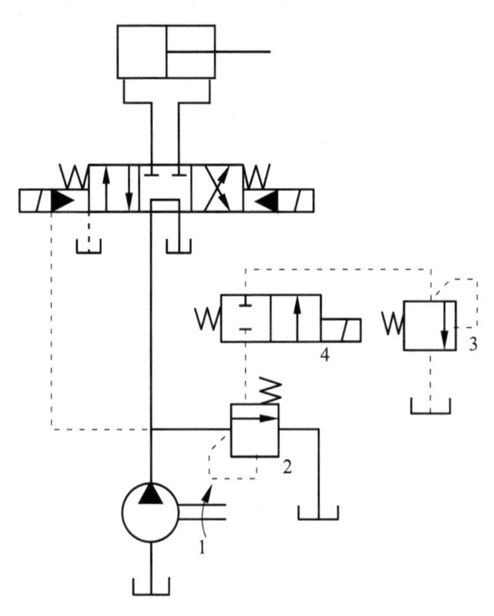

图 8-7　易产生冲击的二级调压回路

1—定量泵；2，3—调压阀；4—电磁换向阀

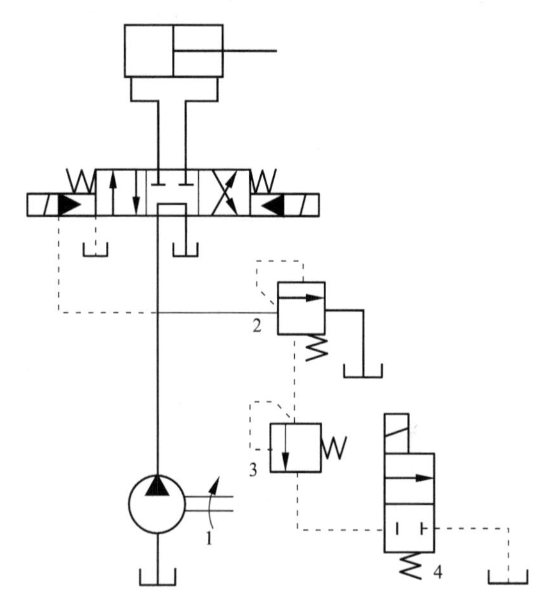

图 8-8　改进后的二级调压回路

1—定量泵；2，3—调压阀；4—电磁换向阀

2. 压力上不去

在如图 8-9 所示回路中，因液压设备要求连续转动，不允许停机修理，所以有两套供油系统。当其中一个供油系统出现故障时，可立即启动另一个供油系统，使液压设备正常运行，再修复故障供油系统。

图中两套供油系统的元件性能、规格完全相同，由溢流阀 3 或 4 调定第一级压力，远程调压阀 9 调定第二级压力。

但泵 2 所属供油系统停止供油，只有泵 1 所属系统供油时，系统压力上不去。即使将电液换向阀 7 置中，泵 1 输出油路仍不能上升到调定的压力值。

调试发现，泵 1 压力最高只能达到 12 MPa，设计要求能调到 14 MPa 甚至更高。将溢流阀 3 和远程调压阀 9 调压旋钮全部拧紧压力仍然上不去，当油温为 40 ℃时，压力值可达 12 MPa;油温升到 55 ℃时，压力只能到 10 MPa。检测液压泵及其他元件，均未发现质量和调整上的问题，各项指标均符合性能要求。

液压元件没有质量问题，组合系统压力却上不去，应分析系统中元件组合的相互影响。

泵 1 工作时、压力油从溢流阀 3 的进油口进入主阀芯下端，同时经过阻尼孔流入主阀芯上端弹簧腔，再经过溢流阀 3 的远程控制口及外接油管进入溢流阀 4 主阀芯上端的弹簧腔，接着经阻尼孔向下流动，进入主阀芯的下腔，再由溢流阀 4 的进油口反向流入停止运转的泵 2 的排油管中，这时油液推开单向阀 6 的可能性不大；当压力油从泵 2 出口进入泵 2 中时，将会使泵 2 像液压马达一样反向微微转动，或经泵 2 的缝隙流入油箱中。

就是说，溢流阀3的远程控制口向油箱中泄漏液压油，导致了压力上不去。由于控制油路上设置有节流装置，溢流阀3远程控制油路上的油液是在有阻尼状况下流回油箱内的，所以压力不是完全没有的，只是低于调定压力。

如图8-10所示为改进后的两套供油系统，系统中设置了单向阀11和12，切断进入泵2的油路，上述故障就不会发生了。

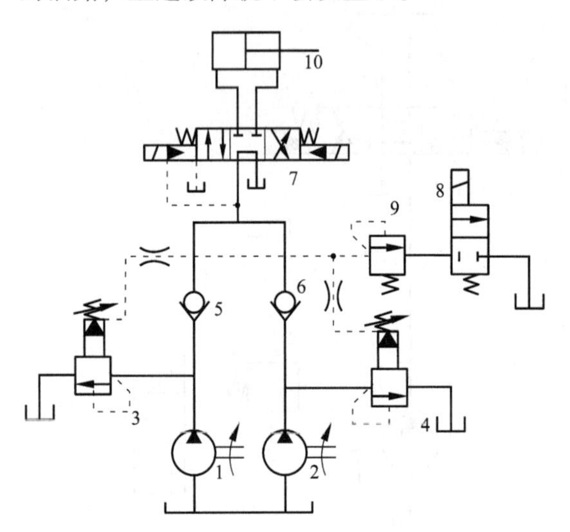

图8-9 两套供油系统原理图

1，2—定量泵；3，4—溢流阀；5，6—单向阀；7—电液换向阀；8—电磁换向阀；9—调压阀；10—液压缸

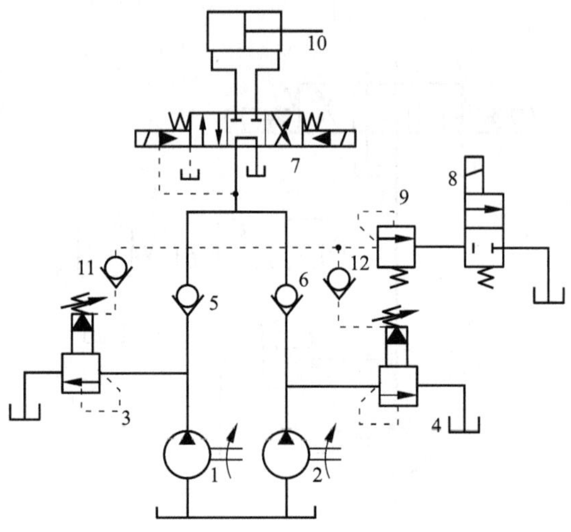

图8-10 改进后的两套供油系统原理图

1，2—定量泵；3，4—溢流阀；5，6，11，12—单向阀；7—电液换向阀；8—电磁换向阀；9—调压阀；10—液压缸

8.6.3 液压系统常见故障产生原因及排除方法

液压系统常见故障产生原因及排除方法见表8-5～表8-10。

表8-5 液压系统无压力或压力低的原因及排除方法

产生原因		排除方法
液压泵	电动机转向错误	改变转向
	零件磨损，间隙过大，泄漏严重	修复或更换零件
	油箱液面太低，液压泵吸空	补加油液
	吸油管路密封不严，造成吸空	检查管路，拧紧接头，加强密封
	压油管路密封不严，造成泄漏	检查管路，拧紧接头，加强密封
溢流阀	弹簧变形或折断	更换弹簧
	滑阀在开口位置卡住	修研滑阀使其移动灵活
	锥阀或钢球与阀座密封不严	更换锥阀或钢球，配研阀座
	阻尼孔堵塞	清洗阻尼孔
	远程控制口接回油箱	切断通油箱的油路

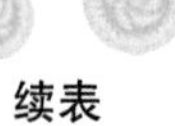

续表

产生原因	排除方法
压力表损坏或失灵造成无压现象	更换压力表
液压阀卸荷	查明卸荷原因，采取相应措施
液压缸高低压腔相通	修配活塞，更换密封件
系统泄漏	加强密封，防止泄漏
油液黏度太低	提高油液黏度
温度过高，降低了油液黏度	查明发热原因，采取相应措施

表8-6　运动部件换向有冲击或冲击大的原因及排除方法

产生原因		排除方法
液压缸	运动速度过快，没设置缓冲装置	设置缓冲装置
	缓冲装置中单向阀失灵	修理缓冲装置中单向阀
	缓冲柱塞的间隙过小或过大	按要求修理，配置缓冲柱塞
	节流阀开口过大	调整节流阀开口
换向阀	换向阀的换向动作过快	控制换向速度
	液动阀的阻尼器调整不当	调整阻尼器的节流口
	液动阀的控制流量过大	减小控制油的流量
压力阀	工作压力调整太高	调整压力阀，适当降低工作压力
	溢流阀发生故障，压力突然升高	排除溢流阀故障
	背压过低或没有设置背压阀	设置背压阀，适当提高背压力
垂直运动的液压缸没采取平衡措施		设置平衡阀
混入空气	系统密封不严	加强吸油管路密封
	停机时油液流空	防止元件油液流空
	液压泵吸空	补足油液，减小吸油阻力

表8-7　运动部件爬行的原因及排除方法

产生原因	排除方法
系统负载刚度太低	改进回路设计
节流阀或调速阀流量不稳	选用流量稳定性好的流量阀

续表

产生原因		排除方法
液压缸产生爬行	混入空气	排除空气
	运动密封件装配过紧	调整密封圈，使之松紧适当
	活塞杆与活塞不同轴	校正、修整或更换
	导向套与缸筒不同轴	修正调整
	活塞杆弯曲	校直活塞杆
	液压缸安装不良，中心线与导轨不平行	重新安装
	缸筒内径圆柱度超差	镗磨修复，重配活塞或增加密封件
	缸筒内孔锈蚀、毛刺	除去锈蚀、毛刺或重新镗磨
	活塞杆两端螺母拧得过紧，使其同轴度降低	略松螺母，使活塞杆处于自然状态
	活塞杆刚度差	加大活塞杆直径
	液压缸运动件之间间隙过大	减小配合间隙
	导轨润滑不良	保持良好润滑
混入空气	油箱液面过低，吸油不畅	补加液压油
	过滤器堵塞	清洗过滤器
	吸、回油管相距太近	将吸、回油管远离
	回油管未插入油面以下	将回油管插入油面之下
	吸油管路密封不严，造成吸空	加强密封
	机械停止运动时，系统油液流空	设背压阀或单向阀，防止油液流空
油液污染	油污卡住液动机，增加摩擦阻力	清洗液动机，更换油液，加强过滤
	油污堵塞节流孔，引起流量变化	清洗液压阀，更换油液，加强过滤
油液黏度不适当		用指定黏度的液压油
导轨	托板楔铁或压板调整过紧	重新调整
	导轨精度不高，接触不良	按规定刮研导轨，保持良好接触
	润滑油不足或选用不当	改善润滑条件

表 8-8　液压系统发热、油温升高的原因及排除方法

产生原因	排除方法
液压系统设计不合理，压力损失过大，效率低	改进回路设计，采用变量泵或卸荷措施
工作压力过大	降低工作压力
泄漏严重，容积效率低	加强密封
管路太细而且弯曲，压力损失大	加大管径，缩短管路，使油流通畅

续表

产生原因	排除方法
相对运动零件间的摩擦力过大	提高零件加工装配精度，减小运动摩擦力
油液黏度过大	选用黏度适当的液压油
油箱容积小，散热条件差	增大油箱容积，改善散热条件，设置冷却器
由外界热源引起温升	隔绝热源

表 8-9　液压系统产生泄漏的原因及排除方法

产生原因	排除方法
密封件损失或装反	更换密封件，改正安装方向
管接头松动	拧紧管接头
单项阀阀芯磨损，阀座损坏	更换阀芯，配研阀座
相对运动零件磨损，间隙过大	更换磨损零件，减小配合间隙
某些铸件有气孔、砂眼等缺陷	更换铸件或维修缺陷
压力调整过高	降低工作压力
油液黏度太低	选用适当黏度的液压油
工作温度太高	降低工作温度或采取冷却措施

表 8-10　液压系统产生振动和噪声的原因及排除方法

产生原因	排除方法
液压泵本身或其油管路密封不良或密封圈损坏、漏气	拧紧泵的连接螺栓及管路各管螺母或更换密封元件
泵内零件卡死或损坏	修复或更换
泵与电动机联轴器不同心或松动	重新安装紧固
电动机振动，轴承磨损严重	更换轴承
油箱油量不足或泵吸油管过滤器堵塞，使泵吸空引起噪声	将油量加至油标处，或清洗过滤器
溢流阀阻尼孔被堵塞，阀座损坏或调压弹簧永久变形、损坏	可清洗、疏通阻尼孔，修复阀座或更换弹簧
电液换向阀动作失灵	修复该阀
液压缸缓冲装置失灵造成液压冲击	进行检修和调整

8-1　如图8-1所示的YT4543型组合机床动力滑台液压系统是由哪些基本液压回路组成的？如何实现差动连接？采用止挡块停留有何作用？

8-2　在如图8-6所示的Q2-8型汽车起重机液压系统中，为什么采用弹簧复位式手动换向阀控制各执行元件动作？

8-3　用所学过的液压元件组成一个能完成“快进→一工进→二工进→快退”动作循环的液压系统，并画出电磁铁动作表，指出该系统的特点。

第9章 液压系统的设计计算

液压传动系统的设计是机器整体设计的一个组成部分。所设计的液压系统首先应符合主机的工作情况要求，其次还应满足结构组成简单、工作安全可靠、操纵维护方便、经济性好的条件。

9.1 液压系统的设计

液压传动系统的设计一般按以下步骤进行：

（1）确定对液压系统的工作要求，进行工况分析；

（2）拟定液压系统原理图；

（3）液压元件的计算与选择；

（4）液压系统性能的验算；

（5）液压装置的结构设计，绘制工作图及编写技术文件。

1. 确定对液压系统的工作要求，进行工况分析

在开始设计液压系统时，首先要对机械设备主机的工作情况进行详细的分析，明确主机对液压系统提出的要求，具体包括：

（1）主机的用途、主要结构、总体布局；主机对液压系统执行元件在位置布置和空间尺寸上的限制。

（2）主机的工作循环，液压执行元件的运动方式（移动、转动或摆动）及其工作范围。

（3）液压执行元件的负载和运动速度的大小及其变化范围。

（4）主机各液压执行元件的动作顺序或互锁要求。

（5）对液压系统工作性能（如工作平稳性、转换精度等）、工作效率、自动化程度等方面的要求。

（6）液压系统的工作环境和工作条件，如周围介质、环境温度、湿度、尘埃情况、外界冲击振动等。

（7）其他方面的要求，如液压装置在质量、外形尺寸、经济性等方面的规定或限制。

工况分析，就是分析主机在工作过程中各执行元件的运动速度和负载的变化规律。对于动作较复杂的机械设备，根据工艺要求，将各执行元件在各阶段所需克服的负载用负载—位移曲线表示，称为负载图。将各执行元件在各阶段的速度用速度—位移曲线表示，称为速度图。设计简单的液压系统时，这两种图可省略不画。

2. 拟定液压系统原理图

拟定液压系统原理图是整个设计工作中最主要的步骤，它对系统的性能以及设计方案的经济性、合理性具有决定性的影响。其一般方法是，根据动作和性能的要求先分别选择和拟定基本回路，然后将各个回路组合成一个完整的系统。

选择液压回路是根据系统的设计要求和工况图从众多的成熟方案中评比挑选出来的。选择时，既要考虑调速、调压、换向、顺序动作、动作互锁等要求，也要考虑节省能源、减少发热、减少冲击、保证动作精度等问题。

组合液压系统是把挑选出来的各种液压回路综合在一起，进行归纳并整理，增添必要的元件或辅助油路，使之成为完整的系统。

3. 液压元件的计算与选择

液压元件的选择，主要是通过计算它们的主要参数（如压力和流量）来确定。一般先计算工作负载，再根据工作负载和工作要求的速度计算液压缸的主要尺寸、工作压力和流量或液压马达的排量，然后计算液压泵的压力、流量和所需功率，最后选择电动机、控制元件和辅助元件等。

4. 液压系统性能的验算

确定了各个液压元件之后，要对液压系统进行验算。验算内容一般包括系统的压力损失、发热温升、运动平稳性和泄漏量等。

5. 液压装置的结构设计，绘制工作图及编制技术文件

液压装置的结构形式，有集中式和分散式。

集中式结构是将液压系统的动力源、控制调节装置等独立于机器之外，单独设置一个液压泵站。这种结构形式的优点是安装维修方便，液压泵站的振动、发热都和机器本体隔开；缺点是液压泵站增加了占地面积。

分散式结构是将机床液压系统的动力源、控制调节装置分散在机器各处。这种结构形式的优点是结构紧凑，占地面积小，易于回收泄漏油；缺点是安装维修复杂，动力源的振动、发热都对机器的工作产生不利影响。

根据拟定的液压系统原理图绘制正式工作图。正式工作图应包括：

（1）液压泵的型号、压力、流量、转速以及变量泵的调节范围。

（2）执行元件的运转速度、输出的最大扭矩或推力、工作压力以及工作行程等。

（3）所有执行元件及辅助设备的型号及性能参数。

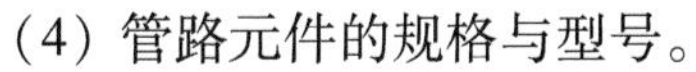

（4）管路元件的规格与型号。

（5）操作说明。

在绘图时，各元件的方向和位置，尽量与实际装配时一致。

液压系统正式工作图绘制完毕后，还要绘制液压系统装配图，作为施工的依据。在装配图上，应表示出各液压元件的位置和固定方式，油管的规格和分布位置，各种管接头的形式和规格等。设计时应考虑到安装、使用、调整和检修方便，并使管路阻力尽量减小。

对于自行设计的非标准的液压元件，必须绘出装配图和零件图。

编制技术文件包括零、部件目录表，标准件、通用件和外构件总表，试车要求，技术说明书等。

上述设计步骤只说明了一般的设计过程。实际工作中，这些步骤并不是固定不变的，有些步骤往往可以省略或合并，有时需要穿插进行。对于较复杂液压系统的设计，有时需经过多次反复比较，才能最后确定。

9.2 液压系统设计计算实例

图 9-1 为一台双头车床外形示意图，加工压缩机拖车上一根长轴两端的轴颈。由于零件较长，拟采用零件固定、刀具旋转和进给的加工方式。

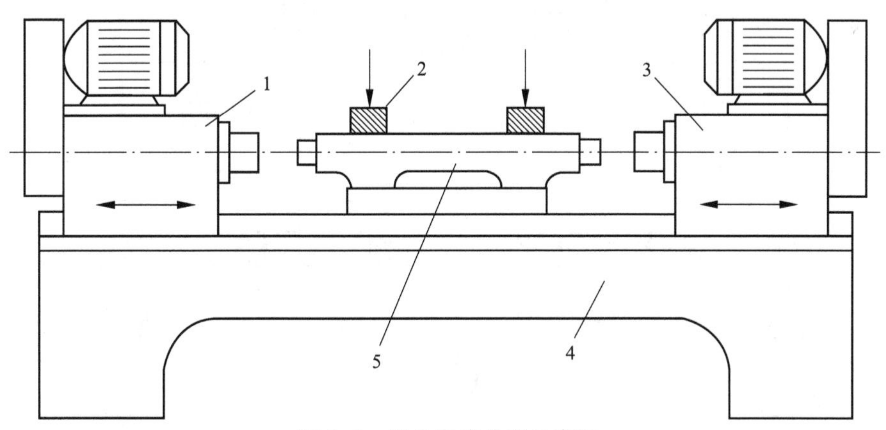

图 9-1　双头车床外形示意图

1—左主轴箱；2—夹具；3—右主轴箱；4—床身；5—工件

设计任务：设计该机床的液压传动系统。要求：液压系统完成快进—工进—快退—停止的工作循环。同时要求各个车削头能单独调整。机床的快进速度为 4 m/min，快退速度与快进速度相等。工进要求是：能在 0.02～1.2 m/min 范围内进行无级调速。其最大切削力在导轨中心线方向为 12 000 N，所要移动的总重量为 15 000 N。

9.2.1 确定对液压系统的工作要求

根据加工要求，刀具旋转由机械传动来实现，主轴头沿导轨中心线方向的“快进—工进—快退—停止”工作循环拟采用液压传动方式来实现，故拟选定液压缸作执行机构。

考虑到车削进给系统传动功率不大，且要求低速稳定性好，粗加工时负载有较大变化，故拟选用调速阀、变量泵组成的容积节流调速方式。

为了自动实现上述工作循环，并保证零件一定的加工长度（该长度并无过高的精度要求），拟采用行程开关及电磁换向阀实现顺序动作。

9.2.2 拟定液压系统工作原理图

该系统同时驱动两个车削头，且动作循环完全相同。为了保证进、退速度相等，并减小液压泵的流量规格，拟选用差动连接回路。

在行程控制中，由快进转工进时，采用机动滑阀，使速度转换平稳，且工作安全可靠。工进终了时，压下电器行程开关返回；快退到终点，压下电器行程开关，运动停止。

快进转工进后，因系统压力升高，遥控顺序阀打开，回油经背压阀回油箱，系统不再为差动连接。此处放置背压阀使工进时运动平稳，且因系统压力升高，变量泵自动减少输出流量。

两个车削头可分别进行调节。要调整一个时，另一个应停止，三位五通阀处中位即可。分别调节两个调速阀，可得到不同进给速度；同时，可使两车削头有较高的同步精度。由此拟定的液压系统原理图如图 9-2 所示。

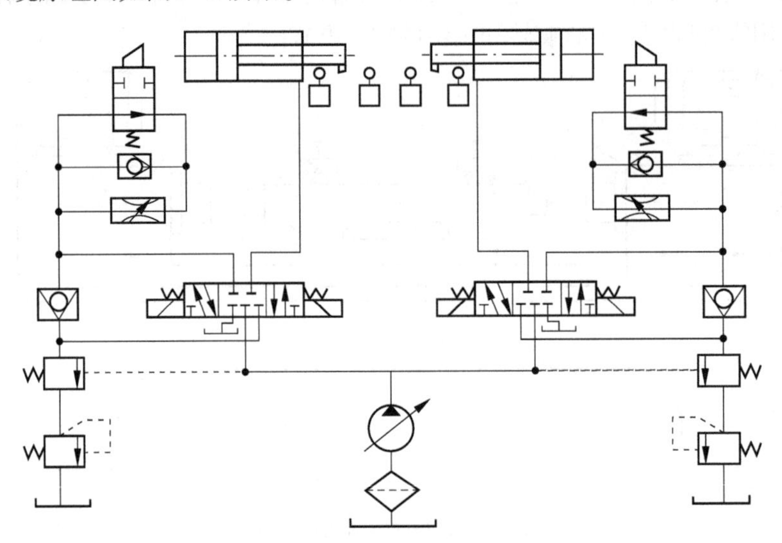

图 9-2　双头车床液压系统工作原理图

9.2.3 计算和选择液压元件

1. 液压缸的计算

（1）工作负载及惯性负载计算。

计算液压缸的总机械载荷，根据机构的工作情况，液压缸受力如图 9-3 所示。

根据题意，工作负载：$F_W = 12\ 000$ N

油缸所要移动负载总重量：$G = 15\ 000$ N

根据题意选取工进时速度的最大变化量 $\Delta v = 0.02$ m/s，根据具体情况选取（其范围 $\Delta t = 0.2$ s 通常在 0.01～0.50 s），则惯性力为

$$F_a = \frac{G}{g}\frac{\Delta v}{\Delta t} = \frac{15\ 000}{9.8} \times \frac{0.02}{0.2} = 153\ (\text{N})$$

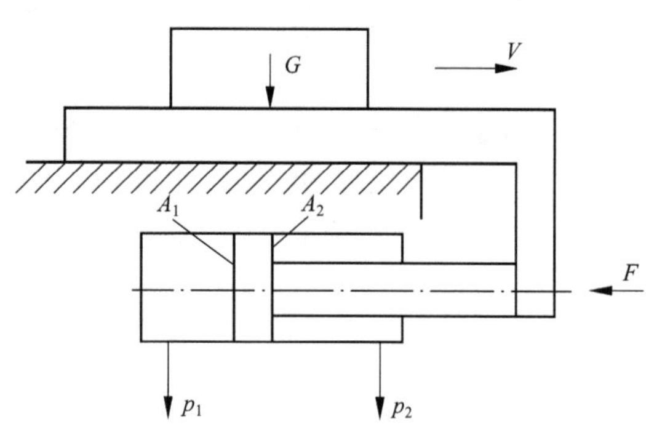

图 9-3　液压缸受力图

（2）密封阻力的计算。

液压缸的密封阻力通常折算为克服密封阻力所需的等效压力乘以液压缸的进油腔的有效作用面积。若选取中压液压缸，且密封结构为 Y 形密封，根据资料推荐，等效压力取 $p_{eq} = 0.2$ MPa，液压缸的进油腔的有效作用面积初估值为 $A_1 = 80\ \text{cm}^2$，则密封力为

启动时：$F_s = p_{eq}A_1 = 2 \times 10^5 \times 0.008 = 1\ 600\ (\text{N})$

运动时：$F_s = \dfrac{p_{eq}A_1}{2} = 2 \times 10^5 \times 0.008 \times 50\% = 800\ (\text{N})$

（3）导轨摩擦阻力的计算。

若该机床材料选用铸铁，其结构受力情况如图 9-4，根据机床切削原理，一般情况下，$F_x : F_y : F_z = 1 : 0.4 : 0.3$，由题意知，$F_x = F_W = 12\ 000$ N，则由于切削力所产生的与重力方向相一致的分力 $F_z = 12\ 000 \times 0.3 = 3\ 600$ N，选取摩擦系数 $f = 0.1$，V 形导轨的夹角 $\alpha = 90°$，则导轨的摩擦力为

$$F_f = \left(\frac{G + F_z}{2}\right) f + \left(\frac{G + F_z}{2}\right) \frac{f}{\sin\dfrac{\alpha}{2}} = \frac{15\ 000 + 3\ 600}{2} \times 0.1 + \frac{15\ 000 + 3\ 600}{2} \times \frac{0.1}{\sin 45°}$$

$$= 2\ 245\ (\text{N})$$

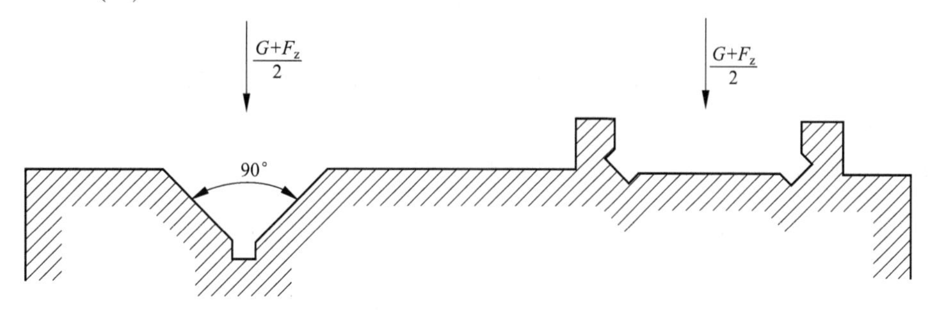

图 9-4　导轨结构受力示意图

（4）回油背压造成的阻力计算。

回油背压，一般为 0.3～0.5 MPa，取回油背压 $p_b = 0.3$ MPa，考虑两边差动比为 2，且已知液压缸进油腔的活塞面积 $A_1 = 80\ \text{cm}^2$，取有杆腔活塞面积 $A_2 = 40\ \text{cm}^2$，将上述值代入公式得

$$F_b = p_bA_2 = 3 \times 10^5 \times 0.004 = 1\ 200\ (\text{N})$$

分析液压缸各工作阶段中受力情况，得知在工进阶段受力最大，作用在活塞上的总载荷为

$$F = F_W + F_a + F_s + F_f + F_b = 12\,000 + 153 + 800 + 2\,245 + 1\,200 = 16\,398\ (\mathrm{N})$$

（5）确定液压缸的结构尺寸和工作压力。

根据经验确定系统工作压力，选取 $p = 3$ MPa，则工作腔的有效工作面积和活塞直径分别为

$$A_1 = \frac{F}{p} = \frac{16\,398}{30 \times 10^5} = 0.005\,466\ (\mathrm{m}^2)$$

$$D = \sqrt{\frac{4A_1}{\pi}} = \sqrt{\frac{4 \times 0.005\,466}{\pi}} = 0.083\,42\ (\mathrm{m})$$

因为液压缸的差动比为2，所以活塞杆直径为

$$d = \frac{D}{\sqrt{2}} = 0.7 \times 0.083\,42 = 0.058\,99\ (\mathrm{m})$$

根据液压技术行业标准，选取标准直径为

$$D = 0.08\ \mathrm{m} = 80\ \mathrm{mm}$$

$$d = 0.056\ \mathrm{m} = 56\ \mathrm{mm}$$

则液压缸实际计算工作压力为

$$p = \frac{4F}{\pi D^2} = \frac{4 \times 16\,398}{\pi \times 0.08^2} = 32.6 \times 10^5 (\mathrm{Pa})$$

实际选取的工作压力为

$$p = 33 \times 10^5\ \mathrm{Pa}$$

由于左右两个切削头工作时需做低速进给运动，在确定油缸活塞面积 A_1 之后，还必须按最低进给速度验算油缸尺寸，即应保证油缸有效工作面积 A_1 为

$$A_1 \geqslant \frac{q_{\min}}{v_{\min}}$$

式中　$q_{\min}$——流量阀最小稳定流量，在此取调速阀最小稳定流量为 50 mL/min；

　　$v_{\min}$——活塞最低进给速度，本题给定为 20 mm/min。

根据上面确定的液压缸直径，油缸有效工作面积为

$$A_1 = \frac{\pi}{4} D^2 = \frac{\pi}{4} \times 0.08^2 = 5.03 \times 10^{-3} (\mathrm{m}^2)$$

$$\frac{q_{\min}}{v_{\min}} = \frac{50}{2} \times 10^{-4} = 2.5 \times 10^{-3} (\mathrm{m}^2)$$

验算说明活塞面积能满足最小稳定速度要求。

2. 液压泵的计算

（1）确定液压泵的实际工作压力，选择液压泵。

对于调速阀进油节流调速系统，管路的局部压力损失一般取$(5 \sim 15) \times 10^5$ Pa，在系统的结构布局未定之前，可用局部损失代替总的压力损失。现选取总的压力损失 $\Delta p_t = 10 \times 10^5$ Pa，则液压泵的实际计算工作压力为

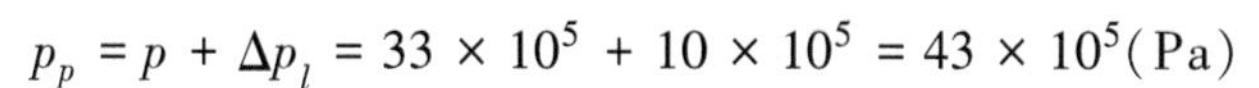

$$p_p = p + \Delta p_l = 33 \times 10^5 + 10 \times 10^5 = 43 \times 10^5 (\text{Pa})$$

当液压缸左右两个切削头快进时，所需的最大流量之和为

$$q_{\max} = 2 \times \frac{\pi}{4} d^2 \times v_{\max} = 2 \times \frac{\pi}{4} \times 0.56^2 \times 40 = 19.7\ (\text{L/min})$$

按照常规选取液压系统的泄漏系数 $k_1 = 1.1$，则液压泵的流量为

$$q_p = k_1 q_{\max} = 1.1 \times 19.7 = 21.6\ (\text{L/min})$$

根据求得的液压泵的流量和压力，又要求泵变量，选取 YBN-40N 型叶片泵。

（2）确定液压泵电动机的功率。

因该系统选用变量泵，所以应算出空载快速、最大工进时所需的功率，按两者的最大值选取电动机的功率。

最大工进时所需的最大流量为

$$q_{w\max} = \frac{\pi}{4} D^2 v_{w\max} = \frac{\pi}{4} \times 0.8^2 \times 12 = 6.03\ (\text{L/min})$$

选取液压泵的总效率 $\eta = 0.8$，则工进时所需的液压泵的最大功率为

$$p_w = 2 \times \frac{p_p q_{w\max}}{\eta} = 2 \times \frac{43 \times 10^5 \times 6.03}{60 \times 0.8} \times 10^{-6} = 1.08\ (\text{kW})$$

快速空载时，液压缸承受以下载荷：

惯性力：$F_a = \frac{G}{g} \cdot \frac{\Delta v}{\Delta t} = \frac{15\,000}{9.8} \times \frac{4/60}{0.2} = 510\ (\text{N})$

密封阻力：$F_s = \frac{p_{ep}}{2} \times \frac{\pi}{4} d^2 = \frac{1}{2} \times 2 \times 10^5 \times \frac{\pi}{4} \times 0.056^2 = 246\ (\text{N})$

导轨摩擦力：

$$F_f = \frac{G}{2} \cdot f + \frac{G}{2} \cdot \frac{f}{\sin \frac{\alpha}{2}} = \frac{15\,000}{2} \times 0.1 + \frac{15\,000}{2} \times \frac{0.1}{\sin 45^\circ} = 1\,800\ (\text{N})$$

空载条件下的总负载：$F_e = F_a + F_s + F_f = 510 + 246 + 1\,800 = 2\,556\ (\text{N})$

选取空载快速条件下的系统压力损失 $\Delta p_{el} = 5 \times 10^5$ Pa，则空载快速条件下液压泵的输出压力为

$$p_{ep} = \frac{4F_e}{\pi d^2} + \Delta p_{el} = \frac{4 \times 2\,556}{\pi \times 0.056^2} + 5 \times 10^5 = 15.4 \times 10^5 (\text{Pa})$$

空载快速时液压泵所需的最大功率为

$$p_e = \frac{p_p q_p}{\eta} = \frac{15.4 \times 10^5 \times 21.67}{60 \times 0.8} \times 10^{-6} = 0.695\ (\text{kW})$$

故应按最大工进时所需功率选取电动机。

3. 选择控制元件

控制元件的规格应根据系统最高工作压力和通过该阀的最大流量，在标准元件的产品样本中选取。

方向阀：按 $p = 43 \times 10^5$ Pa，$q = 10$ L/min，选 35D-25B（滑阀机能 O 型）；

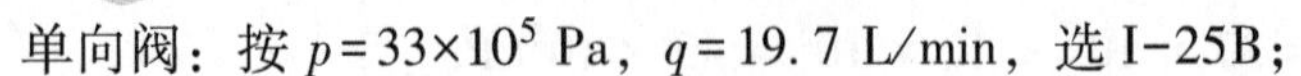

单向阀：按 $p=33\times10^5$ Pa，$q=19.7$ L/min，选 I-25B；

调速阀：按工进最大流量 $q=6.03$ L/min，工作压力 $p=33\times10^5$ Pa，选 Q-10B；

背压阀：调至 $p=33\times10^5$ Pa，流量为 $q=6.03$ L/min，选 B-10；

顺序阀：调至大于 $p=33\times10^5$ Pa，保证快进时不打开，$q=6.03$ L/min，选 X-B10B；

行程阀：按 $p=15.4\times10^5$ Pa，$q=10$ L/min，选 22C-25B。

4. 油管及其他辅助装置的选择

查 GB/T 2351—1993 和 JB 827—1966，确定钢管公称通经、外径、壁厚、连接螺纹及推荐流量。

在液压泵的出口，按流量 21.67 L/min，查表取管路通径为 $\phi10$；

在液压泵的入口，选择较粗的管道，选取管径为 $\phi12$；

其余油管按流量 12.5 L/min，查表取 $\phi8$。

对于一般低压系统，油箱的容量一般取泵流量的 3～5 倍，本题取 4 倍，其有效容积为

$$V_t = 4q_p = 4 \times 21.67 = 86.68\ (\mathrm{L})$$

在绘制液压系统装配管路图后，可进行压力损失验算。由于该液压系统较简单，该项验算从略。

由于本系统的功率小，又采用限压式变量泵，效率高，发热少，所取油箱容量又较大，故不必进行系统温升的验算。

思考题与习题

一台立式多轴钻孔专用机床，钻削头部件的上、下运动采用液压传动，其工作循环是：快速下降→工作进给→快速上升→原位停止。为防止钻削头部件因自重下滑，装有平衡回路（设计时不考虑重力的影响）。已知数据如下：最大钻削力 $F_{max}=2\ 500$ N，钻削头部件质量 $m=255$ kg，快速下降行程 $s_1=200$ mm，工作进给行程 $s_2=50$ mm，快速上升行程 $s_3=250$ mm，快速下降速度 $v_1=75$ mm/s，工作进给速度 $v_2\leqslant1$ mm/s，快速上升速度 $v_3=100$ mm/s，加、减速时间 $\Delta t\leqslant0.2$ s；钻削头部件上下运动时，静摩擦力 $F_{fs}=1\ 000$ N，动摩擦力 $F_{fd}=500$ N，液压系统中的执行元件采用液压缸，且活塞杆固定。液压缸采用 V 形密封圈密封，其机械效率为 $\eta_{cm}=0.90$。要求：

（1）绘制液压缸负载、速度循环图和工况图；

（2）拟定液压系统原理图；

（3）计算和选择液压元件。

第 10 章 液压伺服系统

液压伺服系统是根据液压传动原理建立起来的一种自动控制系统。在这种系统中，执行元件能以一定的精度，自动地按照输入信号的变化规律运动。由于执行元件能自动地跟随控制元件运动而进行自动控制，所以称为液压伺服系统，也叫跟踪系统或随动系统。液压伺服系统以其响应速度快、负载刚度大、控制功率大等独特的优点在工业控制中得到了广泛的应用。

10.1 液压伺服系统概述

10.1.1 液压伺服系统的工作原理

伺服系统也叫随动系统，是控制系统的一种。在这种系统中，输出量（机械位移、速度、加速度或力）能够自动地、快速而准确地复现输入量的变化规律。与此同时还起到信号的功率放大作用，因此也是一个功率放大装置。由液压拖动装置作动力元件所构成的伺服系统叫液压伺服系统。图 10-1 是一个简单的液压伺服系统原理图。

图中液压泵 4 是系统的能源，以恒定的压力向系统供油，供油压力由溢流阀 3 调定。液压拖动装置由四通滑阀 1 和液压缸 2 组成。四通滑阀是一个转换放大元件，它将输入的机械信号转换成液压信号（流量、压力）输出并加以功率放大。液压缸是执行元件，输入是压力油的流量，输出是运动速度（或位移）。滑阀与液压缸的组合也称为伺服液压缸（或液压放大器）。在这个系统中阀体与液压缸体作成一体，构成了反馈连接。

当滑阀处于中间位置（零位）时，阀的四个窗口均关闭，阀没有流量输出，液压缸不

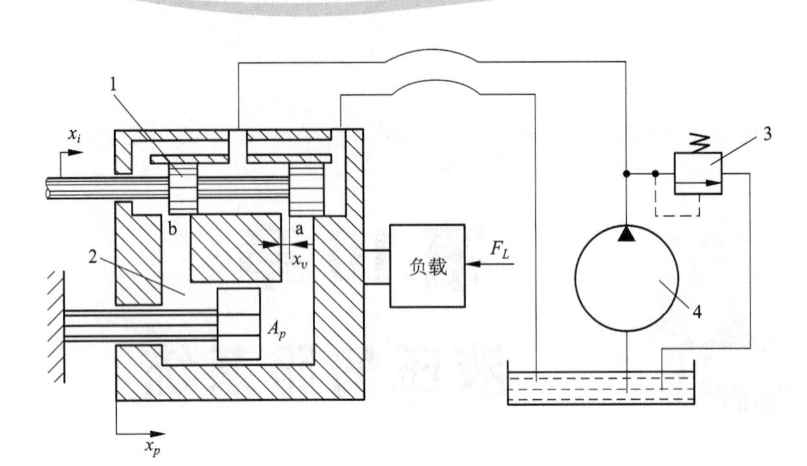

图 10-1　液压伺服系统原理图

1—四通滑阀；2—液压缸；3—溢流阀；4—液压泵

动，系统处于静止状态。给滑阀一个输入位移，如阀芯向右移动一个距离 x_i，则窗口 a、b 便有一个相应的开口量 $x_v = x_i$，压力油经窗口 a 进入液压缸右腔，推动缸体右移，液压缸左腔油液经窗口 b 排出。因为阀体与缸体固连在一起，所以阀体也跟缸体一起右移，使阀的开口量减小。当缸体位移 x_p 等于滑阀输入位移 x_i 时，阀的开口量 $x_v = 0$，阀的输出流量等于零，液压缸体将停止运动，处在一个新的平衡位置上，从而完成了液压缸输出位移对滑阀输入位移的跟随运动。如果滑阀反向运动，则液压缸也反向跟随运动。

在这个系统中，滑阀不动，液压缸也不动；滑阀移动多少距离，液压缸也运动多少距离；滑阀移动速度多快，液压缸移动速度也就多快；滑阀向哪个方向移动，液压缸也就向哪个方向移动。可见执行元件的动作（系统的输出）能够自动地、准确地复现滑阀的动作（系统的输入），所以这个系统是一个自动跟踪系统。

这个系统，输出位移之所以能够精确地复现输入位移的变化，是因为阀体与液压缸体固定在一起，构成了反馈控制系统。在控制过程中，液压缸的输出位移能够连续不断地回输到阀体上，与滑阀的输入位移相比较，得出两者之间的位置偏差。这个位置偏差就是滑阀的开口量，因为滑阀有开口量，油源的压力油就要进入液压缸，驱动液压缸运动，使阀的开口量（偏差）减小，直至输出位移与输入位移相一致时为止。可以看出，这个系统是靠偏差信号进行工作的，即以偏差来消除偏差，这就是反馈控制的原理。系统的工作原理可以用图 10-2 所示的方块图表示。

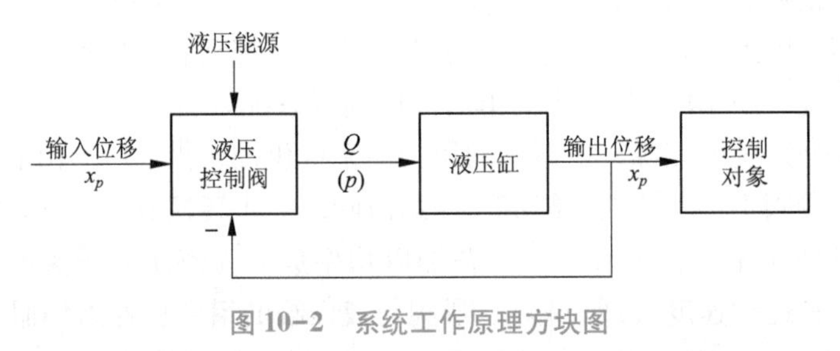

图 10-2　系统工作原理方块图

在这个系统中，反馈介质是机械连接，称为机械反馈。一般地讲，反馈介质可以是机械的、电气的、气动的、液压的或它们的组合形式。

综上所述，液压伺服控制的基本原理就是液压流体动力的反馈控制。即利用反馈连接得到偏差信号，再利用偏差信号去控制液压能源输入到系统的能量，使系统向着减小偏差的方向变化，从而使系统的实际输出与希望值相符。

这种系统，移动滑阀所需要的信号功率是很小的，而系统输出的功率（液压缸输出的速度和输出的力）却可以达到很大，因此这是一个功率放大装置。功率放大所需要的能量由液压能源供给，供给能量的控制是根据伺服系统偏差的大小自动地进行的。于是还可以作出以下的定义：

液压伺服系统是一个控制能源输出的装置，在其中，输入量与输出量之间自动而连续地保持一定的符合一致的关系，并且用这两个量之差来控制能源的输出。

10.1.2 液压伺服系统的组成

液压伺服系统由以下基本元件组成。

（1）输入元件。也称指令元件，它给出输入信号（指令信号）加于系统的输入端，是机械的、电气的、气动的等。如靠模、指令电位器或计算机等。

（2）反馈测量元件。测量系统的输出并转换为反馈信号。这类元件也是多种形式的。各种传感器常作为反馈测量元件。

（3）比较元件。将反馈信号与输入信号进行比较，给出偏差信号。

（4）放大转换元件。将偏差信号放大、转换成液压信号（流量或压力）。如伺服放大器、机液伺服阀、电液伺服阀等。

（5）执行元件。产生调节动作加于控制对象上，实现调节任务。如液压缸和液压马达等。

（6）控制对象。被控制的机器设备或物体，即负载。

此外，还可能有各种校正装置，以及不包含在控制回路内的液压能源装置。

10.1.3 液压伺服系统的特点

液压伺服系统具有以下四个主要特点：

（1）液压伺服系统是一个随动系统。即输出量能自动跟随输入量的变化而变化。

（2）液压伺服系统是一个负反馈系统。系统的输出量之所以能跟随输入量变化，是因为两者之间有反馈联系。而反馈的目的是减小和力图消除输出量与给定值之间的误差，这就是负反馈。液压伺服系统必须采用负反馈。

（3）液压伺服系统是一个有误差系统。系统工作时，总是在减小或力图消除误差，但在其工作的任何时刻都不能完全消除误差。没有误差，系统就无法工作。

（4）液压伺服系统是一个力或功率的放大系统。即执行装置输出的力和功率可以远远大于输入信号的力和功率。功率放大所需的能量是由液压能源供给的。

10.1.4 液压伺服系统的类型

液压伺服回路类型很多，也有多种分类方法，见表10-1。

表 10-1　液压伺服回路的分类

分类准则	类　型
按控制信号分	机液伺服系统、电液伺服系统、气液伺服系统
按控制方式分	节流型（伺服阀控制）伺服系统、容积型（伺服变量泵或伺服变量马达控制型）伺服系统
按执行元件分	直动式伺服系统、回转式伺服系统
按被控物理量分	位置伺服系统、速度伺服系统、加速度伺服系统、压力伺服系统、驱动力伺服系统、负载力伺服系统、转矩伺服系统等
按控制规律分	定值伺服系统、顺序伺服系统、跟踪伺服系统

10.2　液压伺服阀

液压伺服阀又叫液压功率放大器，在它的输入端输入较小的机械控制功率（阀芯的机械运动），在输出端就可输出很大的液压功率。在液压伺服系统中，液压伺服阀是最关键的元件。其中滑阀的结构形式多样，应用比较普遍。

10.2.1　滑阀

根据滑阀控制边数的不同，可分为单边滑阀、双边滑阀和四边滑阀。

图 10-3（a）所示的是单边滑阀，它只有一个控制边。压力油进入液压缸的有杆腔后，经过活塞上的固定节流孔 a 进入无杆腔，压力由 p_s 降为 p_1，然后经过滑阀唯一的控制边（可变节流口）流回油箱。若液压缸不受外载作用，则 $p_1A_1=p_sA_2$，液压缸不动。当阀芯左移时，开口量 x_v 增大，无杆腔压力 p_1 则减小，于是 $p_1A_1<p_sA_2$，缸体也向左移动。因为缸体和阀体固连成一个整体，故阀体也左移，又使 x_v 减小，直至平衡。

图 10-3（b）所示的双边滑阀，它有两个控制边。压力为 p_s 的工作油液一路直接进入液压缸有杆腔，腔内压力 $p_2=p_s$；另一路经滑阀左控制边的开口 x_{v1} 和液压缸无杆腔相通，并经滑阀右控制边的开口 x_{v2} 流回油箱，所以是两个可变节流口控制液压缸无杆腔的压力和流量。显然，液压缸无杆腔的压力 $p_1<p_s$。当 $p_1A_1=p_2A_2=p_sA_2$ 时，缸体受力平衡，静止不动。当滑阀阀芯左移时，x_{v1} 减小，x_{v2} 增大，液压缸无杆腔压力 p_1 减小，$p_1A_1<p_2A_2$，缸体也向左移动；反之，当阀芯右移时，缸体也向右移动。双边滑阀比单边滑阀的灵敏度高，精确度也高。

图 10-3（c）所示的四边滑阀，它有四个控制边，开口 x_{v1}，x_{v2} 分别控制进入液压缸两腔的压力油，开口 x_{v3}，x_{v4} 分别控制液压缸两腔的回油。当滑阀左移时，液压缸左腔的进油口 x_{v1} 减小，回油口 x_{v3} 增大；与此同时，液压缸右腔的进油口 x_{v2} 增大，回油口 x_{v4} 减小，p_2

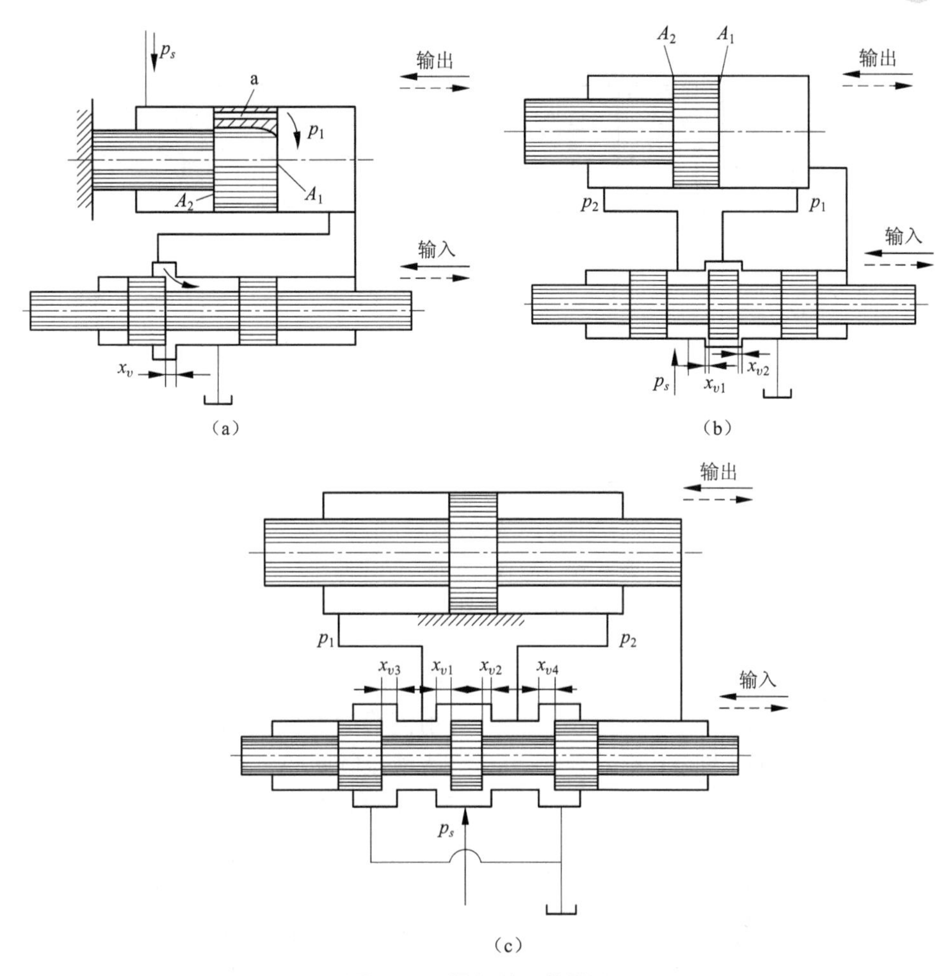

图 10-3 滑阀的工作原理

(a) 单边滑阀；(b) 双边滑阀；(c) 四边滑阀

增大，使活塞也向左移动。与双边滑阀相比，四边滑阀同时控制液压缸两腔的压力和流量，故调节灵敏度更高，工作精度也更高。

由上述可知，单边、双边和四边滑阀的控制原理是相同的。控制边数越多，控制性能就越好，但其结构工艺也越复杂。通常单边、双边滑阀用于一般精度的系统，四边滑阀多用于精度要求高的系统。

根据滑阀在零位（中间位置时）其阀芯凸肩宽度 L 与阀体内孔环槽高度 h 的不同，滑阀的开口形式有负开口（$L>h$）、零开口（$L=h$）和正开口（$L<h$）三种形式，如图 10-4 所示。负开口阀有一定的不灵敏区，会影响精度，故较少采用。正开口阀工作精度较负开口阀高，但在中位时，正开口阀有无用的功率损耗。零开口阀的工作精度最高，控制性能最好，故在高精度伺服系统中经常采用。

10.2.2 射流管阀

图 10-5 所示为射流管阀的工作原理。射流管阀主要由射流管 1 和接收板 2 组成。射流

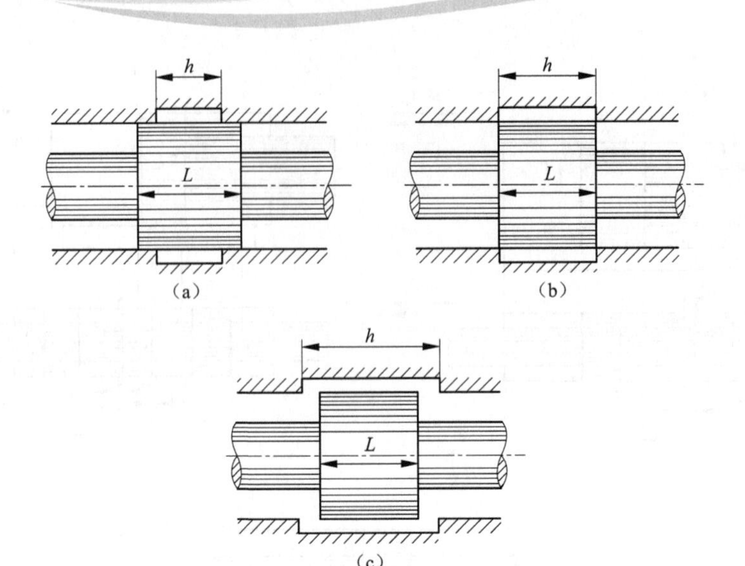

图 10-4　滑阀的三种开口形式

（a）负开口；（b）零开口；（c）正开口

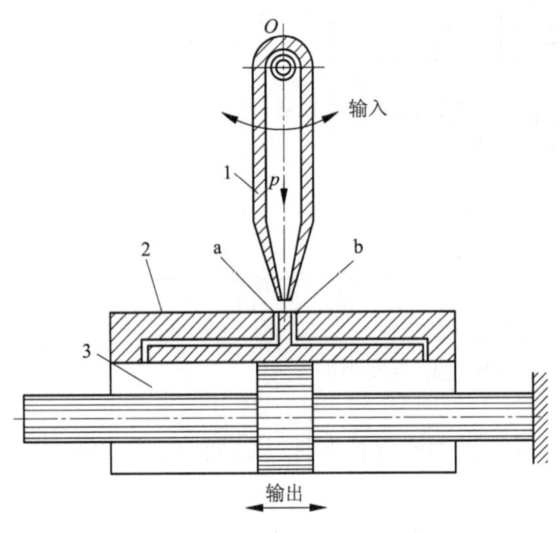

图 10-5　射流管阀的工作原理

1—射流管；2—接收板；3—液压缸

管可绕支承点 O 摆动。压力油从管道进入射流管后经喷嘴射出，经接收孔 a、b 进入液压缸两腔。液体的压力能通过射流管的喷嘴转换成液体的动能。液流被接收后，又将其动能转变为压力能。当射流管在中位时，两接收孔内的压力相等，液压缸不动。当射流管向左偏摆时，进入孔 a 的油液压力大于进入孔 b 的油液压力，液压缸也向左移动。由于接收板和缸体连接在一起，因此，接收板也向左移动，形成负反馈。当喷嘴恢复到中间位置时，液压缸便停止运动。若挡板反向偏摆，则液压缸也反向运动。

射流管阀的最大优点是抗污染能力强，工作可靠，寿命长，这是因为它的喷嘴孔直径较大，不易堵塞。另外，它的输出功率比喷嘴挡板阀高。它的缺点是射流管运动部件惯性大，能量损耗大，特性不易预测。射流管阀常用于对抗污染能力有特殊要求的场合。

10.2.3　喷嘴挡板阀

喷嘴挡板阀有单喷嘴式和双喷嘴式两种，两者的工作原理基本相同。图 10-6 所示为双喷嘴挡板阀的工作原理，它主要由挡板 1、喷嘴 2 和 3、固定节流孔 4 和 5 等元件组成。喷嘴与挡板间隙 δ_1 和 δ_2 构成了两个可变节流口。当挡板处于中间位置时，两个喷嘴与挡板间隙相等，即 $\delta_1=\delta_2$，液阻相等，因此，$p_1=p_2$，液压缸不动。压力油经小孔 4 和 5、缝隙 δ_1

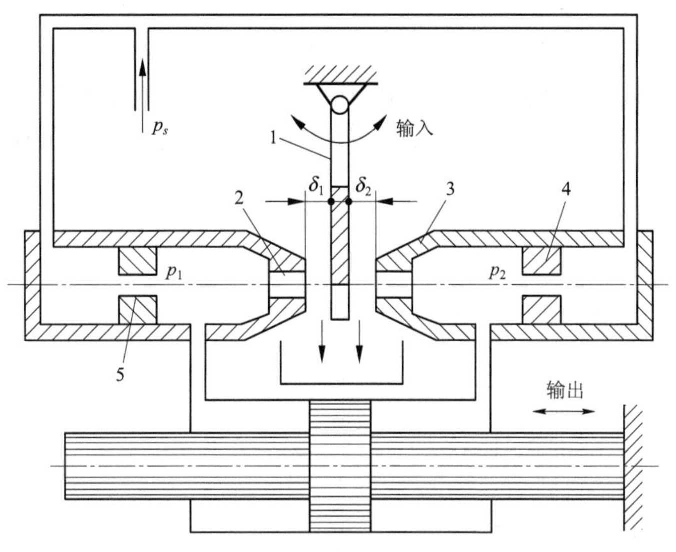

图 10-6 双喷嘴挡板阀的工作原理

1—挡板；2，3—喷嘴；4，5—固定节流孔

和δ_2流回油箱。挡板向左摇摆，则δ_1减小，δ_2增大，p_1上升，p_2下降，液压缸便左移。因喷嘴和缸体连接在一起，故喷嘴也向左移，形成负反馈。当喷嘴跟随缸体移动到挡板两边对称位置时，液压缸便停止运动。若挡板反向偏摆，则液压缸也反向运动。

与滑阀相比，喷嘴挡板阀的优点是结构简单，加工方便，挡板运动阻力小，惯性小，反应快，灵敏度高，对油液污染不太敏感。缺点是无用的功率损耗大，因而只能用在小功率系统中。多级放大液压控制阀中的第一级多采用喷嘴挡板阀。

需要说明的是，以上介绍滑阀、射流管阀和喷嘴挡板阀的工作原理时，其反馈都为直接位置反馈，即都是阀和缸体（或活塞）固连形成负反馈，阀移动多少，缸体（或活塞）便移动多少。实际应用中，反馈可以有多种形式，输入与输出的关系也可以成一定的比例。

10.3 电液伺服阀

电液伺服阀既是电液转换元件，也是功率放大元件，它能将小功率的电信号转换为大功率的液压信号。电液伺服阀具有体积小、结构紧凑、放大系数高、控制性能好等优点，在电液伺服系统中得到广泛应用。

如图10-7所示是一种典型的电液伺服阀的结构原理图。它由电磁和液压两部分组成。电磁部分是一个力矩马达，液压部分是一个两级液压放大器。第一级是双喷嘴挡板阀，称前置放大级；第二级是零开口四边滑阀，称功率放大级。

力矩马达把输入的电信号转换为力矩输出。它主要由一对永久磁铁1、上下导磁体2和

4、衔铁 3、线圈 5 和弹簧管 6 等组成。永久磁铁把上下两块导磁体磁化成 N 极和 S 极。当通有控制电流时，衔铁被磁化，如果衔铁的左端为 N 极，右端为 S 极，则由于同性相斥、异性相吸的原理，衔铁逆时针方向偏转，同时弹簧管弯曲变形，产生反力矩，直到电磁力矩与弹簧管反力矩相平衡为止。电流越大，产生的电磁力矩也越大，衔铁偏转的角度 θ 就越大。

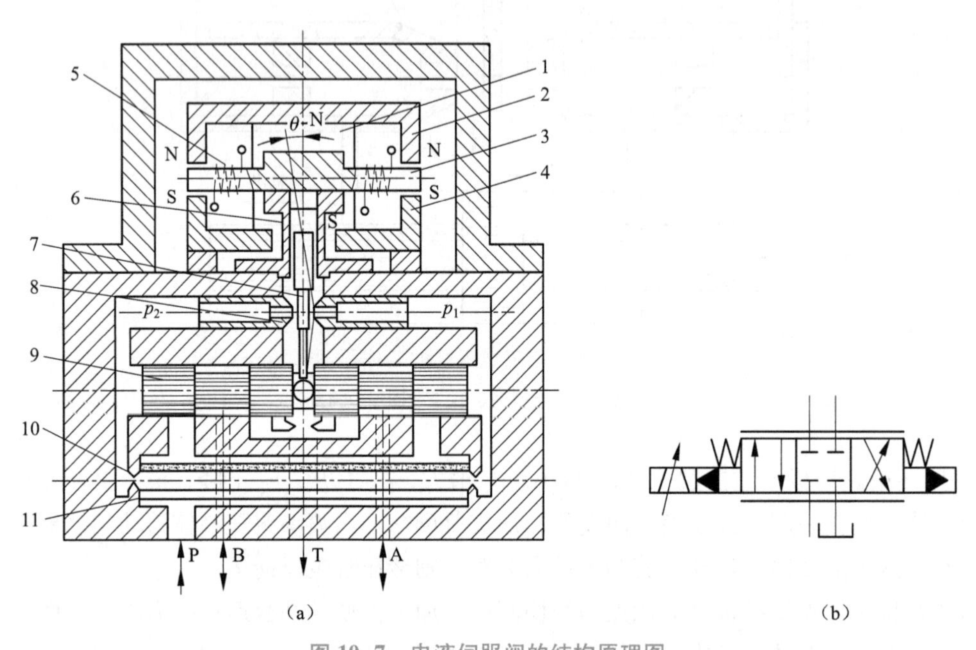

图 10-7　电液伺服阀的结构原理图

（a）结构原理图；（b）图形符号

1—永久磁铁；2，4—导磁体；3—衔铁；5—线圈；6—弹簧管；
7—挡板；8—喷嘴；9—滑阀；10—固定节流孔；11—过滤器

力矩马达产生的力矩很小，无法直接操纵滑阀以产生足够的液压功率。所以，液压放大器一般都采取两级放大。图示结构中，力矩马达、喷嘴挡板阀、滑阀三者通过挡板 7 下端的反馈杆建立协调关系。衔铁、挡板、反馈杆、弹簧管是连接在一起的组合件，反馈杆具有弹性，其端部小球卡在滑阀阀芯的中间，将滑阀产生的位移转换为力，反馈到衔铁上。

当没有控制电流时，衔铁处于中位，挡板也处于中位，$p_1=p_2$，滑阀阀芯不动，四个阀口均关闭。因此，无液压信号输出。当有控制电流时，若衔铁逆时针方向偏转，则挡板向右偏移，p_1 升高，p_2 降低，推动滑阀阀芯左移。此时反馈杆产生弹性变形，对衔铁挡板组件产生一个反力矩，一方面带动挡板向中位移动，从而使滑阀阀芯两端压力差相应地减小；另一方面产生反作用力阻止滑阀阀芯继续左移。最终，当作用在衔铁挡板组件上的电磁力矩与弹簧管反力矩、反馈杆反力矩达到平衡时，阀芯停止运动，取得一个平衡位置，并有相应的流量输出。输入电流越大，滑阀阀芯的位移就越大。当控制电流反向时，则衔铁顺时针方向偏转，滑阀阀芯右移，输出压力油也反向流动。

从上述原理可知，滑阀阀芯的位置是由反馈杆组件弹性变形力反馈到衔铁上与电磁力平衡而决定的，故称此阀为力反馈式电液伺服阀。因为采用两级液压放大，所以又称为力反馈

两级电液伺服阀。

10.4　液压伺服系统实例

由于液压伺服系统具有结构紧凑、尺寸小、质量轻、输出力大、刚性好、响应快、精度高等优点，因而获得了广泛应用。

10.4.1　机液伺服系统

如图 10-8（a）所示为卧式车床液压仿形刀架工作原理图。图中采用的是正开口双边滑阀，属于机液伺服系统。

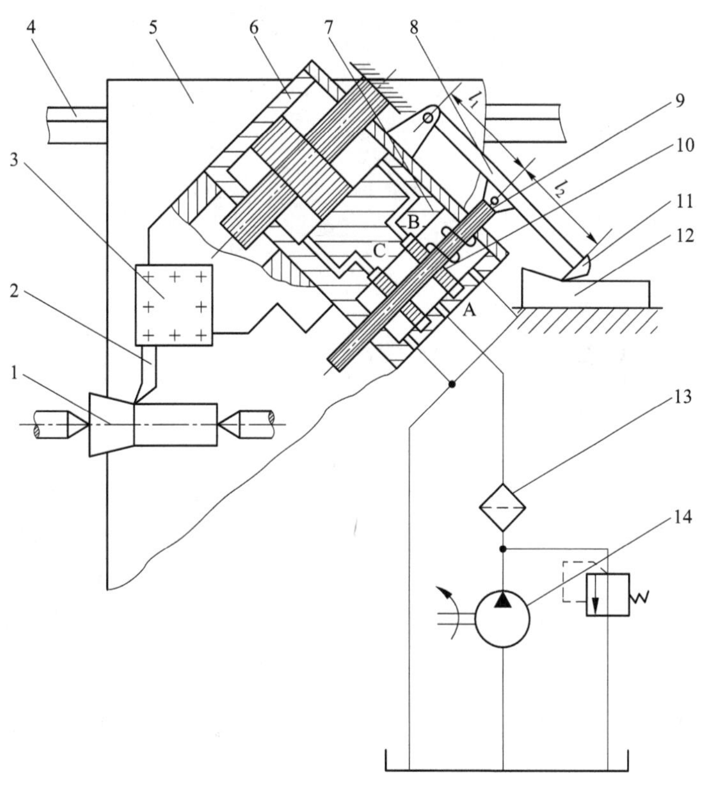

图 10-8（a）　卧式车床液压仿形刀架工作原理图

1—工件；2—车刀；3—刀架；4—导轨；5—溜板；6—缸体；7—伺服阀体；8—杠杆；9—阀杆；10—伺服阀芯；11—触销；12—样件；13—滤油器；14—液压泵

仿形刀架装在车床床鞍后部，随床鞍一起作纵向移动，并按照样件的轮廓形状车削工件；样件安装在床身支架上，是固定不动的。液压泵站则放在车床附近的地面上，与仿形刀架以软管相连。

仿形刀架的活塞杆固定在刀架底座上，液压缸的缸体6、杠杆8、伺服阀体7是和刀架3连在一起的，可在刀架底座的导轨上沿液压缸轴向移动。伺服阀芯10在弹簧的作用下通过阀杆9将杠杆8上的触销11压在样件12上。由液压泵14来的油经滤油器13通入伺服阀的A口，并根据阀芯所在位置经B或C通入液压缸的上腔或下腔，使刀架3和车刀2退离或切入工件1。

车削圆柱面时，溜板5沿床身导轨4纵向移动。杠杆触销在样件上水平段滑动，阀口不打开，刀架跟随溜板一起纵向移动，车刀在工件1上车出圆柱面；车削圆锥面时，触销沿样件斜线滑动，杠杆向上方偏摆，带动阀芯上移，阀口打开，压力油进入缸上腔推动缸体连同阀体和刀架后退。阀体后退逐渐关小阀口，直至关闭。触销在样件上不断抬起，刀架也就不断后退运动，运动合成使刀具在工件上车出圆锥面。

实物照片如图10-8（b）所示：

图10-8（b）　卧式车床液压仿形刀架实物图

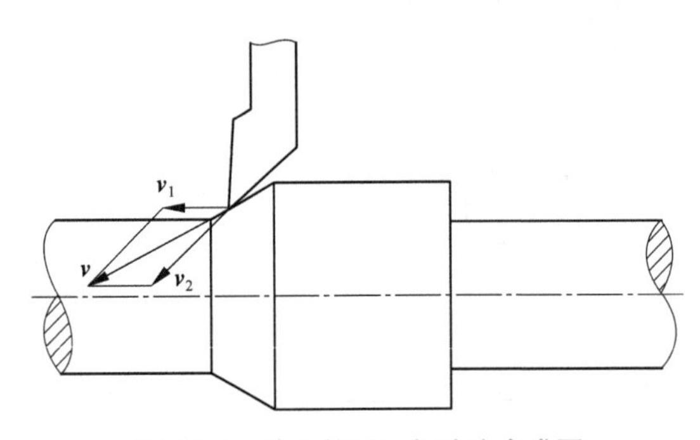

图10-9　液压仿形刀架速度合成图

其他曲面形状或凸肩都是合成切削的结果。如图10-9所示是液压仿形刀架速度合成图，$\boldsymbol{v}_1$、$\boldsymbol{v}_2$和$\boldsymbol{v}$分别表示溜板带动刀架的纵向运动速度、刀具沿液压缸轴向的运动速度和刀具的实际合成速度。

10.4.2　电液伺服系统

机械手伸缩运动伺服系统属于电液伺服系统。机械手应能按要求完成一系列动作，包括四个伺服系统，分别控制机械手的伸缩、回转、升降和手腕的动作。由于每一个液压伺服系统的原理均相同，现仅以伸缩伺服系统为例，介绍其工作原理。

如图10-10所示是机械手伸缩运动电液伺服系统工作原理图。主要由放大器1、电液伺服阀2、液压缸3、活塞杆带动的机械手手臂4、齿轮齿条机构5、电位器6、步进电动机7等元件组成。指令信号由步进电动机发出。步进电动机将数控装置发出的脉冲信号转换成角

位移，其输出转角与输入脉冲个数成正比，输出转速与输入脉冲频率成正比。步进电动机的输出轴与电位器的动触头连接。电位器输出的微弱电压经放大器放大后产生相应的信号电流控制电液伺服阀，从而推动液压缸产生相应的位移。其位移又通过齿条带动齿轮转动。由于电位器固定在齿轮上，因此，最终又使触头回到中位，从而控制机械手的伸缩运动。其工作过程如下：

当数控装置发出一定数量的脉冲时，步进电动机就带动电位器的动触头转动，假定顺时针转过一定角度 θ，这时，电位器输出电压为 u，经放大器放大后输出电流 i，使电液伺服阀产生一定的开口量。这时电液伺服阀处于左位，压力油进入液压缸左腔，推动活塞带动机械手手臂右移，液压缸右腔回油经伺服阀流回油箱。此时，机械手手臂上的齿条带动齿轮也做顺时针转动，当转到 $\theta_f=\theta$ 时，动触头回到电位器中位，电位器输出电压为零，放大器输出电流也为零，电液伺服阀回到零位，没有流量输出，手臂即停止运动。当数控装置发出反向脉冲时，步进电动机逆时针方向转动，机械手手臂缩回。

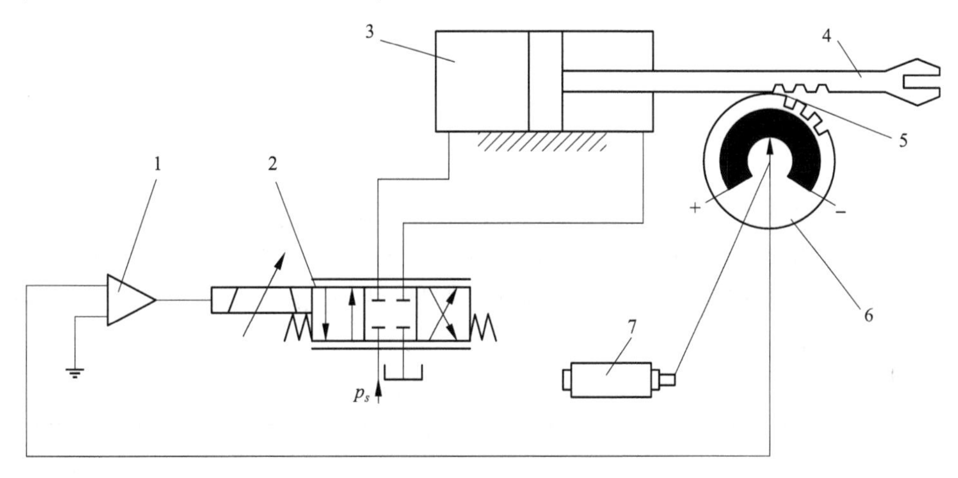

图 10-10　机械手伸缩运动电液伺服系统原理图

1—放大器；2—电液伺服阀；3—液压缸；4—机械手手臂；5—齿轮齿条机构；6—电位器；7—步进电动机

思考题与习题

10-1　液压伺服控制系统与一般的液压传动系统有何不同？

10-2　液压伺服控制系统由哪些基本元件组成？

10-3　机液伺服系统和电液伺服系统有何不同？

10-4　如图 10-6 所示的双喷嘴挡板阀，若有一个喷嘴被堵塞，会发生什么现象？单喷嘴挡板阀可控制哪些形式的液压缸？试设计出单喷嘴挡板阀控制液压缸的结构原理图。

10-5　若将液压仿形刀架上的控制滑阀与液压缸分开，成为一个系统中的两个独立部分，仿形刀架能工作吗？试作分析说明。

第11章 气压传动

气压传动是指以压缩空气为工作介质传递动力和控制信号的一门技术，包含传动技术和控制技术两方面的内容。由于气压传动相比较其他的传动方式具有防火、防爆、节能、高效、成本低廉、无污染等优点，因此在国内外工业生产中应用越来越普遍。气压传动在各工业领域的应用见表11-1。

表11-1 气压传动在各工业领域的应用

工业领域	应　用
机械工业	自动生产线，各类机床、工业机械手和机器人，零件加工及检测装置
轻工业	气动上下料装置，食品包装生产线，气动罐装装置，制革生产线
化工	化工原料输送装置，石油钻采装置，射流负压采样器等
冶金工业	冷轧、热轧装置气动系统，金属冶炼装置气动系统，水压机气动系统
电子工业	印刷电路板自动生产线，家用电器生产线，显像管转运机械手气动装置

近20多年来，气动行业发展很快，根据气动行业的趋势，气动元件朝着以下方向发展：

(1) 电气一体化；

(2) 小型化和轻量化；

(3) 复合集成化；

(4) 无油化；

(5) 低功耗；

(6) 高质量、高速度、高精度和高出力。

11.1　气压传动概述

气压传动与液压传动一样，都是利用流体作为工作介质而产生的传动，在工作原理、系统组成、元件结构及图形符号等方面，二者之间存在着不少相似的地方。

11.1.1　气动技术的特点

气压传动所具有的特点与其他传动方式的比较见表 11-2。

表 11-2　气压传动与其他传动方式的比较

名　称	机械传动	电气传动	电子传动	液压传动	气压传动
输出力	中等	中等	小	很大（10 t 以上）	大（3 t 以下）
动作速度	低	高	高	低	高
信号响应	中	很快	很快	快	稍快
位置控制	很好	很好	很好	好	不太好
遥控	难	很好	很好	较良好	良好
安装限制	很大	小	小	小	小
速度控制	稍困难	容易	容易	容易	稍困难
无级变速	稍困难	稍困难	良好	良好	稍良好
元件结构	普通	稍复杂	复杂	稍复杂	简单
动力源中断时	不动作	不动作	不动作	有蓄能器，可短时动作	可动作
管线	无	较简单	复杂	复杂	稍复杂
维护	简单	有技术要求	技术要求高	简单	简单
危险性	无特别问题	注意漏电	无特别问题	注意防火	几乎没有问题
体积	大	中	小	小	小
温度影响	普通	大	大	普通（700 ℃以下）	普通（100 ℃以下）
防潮性	普通	差	差	普通	注意排放冷凝水
防腐蚀性	普通	差	差	普通	普通
防振性	普通	差	特差	不必担心	不必担心
构造	普通	稍复杂	复杂	稍复杂	简单
价格	普通	稍高	高	稍高	普通

1. 气压传动的优点

(1) 气动动作迅速、反应快（0.02 s），调节控制方便，维护简单，不存在介质变质、补充等问题。

(2) 便于集中供气和远距离输送控制；因空气黏度小（约为液压的万分之一），在管内流动阻力小，压力损失小。

(3) 气动系统对工作环境适应性好，特别在易燃、易爆、多尘埃、强磁、辐射、振动等恶劣工作环境工作时，安全可靠性优于液压、电子和电气系统。

(4) 由于空气具有可压缩性，能够实现过载保护，也便于储气罐储存能量，以备急需。

(5) 以空气为工作介质，易于取得，节省了购买、储存、运输介质的费用和麻烦，用后的空气直接排入大气，处理方便，也不污染环境。

(6) 气动元件结构简单，成本低，寿命长，易于标准化、系列化和通用化。

(7) 因排气时气体膨胀，温度降低，可以自动降温。

(8) 与液压传动一样，操作控制方便，易于实现自动控制。

2. 气压传动的缺点

(1) 运动平稳性较差，因空气可压缩性较大，其工作速度受外负载影响大。

(2) 工作压力较低（0.3～1 MPa），不易获得较大的输出力或转矩。

(3) 空气净化处理较复杂，气源中的杂质及水蒸气必须净化处理。

(4) 因空气黏度小，润滑性差，因此需设润滑装置。

(5) 有较大的排气噪声。

11.1.2 气压传动系统的组成

如图 11-1 所示为用于气动剪切机的气压传动实例。气压传动与液压传动都是利用流体作为工作介质，具有许多共同点。气压传动系统由以下 5 个部分组成。

1. 动力元件（气源装置）

其主体部分是空气压缩机（图中元件 1）。它将原动机（如电动机）供给的机械能转变为气体的压力能，为各类气动设备提供动力。为了方便管理并向各用气点输送压缩空气，用气量较大的厂矿企业都专门建立压缩空气站。

2. 执行元件

执行元件包括各种气缸（图中元件 11）和气压马达。它的功用是将气体的压力能转变为机械能，带动工作部件做功。

3. 控制元件

控制元件包括各种阀体，如各种压力阀（图中元件 7）、方向阀（图中元件 9、10）、流量阀、逻辑元件等，用以控制压缩空气的压力、流量和流动方向以及执行元件的工作程序，以便使执行元件完成预定的运动规律。

4. 辅助元件

辅助元件是使压缩空气净化、润滑、消声以及用于元件间连接等所需的装置，如各种冷却器、分水排水器、气罐、干燥器、油雾器（图中元件 2、3、4、5、6、8）及消声器等。它们对保持气动系统可靠、稳定和持久工作起着十分重要的作用。

气动剪切机工作过程

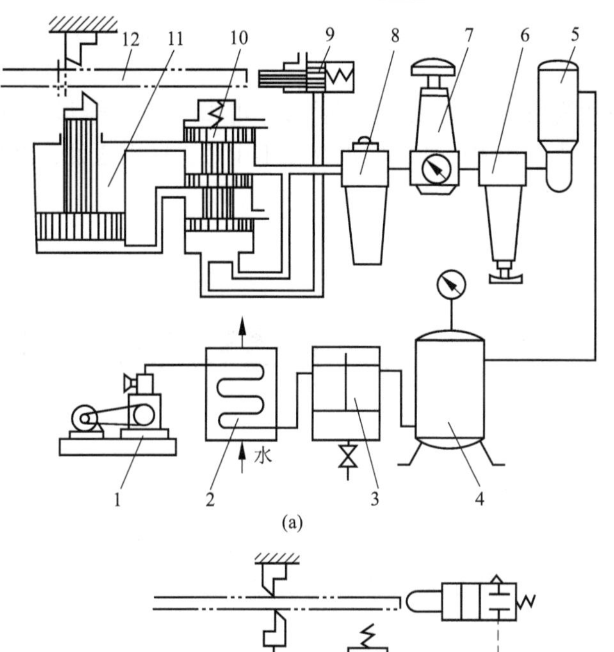

气动剪切机工作原理

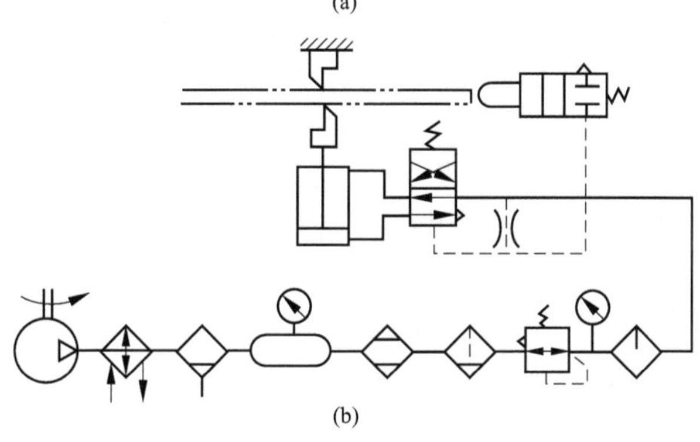

图 11-1 气动剪切机的气压传动原理图

（a）结构原理图；（b）职能图形符号

1—空气压缩机；2—冷却器；3—分水排水器；4—气罐；5—空气干燥器；6—空气过滤器；7—减压阀；8—油雾器；9—机动阀；10—气控换向阀；11—气缸；12—工料

5. 工作介质

工作介质即传动气体，为压缩空气。气压系统是通过压缩空气实现运动和动力传递的。

11.1.3 气压传动系统的工作原理

图 11-1（a）所示为气动剪切机的工作过程的结构原理简图（图示位置为工料被剪前的情况），工料 12 由上料装置（图中未画出）送入剪切机并到达规定位置时，机动阀 9 的顶杆受压而使阀内通路打开，气控换向阀 10 的控制腔便与大气相通，阀芯受弹簧力作用而下移。由空气压缩机 1 产生并经过初次净化处理后储藏在气罐 4 中的压缩空气，经空气干燥器 5、空气过滤器 6、减压阀 7 和油雾器 8 及气控换向阀 10，进入气缸 11 的下腔；气缸上腔的压缩空气通过阀 10 排入大气。此时，气缸活塞向上运动，带动剪刃将工料切断。工料剪下后，即与机动阀脱开，机动阀 9 复位，所在的排气通道被封死，气控换向阀 10 的控制腔气压升高，迫使阀芯上移，气路换向，气缸活塞带动剪刃复位，准备下一次工作循环。由此可以看出，剪切机构克服阻力切断工料的机械能是由压缩空气的压力能转换后得到的。同

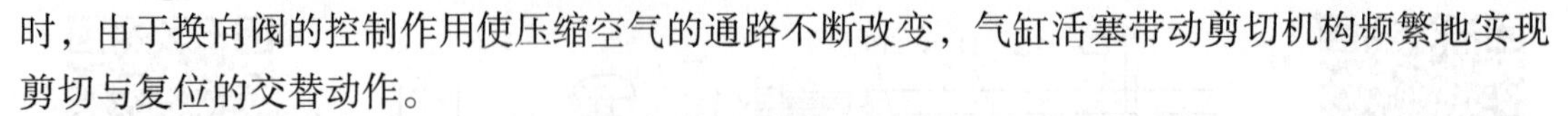

时，由于换向阀的控制作用使压缩空气的通路不断改变，气缸活塞带动剪切机构频繁地实现剪切与复位的交替动作。

图 11-1（b）所示为该系统的职能图形符号。可以看出，气动职能图形符号和液压职能图形符号有很明显的一致性和相似性，但也存在不少重大区别之处，例如，气动元件向大气排气，就不同于液压元件回油接入油箱的表示方法。

11.2 气源装置和辅助元件

向气动系统提供压缩空气的装置称为气源装置。气动系统各部分气动元件使用的压缩空气都是从气源装置获得的。气源装置的主体部分是空气压缩机，由空气压缩机产生的压缩空气，因为不可避免地含有过高的杂质（灰尘、水分等），不能直接输入气动系统使用，还必须进行降温、除尘、除油、过滤等一系列处理后才能用在气动系统。这就需要在空气压缩机出口管路上安装一系列辅助元件，如冷却器、油水分离器、过滤器、干燥器等。此外，为了提高气动传动系统的工作性能，还需要用到其他辅助元件，如油雾器、转换器、消声器等。

11.2.1 气源装置

一般来说，气源装置有以下几个部分组成：空气压缩机、储存压缩空气的装置和设备，以及传输压缩空气的管路系统。

活塞式空压机工作原理

1. 空气压缩机

1）空气压缩机的分类

空气压缩机是产生和输送压缩空气的装置。它将机械能转化为气体的压力能。按其工作原理的不同可分为容积式和动力式两类。在气压传动系统中，一般都采用容积式空气压缩机。容积式空气压缩机是通过机件的运动，使气缸容积大小发生周期性变化，从而完成对空气的吸入和压缩过程。这种压缩机又分为不同的几种结构形式，其中活塞式是常用的一种。

2）空气压缩机的工作原理

常用的活塞式空气压缩机有卧式和立式两种结构形式。卧式空气压缩机的工作原理如图 11-2 所示。它是利用曲柄滑块机构，将原动机的回转运动变为活塞的往复直线运动。当活塞 3 向右运动时，气缸 2 的容积增大，压力降低，排气阀 1 关闭，外界空气在大气压的作用下，打开吸气阀 9 进入气缸内，此过程称为吸气过程；当活塞 3 向左运动时，气缸 2 的容积减小，空气通过排气阀 1 进入储气罐，这一过程称为

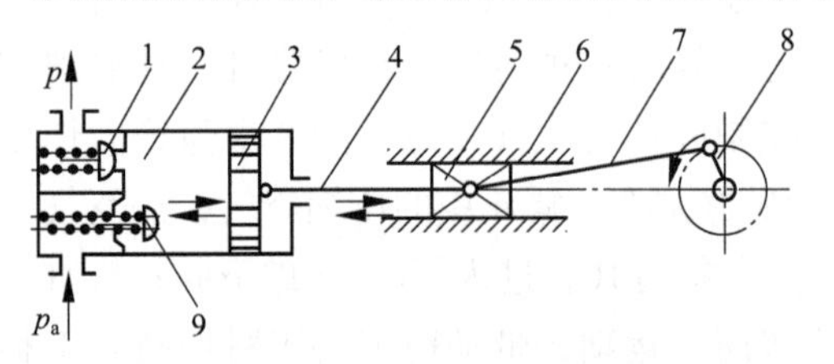

图 11-2　卧式空气压缩机工作原理图

1—排气阀；2—气缸；3—活塞；4—活塞杆；5—滑块；6—滑道；7—连杆；8—曲柄；9—吸气阀

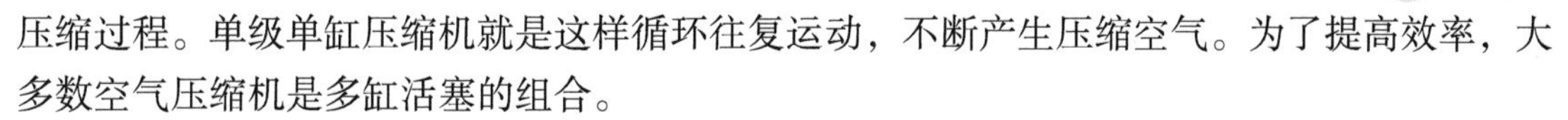

压缩过程。单级单缸压缩机就是这样循环往复运动，不断产生压缩空气。为了提高效率，大多数空气压缩机是多缸活塞的组合。

3）空气压缩机的选用

空气压缩机的选用应以气压传动系统所需要的工作压力和流量两个参数为依据。一般气动系统需要的工作压力为0.5～0.8 MPa，因此选用额定排气压力为0.7～1 MPa的低压空气压缩机。此外还有中压空气压缩机，额定排气压力1 MPa；高压空气压缩机，额定排气压力为10 MPa；超高压空气压缩机，额定排气压力为100 MPa。输出流量要根据整个气动系统对压缩空气的需要，再加一定的备用余量，作为选择空气压缩机流量的依据。一般空气压缩机按流量可分为微型（流量小于1 m^3/min）、小型（流量在1～10 m^3/min）、中型（流量在10～100 m^3/min）、大型（流量大于100 m^3/min）。

2. 压缩空气净化装置

由空气压缩机输出的压缩空气，虽然能够满足一定的压力和流量的要求，但不能直接被气动装置使用，因为一般气动设备所使用的空气压缩机都是属于工作压力较低（小于1 MPa）、用油润滑的活塞式空气压缩机。它从大气中吸入含有水分和灰尘的空气，经压缩后空气温度升高到140 ℃～170 ℃，这时压缩机气缸里的润滑油也部分地成为气态。这样油分、水分以及灰尘便形成混合的胶体微雾及杂质，混合在压缩空气中，会带来如下问题：

（1）油气聚集在储气罐内，形成易燃物，同时油分被高温汽化后，形成有机酸，对金属设备有腐蚀作用。

（2）水、油、灰尘的混合物沉积在管道内，使管道面积减小，增大气流阻力，造成管道堵塞。

（3）在冰冻季节，水汽凝结使附件因冻结而损坏。

（4）灰尘等杂质对运动部件产生研磨作用，泄漏增加，影响它们的使用寿命。

因此，必须设置一些除油、除水、除尘并使压缩空气干燥的气源净化处理辅助设备，提高压缩空气质量。净化设备一般包括后冷却器、油水分离器、干燥器、分水滤气器和储气罐。

1）后冷却器

后冷却器一般安装在空气压缩机的出口管路上。其作用是把空气压缩机排出的压缩空气的温度由140 ℃～170 ℃降至40 ℃～50 ℃，使得其中大部分的水、油转化成液态，以便排出。

后冷却器一般采用水冷却法。其结构形式有蛇管式、列管式、散热片式和套管式等。图11-3所示为蛇管式后冷却器的结构示意图和图形符号。热的压缩空气由管内流过，冷却水从管外水套中流动以进行冷却，在安装时应注意压缩空气进、出口的方向和水的流动方向。

2）油水分离器

油水分离器的作用是将从后冷却器降温析出的水滴、油滴等杂质从压缩空气中分离出来。其结构形式有环行回转式、撞击挡板式、离心旋转式和水浴式等。

图11-4所示为撞击挡板式油水分离器的结构示意图和图形符号，压缩空气自入口进入分离器壳体，气流受隔板的阻挡被撞并沉降于壳体的底部，由排污阀定期排出。为达到良好

的效果，气流回转后上升速度应缓慢。

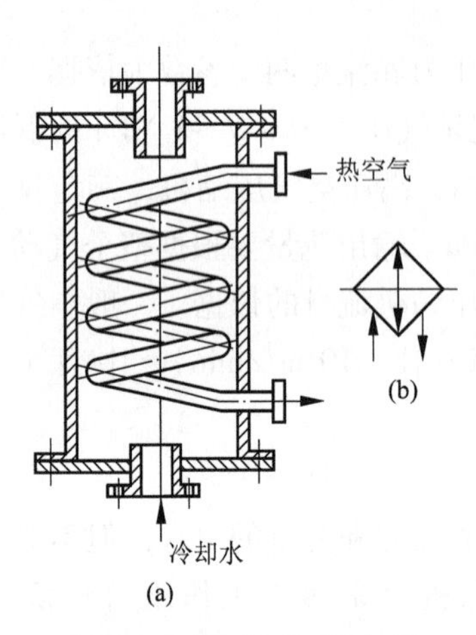

图 11-3　蛇管式后冷却器

（a）结构示意图；（b）图形符号

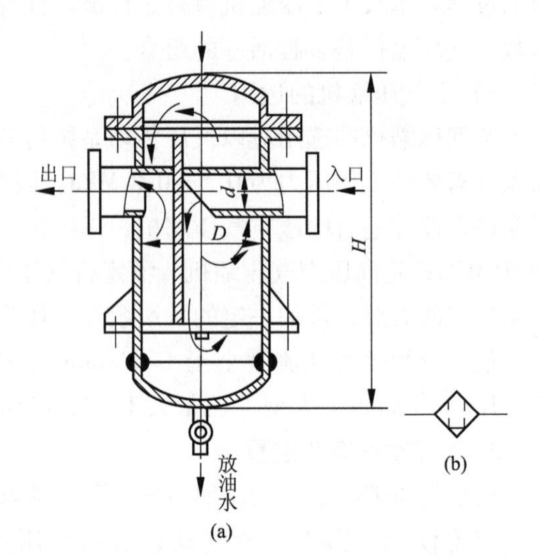

图 11-4　撞击挡板式油水分离器

（a）结构示意图；（b）图形符号

3）储气罐

储气罐的作用是消除压力波动，保证供气的连续性、稳定性；储存一定数量的压缩空气以备应急时使用，同时，进一步分离空气中的油分、水分。

图 11-5 所示为立式储气罐的结构示意图和图形符号。

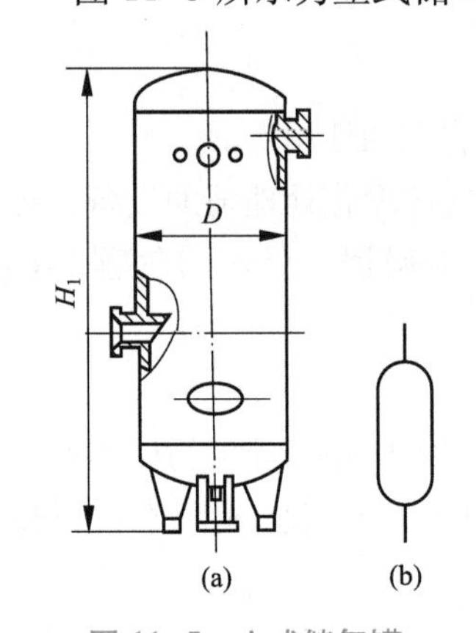

图 11-5　立式储气罐

（a）结构示意图；（b）图形符号

经过以上净化处理的压缩空气已基本满足一般气动系统的需求，但对于精密的气动装置和气动仪表用气，还需要经过进一步的净化处理后才能使用。

4）干燥器

干燥器的作用是进一步除去压缩空气中的水、油和灰尘。其方法主要有吸附法和冷冻法。吸附法是利用具有吸附性能的吸附剂（如硅胶、铝胶或分子筛等）吸附压缩空气中的水分而使其达到干燥的目的。冷冻法是利用制冷设备使压缩空气冷却到一定的露点温度，析出所含的多余水分，从而达到所需要的干燥度。

如图 11-6 所示为吸附式干燥器的结构原理图和图形符号。它的外壳为一金属圆筒，里面设置有栅板、吸附剂、滤网等。其工作原理是：压缩空气由进气管 18 进入干燥器内，通过上部吸附剂层、铜丝过滤网 16、上栅板 15、下部吸附层 14 之后，湿空气中的水分被吸附剂吸收而干燥，再经过铜丝过滤网 12、下栅板 11、毛毡层 10、铜丝过滤网 9 过滤气流中的灰尘和其他固体杂质，最后干燥、洁净的压缩空气从输出管 6 输出。

当吸附剂在使用一定时间之后，吸附剂中的水分达到饱和状态时，吸附剂失去继续吸湿的能力，因此需要设法将吸附剂中的水分排除，使吸附剂恢复到干燥状态，即重新恢复吸附

剂吸附水分的能力，这就是吸附剂的再生。图 11-6 中的管 3、4、5 即是供吸附剂再生时使用的。工作时，先将压缩空气的进气管 18 和输出管 6 关闭，然后从再生空气进气管 5 向干燥器内输入干燥热空气（温度一般高于 180 ℃），热空气通过吸附层，使吸附剂中的水分蒸发成水蒸气，随热空气一起经再生空气排气管 3、4 排入大气中。经过一段时间的再生以后，吸附剂即可恢复吸湿的性能。在气压系统中，为保证供气的连续性，一般设置两套干燥器，一套使用，另一套对吸附剂再生，交替工作。

5）分水滤气器

分水滤气器又称二次过滤器。其主要作用是分离水分，过滤杂质。滤灰效率可达 70%～99%。QSL 型分水滤气器在气动系统中应用很广，其滤灰效率大于 95%，分水效率大于 75%。在气动系统中，一般称分水滤气器、减压阀、油雾器为气动三大件，又称气动三联件，是气动系统中必不可少的辅助装置。

图 11-7 所示为分水滤气器的结构简图。从输入口进入的压缩空气被旋风叶子 1 导向，沿存水杯 3 的四周产生强烈的旋转，空气中夹杂的较大的水滴、油滴等在离心力的作用下从空气中分离出来，沉到杯底。当气流通过滤芯时，气流中的灰尘及部分雾状水分被滤芯拦截滤去，较为洁净干燥的气体从输出口输出。为防止气流的旋涡卷起存水杯中的积水，在滤芯的下方设置了挡水板 4。为保证分水滤气器的正常工作，应及时打开其底部的排水阀，排放分离出来的污水。

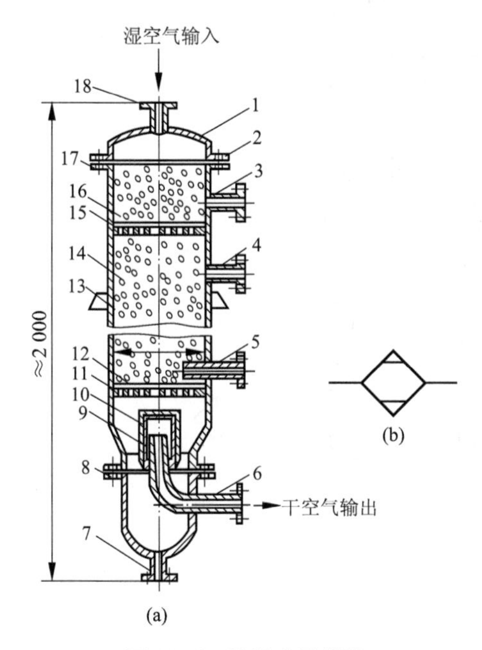

图 11-6 吸附式干燥器

（a）结构原理；（b）图形符号

1—顶盖；2—法兰；3，4—再生空气排气管；5—再生空气进气管；6—干燥空气输出管；7—排水管；8，17—密封垫；9，12，16—铜丝过滤网；10—毛毡层；11—下栅板；13—支撑板；14—吸附层；15—上栅板；18—湿空气进气管

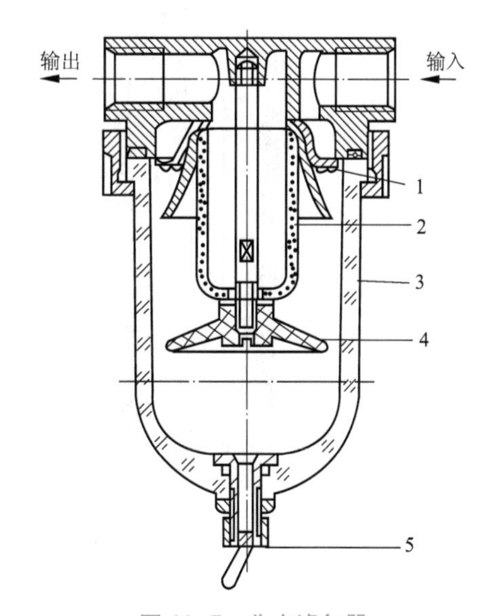

图 11-7 分水滤气器

1—旋风叶子；2—滤芯；3—存水杯；4—挡水板；5—排水阀

11.2.2 辅助元件

1. 油雾器

油雾器是一种特殊的注油装置。其作用是使润滑油雾化后，随压缩空气一起进入需要润滑的部件，达到润滑的目的。

图 11-8（a）是普通油雾器的结构示意图，图 11-8（b）是职能图形符号。

由图中可知，压缩空气由输入口进入后，一部分由小孔 a 通过特殊单向阀进入存油杯 5 的上腔 c，油面受压，使油经过吸油管 6 将钢球 7 顶起，钢球 7 不能封住它到节流阀的通油孔，油可以不断地经节流阀 1 的阀口流入滴油管，再滴入喷嘴 11 中，被主通道中的高速气流引射出来，雾化后从输出口输出。为了改变空气被油雾化的程度，可以通过调节节流阀 1，在 0～120 滴/min 的范围内调节滴油量，同时可通过视油器 8 观察滴油的情况。

图 11-8 所示的普通油雾器也称为一次油雾器。二次油雾器能使油滴在油雾器内进行两次雾化，使油雾粒度更小、更均匀，输送距离更远。不论是一次油雾器，还是二次油雾器，其雾化原理是一样的。

油雾器的供油量应根据气动设备的情况确定。一般情况下，以 10 m^3 未压缩空气供给 1 cm^3润滑油为宜。

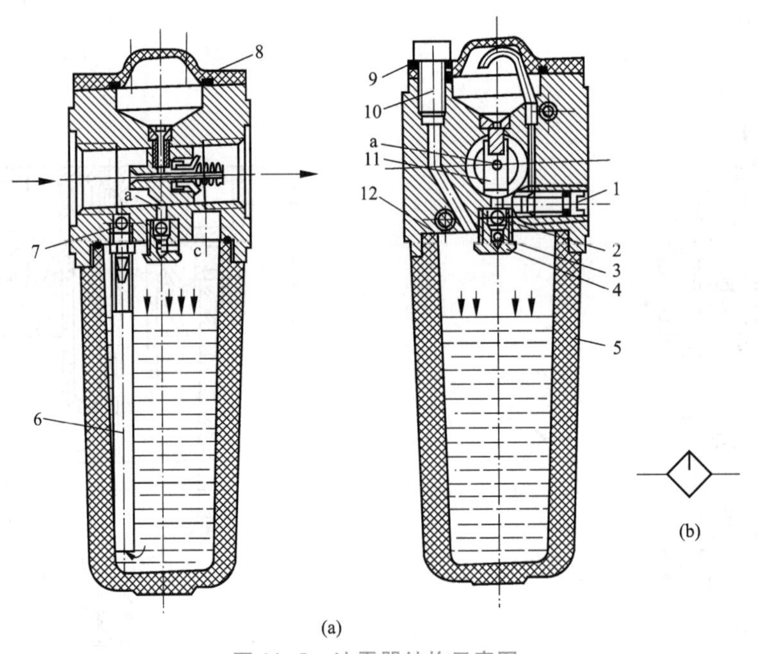

图 11-8　油雾器结构示意图

（a）结构示意图；（b）职能图形符号

1—节流阀；2，7—钢球；3—弹簧；4—阀座；5—存油杯；6—吸油管；8—视油器；9，12—密封垫；10—油塞；11—喷嘴；a，c—小孔

油雾器的安装应尽量靠近换向阀，与阀的距离一般不应超过 5 m，但必须注意管径的大小和管道的弯曲程度，应尽量避免将油雾器安装在换向阀与气缸之间，以免造成润滑油的浪费。

另外，有许多气动应用场所是不允许供油润滑的，如食品和药品的包装，这时就应该使

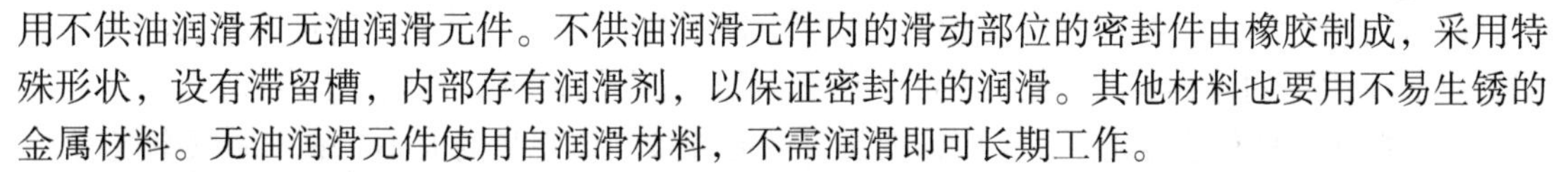

用不供油润滑和无油润滑元件。不供油润滑元件内的滑动部位的密封件由橡胶制成，采用特殊形状，设有滞留槽，内部存有润滑剂，以保证密封件的润滑。其他材料也要用不易生锈的金属材料。无油润滑元件使用自润滑材料，不需润滑即可长期工作。

2. 消声器

在大多情况下，气压传动系统用后的压缩空气直接排入大气。这样因气体排出执行元件后，压缩空气的体积急剧膨胀，会产生刺耳的噪声。排气的速度越快、功率越大，噪声也越大，一般可达 100～120 dB。这种噪声使工作环境恶化，危害人体健康。一般来说。噪声高于 85 dB 的时候都要设法降低，为此可在换向阀的排气口安装消声器来降低排气噪声。

常用的消声器有以下几种：

1）吸收型消声器

这种消声器主要依靠吸音材料消声，其结构见图 11-9（a），图 11-9（b）是消声器的职能图形符号。消声罩 2 为多孔的吸音材料，一般用聚苯乙烯颗粒或铜珠烧结而成。当消声器的通径小于 20 mm 时，多用聚苯乙烯作消音材料制成消声罩；当消声器的通径大于 20 mm 时，消声罩多采用铜珠烧结，以增加强度。其消声原理是：当压力气体通过消声罩时，气流受到阻力，声能量被部分吸收而转化为热能，从而降低了噪声强度。吸收型消声器结构简单，具有良好的消除中、高频噪声的性能，消声效果大于 20 dB。在气压传动系统中，排气噪声主要是中、高频噪声，尤其是高频噪声较多，所以大多情况下采用这种消声器。

2）膨胀干涉型消声器

这种消声器呈管状，其直径比排气孔大得多，气流在里面扩散发射，互相干涉，减弱了噪声强度，最后经过用非吸音材料制成的、开孔较大的多孔外壳排入大气。它的特点是排气阻力小，可消除中、低频噪声。缺点是结构较大，不够紧凑。

3）膨胀干涉吸收型消声器

膨胀干涉吸收型消声器是结合前两种消声器的特点综合应用的情况。其结构见图 11-10 所示。进气气流由斜孔引入，在 A 室扩散、减速、碰壁撞击后反射到 B 室，气流束相互撞

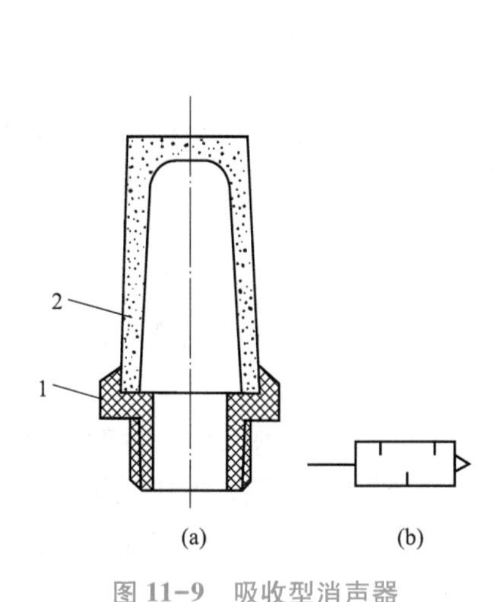

图 11-9　吸收型消声器

（a）结构示意图；（b）职能图形符号

1—连接件；2—消声罩

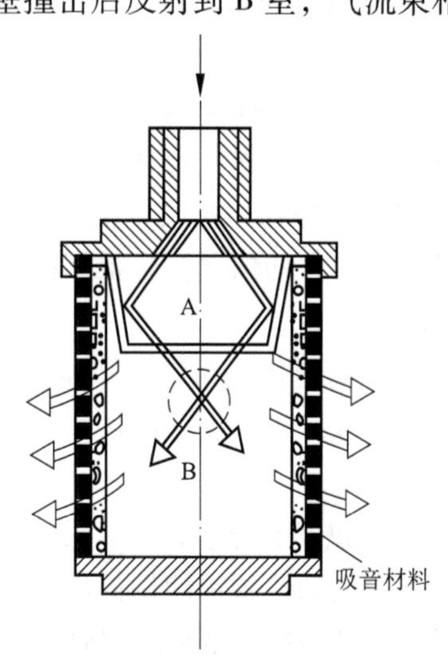

图 11-10　膨胀干涉吸收型消声器

击、干涉，进一步减速，从而使噪声减弱。然后气流经过吸音材料的多孔侧壁排入大气，噪声被再次削弱，所以这种消声器的降低噪声效果更好，低频可消声 20 dB，高频可消声 45 dB。

对于消声器的型号的选择，主要依据是气动元件排气口直径的大小、噪声的频率范围。

3. 气液转换器

在气动系统中，为了获得较平稳的速度，常用到气液阻尼缸或用液压缸作执行元件，这就需要用气液转换器把气压信号转换成液压信号。

气液转换器主要有两种，一种是直接作用式，另一种是换向阀式。

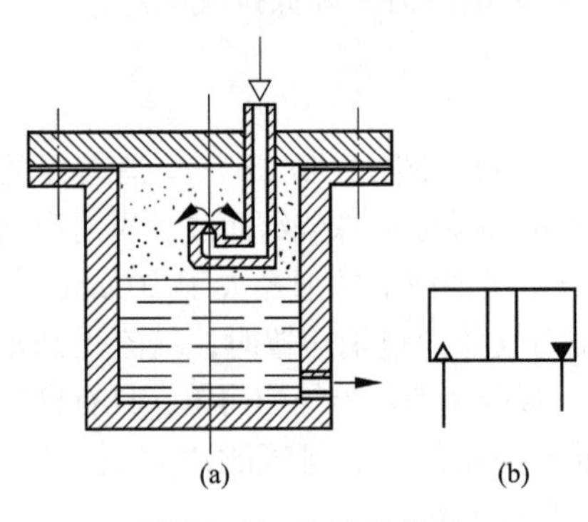

图 11-11　气液转换器

（a）结构示意图；（b）职能图形符号

图 11-11（a）所示为气液直接接触式转换器的结构图，图 11-11（b）所示为气液转换器的职能图形符号。

当压缩空气由上部输入管输入后，经过管道末端的缓冲装置使压缩空气作用在液压油面上，因此液压油在压缩空气的作用下，具有相同的压力，由转换器主体下部的排油孔输出到液压缸，使液压缸动作。气液转换器的储油量应不小于液压缸最大有效容积的 1.5 倍。

换向阀式气液转换器是一个气控液压换向阀。采用气控液压换向阀，需要另外备有液压源。

11.2.3　管路系统

气动系统的管路系统的布置要合理、安全、优化、经济，这几个方面有时互相间有一定矛盾，因此，要根据主要问题作出合理的取舍。

1. 管路系统的布置原则

1）按照供气压力考虑

在实际应用中，如果只有一种压力要求，则只需设计一种管道供气系统。

如有多种压力要求，则其供气方式有以下三种：

（1）多种压力管道供气系统。多种压力管道供气系统适用于气动设备有多种压力要求，且用气量都比较大的情况。应根据供气压力大小和使用设备的位置，设计几种不同压力的管道供气系统。

（2）降压管道供气系统。降压管道供气系统适用于气动设备有多种压力要求，但用气量都不大的情况。应根据最高供气压力设计管道供气系统，气动装置需要的低压，利用减压阀降压来得到。

（3）管道供气与瓶装供气相结合的供气系统。管道供气与瓶装供气相结合的供气系统适用于大多数气动装置都使用低压空气，而部分气动装置需要高压空气，但用气量不大的情况。应根据对低压空气的要求设计管道供气系统，而用气量不大的高压空气采用气瓶供气方式来解决。

2）按供气的空气质量考虑

根据各气动装置对于空气质量的不同要求，分别设计成一般供气系统和清洁供气系统。

若一般供气量不大，为了减少投资，可用清洁供气代替；若清洁供气系统的用气量不大，可单独设置小型净化干燥装置来解决。

3）按供气可靠性和经济性考虑

（1）单树枝状管网供气系统。如图 11-12（a）所示为单树枝状管网供气系统。这种供气系统简单，经济性好，多用于间断供气。阀门Ⅰ、Ⅱ串联在一起是考虑经常使用的阀门Ⅱ万一不能关闭，可关闭阀门Ⅰ。

（2）单环状管网供气系统。如图 11-12（b）所示为单环状管网供气系统。这种系统供气可靠性高，压力比较稳定。当支管上有一阀门损坏需检修时，将环行管道上的两侧阀门关闭，整个系统仍能继续供气。该系统投资较高，冷凝水会没有规律地流向各个方向，故应设置较多的自动排水器。

（3）双树枝状管网供气系统。如图 11-12（c）所示为双树枝状管网供气系统。这种系统的可靠性最高，能保证向所有气动装置不间断供气。它实际上相当于两套单树枝状管网供气系统。

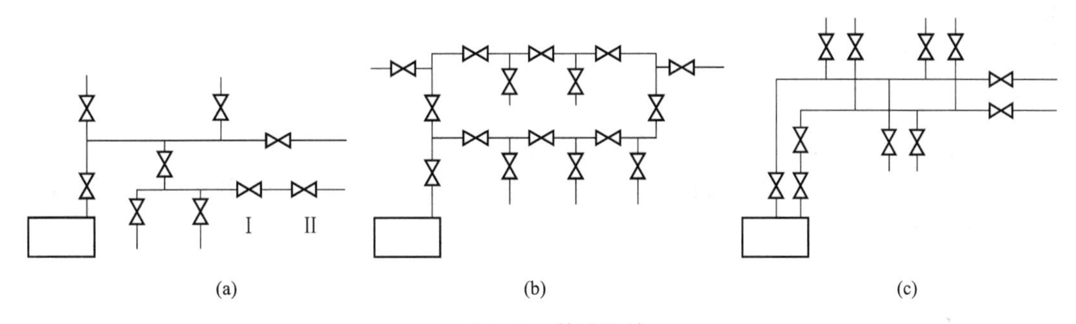

图 11-12　管路系统

（a）单树枝状管网；（b）单环状管网；（c）双树枝状管网

2. 管路布置要注意的事项

管路的布置直接关系气动装置能不能优化、经济、安全地工作，典型的管路布置如图 11-13 所示。管路布置时应注意以下事项：

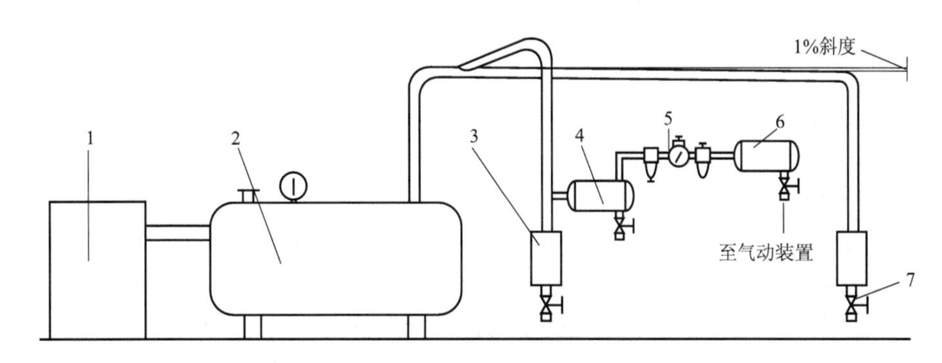

图 11-13　管路布置

1—压缩机；2—储气罐；3—凝液集水罐；4—中间储罐；
5—气动三联件；6—系统用储气罐；7—排放阀

（1）供气管道应按现场实际情况布置，尽量与其他电线、管线（如水管、煤气管、暖气管）等统一协调布置，不要互相交叉、缠绕。

（2）管道进入用气车间，应根据气动装置对空气质量的要求，设置配气容器、截止阀、气动三联件等。

（3）车间内部压缩空气主干管道应沿墙或柱子架空铺设，其高度不应妨碍运行，又便于检修。管长超过 5 m 时，顺气流方向管道向下坡度为 1%～3%。为避免长管道因温度的变化产生扰度，应在适当部位安装托架，特别注意管道支撑不得与管道直接焊接在一起。

（4）沿墙或柱子接出的分支管必须在主管上部采用大角度拐弯后再向下引出。支管沿墙或柱子离地面 1.2～1.5 m 处接一气源分配器，并在分配器两侧接分支管或管接头，以便用软管接到气动装置分配器上使用。在主干管及支管的最低点，一定要设置集水罐。集水罐下部设置排水器，以排放污水。

（5）为便于调整、不停气进行维修、更换元件，应设置必要的旁通回路和截止阀。

（6）管道装配前，管道、接头和元件内的通道必须清洗干净，不得有毛刺、铁屑、氧化皮等异物。

（7）使用钢管时，一定要选用表面镀锌的管子。

（8）在管路中容易积聚冷凝水的部位，如倾斜管末端、分支管下垂部、储气罐的底部、凹形管道部位等，必须设置冷凝水的排放口或自动排水器，并定期检查。

（9）主管道入口处应设置主过滤器。从分支管至各气动装置的供气回路上应设置独立的过滤、减压和油雾装置。

11.3 气动执行元件

在气压传动系统中，气缸和气压马达是气动执行元件。它们的功用都是将压缩空气的压力能转换为机械能，所不同的是气缸用于实现直线往复运动或摆动，而气压马达则用于实现回转运动。

11.3.1 气缸

1. 气缸的分类

气缸是用于实现直线运动并做功的元件。其结构、形状有多种形式，分类方法也很多，常用的有以下几种：

（1）按压缩空气作用在活塞端面上的方向，可分为单作用气缸和双作用气缸。单作用气缸只有一个方向的运动是靠气压传动，活塞的复位是靠弹簧力或重力；双作用气缸的往返全都靠压缩空气来完成。

（2）按结构特点可分为活塞式气缸、叶片式气缸、薄膜式气缸和气液阻尼缸等。

（3）按安装方式可分为耳座式、法兰式、轴销式和凸缘式。

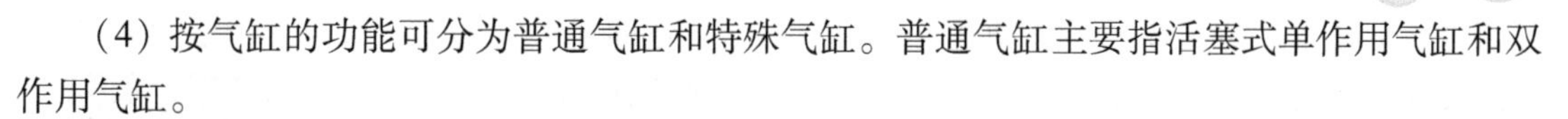

（4）按气缸的功能可分为普通气缸和特殊气缸。普通气缸主要指活塞式单作用气缸和双作用气缸。

特殊气缸包括气液阻尼缸、薄膜式气缸、冲击式气缸、增压气缸、步进气缸和回转气缸等。

2. 气缸的工作原理及用途

普通气缸的工作原理及用途类似于液压缸，此处不再赘述，下面仅介绍特殊气缸。

1）气液阻尼缸

因空气具有可压缩性，一般气缸在工作载荷变化较大时，会出现“爬行”或“自走”现象，平稳性较差，如果对气缸的运动精度要求较高时，可采用气液阻尼缸。气液阻尼缸是由气缸和液压缸组合而成，以压缩空气为能源，以液压油作为控制调节气缸速度的介质，利用液体的可压缩性小和控制液体排量来获得活塞的平稳运动和调节活塞的运动速度。

图 11-14 所示为气液阻尼缸的工作原理图。气缸活塞的左行速度可由节流阀 4 来调节，油箱 1 起补油作用。一般将双活塞杆腔作为液压缸，这样可使液压缸两腔的排油量相等，以减小补油箱 1 的容积。

2）薄膜式气缸

薄膜式气缸是以薄膜取代活塞带动活塞杆运动的气缸。图 11-15（a）所示为单作用薄膜式气缸，此气缸只有一个气口。当气口输入压缩空气时，推动膜片 2、膜盘 3、活塞杆 4 向下运动，而活塞杆的上行需依靠弹簧力的作用。图 11-15（b）为双作用薄膜式气缸，有两个气口，活塞杆的上下运动都依靠压缩空气来推动。

薄膜式气缸结构简单、紧凑、制造容易、维修方便、寿命长，但因膜片的变形量有限，气缸的行程较小，且输出的推力随行程的增大而减小。薄膜式气缸的膜片一般由夹织物橡胶、钢片或磷青铜片制成。膜片的结构有蝶形膜片如图 11-15（a）所示，平膜片如图 11-15（b）所示，此外还有滚动膜片等。根据活塞杆的行程可选择不同的膜片结构，平膜片气缸的行程仅为膜片直径的 0.1 倍，蝶形膜片行程可达 0.25 倍。

气液阻尼缸工作原理

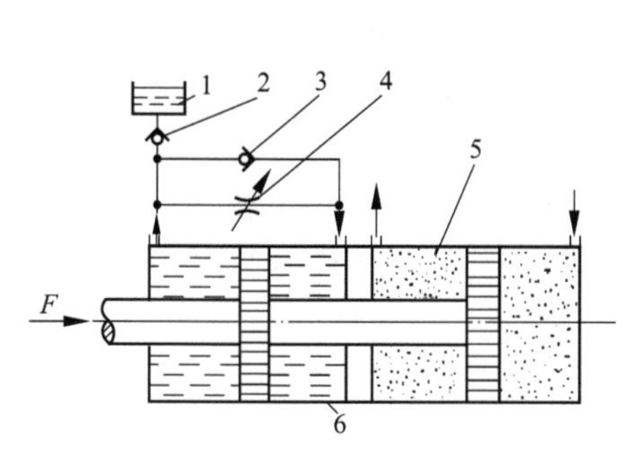

图 11-14　气液阻尼缸的工作原理图
1—油箱；2，3—单向阀；4—节流阀；
5—气缸；6—液压缸

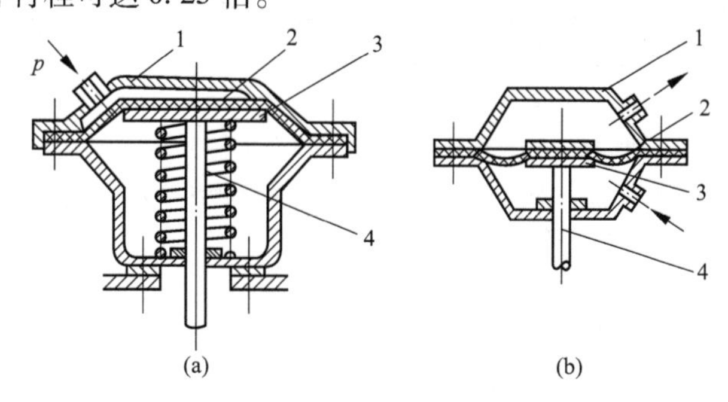

图 11-15　薄膜式气缸
（a）单作用式；（b）双作用式
1—缸体；2—膜片；3—膜盘；4—活塞杆

3）冲击式气缸

冲击式气缸是将压缩空气的能量转化为活塞高速运动能量的一种气缸。活塞的最大速度可达每秒十几米，能完成下料、冲孔、镦粗、打印、弯曲成形、铆接、破碎、模锻等多种作业，具有结构简单、体积小、加工容易、成本低、使用可靠、冲裁质量好等优点。

冲击式气缸有普通型、快排型和压紧活塞式三种。

图 11-16 所示为普通型冲击气缸的结构简图。冲击式气缸由缸体、中盖、活塞、活塞杆等零件组成。中盖与缸体固结在一起，其上开有喷嘴口和泄气口，喷嘴口直径为缸径的 1/3。中盖和活塞把缸体分成三个腔室：蓄能腔、活塞腔和活塞杆腔，活塞上安装橡胶密封垫，当活塞退回到达顶点时，密封垫便封住喷嘴口，使蓄能腔和活塞腔之间不通气。

冲击式气缸工作过程

当压缩空气刚进入蓄能腔时，其压力只能通过喷嘴口，小面积作用在活塞上，还不能克服活塞杆腔的排气压力所产生的推力以及活塞和缸之间的摩擦阻力，喷嘴口处于关闭状态。随着空气的不断进入，蓄能腔的压力逐渐升高，当作用在喷嘴口面积上的总推力足以克服活塞受到的阻力时，活塞开始运动，喷嘴口打开。此时蓄能腔的压力很高，活塞腔的压力为大气压力，所以蓄能腔内的气体通过喷嘴口以声速流向活塞腔作用于活塞的整个面积上。高速气流进入活塞腔进一步膨胀并产生冲击波，其压力可达气源压力的几倍到几十倍，而此时活塞杆腔的压力很低，所以活塞在很大压差的作用下迅速加速，活塞在很短的时间（为 0.25～1.25 s）内，以极高的速度（平均速度可达 8 m/s）运动，从而获得巨大的动能。

4）回转气缸

如图 11-17 所示为回转气缸的工作原理图。该气缸的缸体连同缸盖及导气头芯 6 可被携带着一起回转，活塞 4 及活塞杆 1 只能作往复直线运动，导气头体 9 外接管路而固定不动。

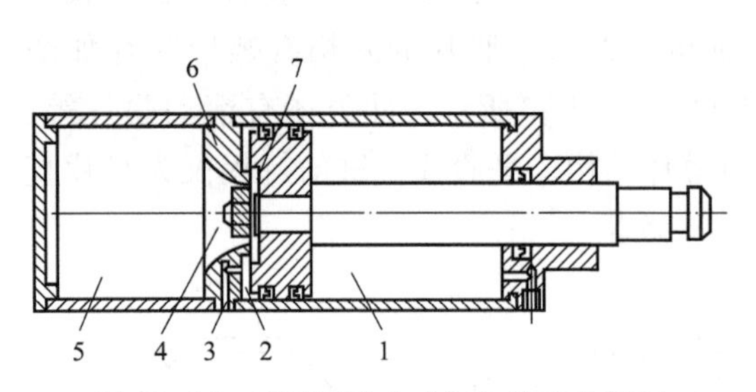

图 11-16　普通型冲击式气缸的结构简图

1—活塞杆腔；2—活塞腔；3—泄气口；4—喷嘴口；5—蓄能腔；6—中盖；7—密封垫

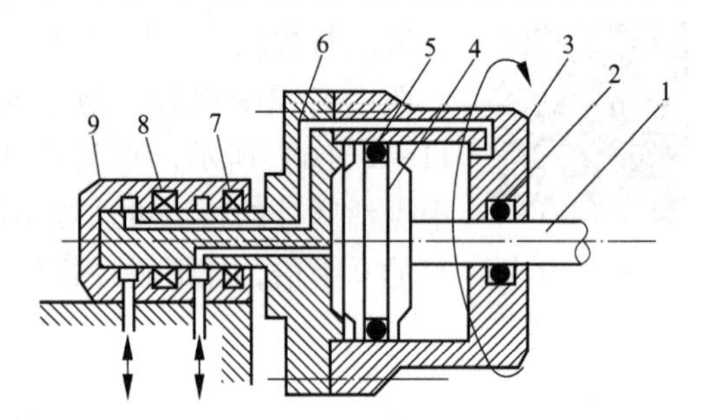

图 11-17　回转气缸的工作原理图

1—活塞杆；2，5—密封装置；3—缸体；4—活塞；6—缸盖及导气头芯；7，8—轴承；9—导气头体

3. 标准化气缸

1）标准化气缸简介

标准化气缸使用的标记是用符号“QG”表示气缸，用符号“A、B、C、D、H”表示五种系列。具体的标记方法是：

QG　　A、B、C、D、H　　缸径×行程

五种标准化气缸系列为：

QGA——无缓冲普通气缸

QGB——细杆（标准杆）缓冲气缸

QGC——粗杆缓冲气缸

QGD——气液阻尼缸

QGH——回转气缸

例如：QGA 100×125 表示直径为 100 mm，行程为 125 mm 的无缓冲普通气缸。

2）标准化气缸的主要参数

标准化气缸的主要参数是缸筒内径 D 和行程 L。因为在一定的气源压力下，缸筒内径表明气缸活塞杆输出力的大小，行程说明气缸的作用范围是多大。

标准化气缸系列有 11 种规格：

缸径 D（mm）：40、50、63、80、100、125、160、200、250、320、400

行程 L（mm）：对无缓冲气缸的 $L=(0.5\sim2)D$

对有缓冲气缸的 $L=(1\sim10)D$

11.3.2　气压马达

气压马达是把压缩空气的压力能转换成回转机械能的能量转换装置。其作用相当于电动机或者液压马达。气压马达输出转矩，带动被动机构作旋转运动。

1. 气压马达的分类和工作原理

最常用的气压马达有叶片式、活塞式和薄膜式三种。

如图 11-18（a）所示是叶片式气压马达的工作原理。压缩空气由 A 孔输入后，分为两路：一路经定子两端密封盖的槽进入叶片底部（图中没有表示出来）将叶片推出，叶片就是靠此气压推力和转子转动的离心力作用而紧密地贴紧在定子内壁上；另一路经 A 孔进入相应的密封工作空间，压缩空气作用在两个叶片上，由于两叶片伸出长度不等，在叶片上产生的作用力的大小不同，就产生了转矩，因而叶片与转子按逆时针方向旋转。做功后的气体由定子上的孔 C 排出。若改变压缩空气的输入方向，就可以改变转子的转向。

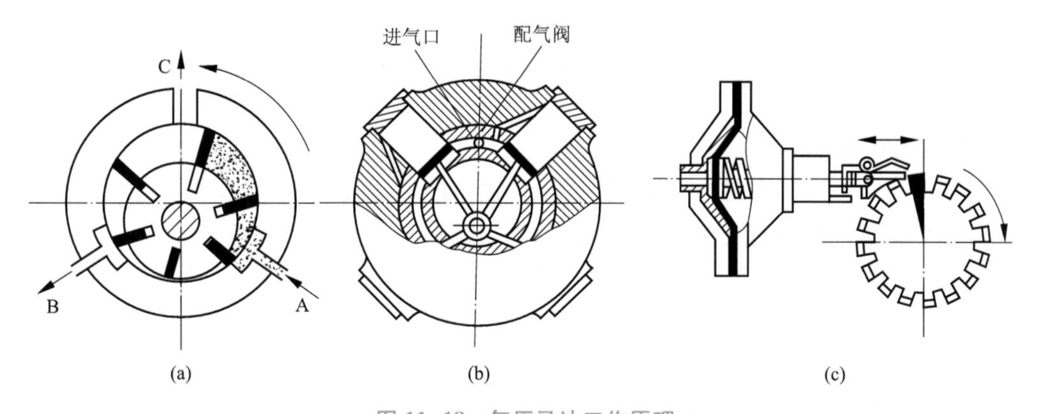

图 11-18　气压马达工作原理

（a）叶片式；（b）活塞式；（c）薄膜式

如图 11-18（b）所示是径向活塞式气压马达的原理。压缩空气经进气口进入配气阀后再进入气缸，推动活塞及连杆组件运动，迫使曲轴旋转，同时，带动固定在曲轴上的配气阀同步转动，使压缩空气随着配气阀角度位置的改变而进入不同的缸内，依次推动各个活塞运动。由各活塞及连杆带动曲轴连续运转，与此同时，与进气缸相对应的气缸则处于排气状态。

如图 11-18（c）所示是薄膜式气压马达原理。它实际上是一个薄膜式气缸，当它作往复运动时，通过推杆端部的棘爪使棘轮作间歇性转动。

图 11-19 是径向活塞式气压马达的结构。压缩空气经进气口进入配气阀套 8 及配气阀 7，经配气阀及配气阀套上的孔和槽以及马达外壳 10 上的斜孔进入气缸 6，推动活塞及连杆组件 5 运动，通过活塞连杆带动曲轴 13 旋转。曲轴旋转的同时，带动由紧固螺钉 14 固定在曲轴上的配气阀 7 同步旋转。配气阀的旋转使各气缸依次配气，从而实现了曲柄的连续旋转运动。

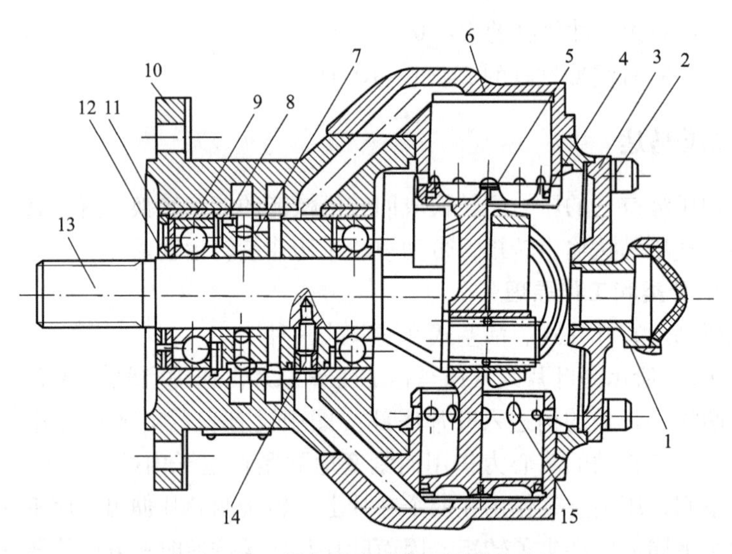

图 11-19　径向活塞式气压马达的结构

1—防尘帽组件；2—螺母及垫圈；3—后盖；4—活塞环；5—活塞及连杆组件；6—气缸；7—配气阀；8—配气阀套；9—轴承；10—外壳；11—孔用弹性挡圈；12—护油挡圈；13—曲轴；14—紧固螺钉；15—滚针轴承

2. 气压马达的特点

（1）工作安全，可以在易燃、易爆、高温、振动、潮湿、灰尘等恶劣环境和气候下工作，同时不受高温、振动、地理条件的影响。

（2）具有过载保护作用，可长时间满载工作，而温升较小，过载时马达只是降低转速或停车，当过载解除后，立即可重新正常运转。

（3）可以实现无级调速，通过调节、控制节流阀的开度来控制进入气压马达的压缩空气的流量，就能无级调节马达的转速。

（4）具有较高的启动转矩，启动、停止迅速。

（5）功率范围及转速范围均较宽，功率小至数百瓦，大的可以有几万瓦，转速可以从每分钟几转到上万转。

（6）结构简单、操纵方便，正、反方向都能旋转，维修容易、成本低。

(7) 气压马达的主要缺点是速度稳定性较差，相比液压传动来讲输出功率小、耗气量大、效率低、噪声大。

3. 气压马达的选择及使用要求

1）气压马达的选择

不同类型的气压马达具有不同的特点和适用范围，参看表 11-3，在实际应用中，一般是根据气压马达所要负载的功率大小来选择气压马达的。

表 11-3　常用气压马达的特点及应用

类型	转矩	速度	功率	每千瓦时耗气量 Q/（$m^3 \cdot min^{-1}$）	特点及应用范围
活塞式	中高转矩	低速和中速	由零点几千瓦到 17 kW	小型：1.9～2.3 大型：1.0～1.4	在低速时，有较大的输出功率和较好的转矩特性，启动准确； 适用载荷较大和要求低速转矩较高的机械，如手提工具、起重机、拉管机等
叶片式	低转矩	高速度	由零点几千瓦到 13 kW	小型：1.8～2.3 大型：1.0～1.4	制造简单、结构紧凑，低速性能不好； 适用于要求低或中功率的机械，如手提工具、升降机、泵、复合工具传送带等
薄膜式	高转矩	低速度	小于 1 kW	1.2～1.4	适用于控制要求很精确，启动转矩极高和速度低的机械

2）气压马达的润滑

这是气压马达正常工作不可缺少的一个环节，一般在气压马达的换向阀前安装油雾器，使气压马达得到及时的、不间断润滑。在良好润滑的情况下，气压马达可在两次检修之间至少运转 2 500～3 000 h。

常用的气压马达的主要技术参数见表 11-4。

表 11-4　常用气压马达的主要技术参数

类　别	型　号	功率/W	转速/（$r \cdot min^{-1}$）
叶片式	TJ*	662～14 710	2 500～4 500
	Z*	662～14 710	2 400～4 500
	YQ*	8 840～14 710	2 400～3 200
	YP*	662～14 710	625～7 000
活塞式	TM*	735.5～18 388.0	280～1 100
	TJH*	2 060～7 355	700～2 800
	HS*	3 677.5～18 388.0	500～1 500

11.4 气动控制元件

在气压传动系统中，气动控制元件的作用是调节压缩空气的压力、流量、方向以及发送相应的信号，以保证气动执行元件能得到合适的压力、流量等气体参数，能按照规定的程序进行动作。按功能分，气动控制元件一般分为方向控制阀、压力控制阀和流量控制阀等。

11.4.1 方向控制阀

在气压系统中，控制执行元件启动、停止、改变运动方向的元件叫方向控制阀。方向控制阀的作用是改变压缩空气的流动方向和气流的通断。

1. 气压控制方向阀

用压缩空气推动气压控制方向阀的阀芯移动，使换向阀换向，从而实现气路换向或通断。气压控制方向阀适用于易燃、易爆、潮湿、灰尘多等工作环境恶劣的场合，操作安全可靠。

气压控制方向阀的类别如下：

1）单气控制换向阀

如图 11-20（a）所示是无气控信号时单气控制换向阀的状态，即常态。此时阀芯 1 在弹簧 2 的作用下处于上端位置，使阀口 A 与 T 接通。图 11-20（b）是有气控信号 K 而动作时的状态，由于气压力的作用，阀芯 1 压缩弹簧 2 下移，使阀口 A 与 T 断开，P 与 A 接通。

图 11-20（c）是该阀的职能图形符号。

2）双气控制换向阀

如图 11-21（a）所示为双气控制滑阀式换向阀有气控信号 K_1 时阀的状态（阀芯左侧

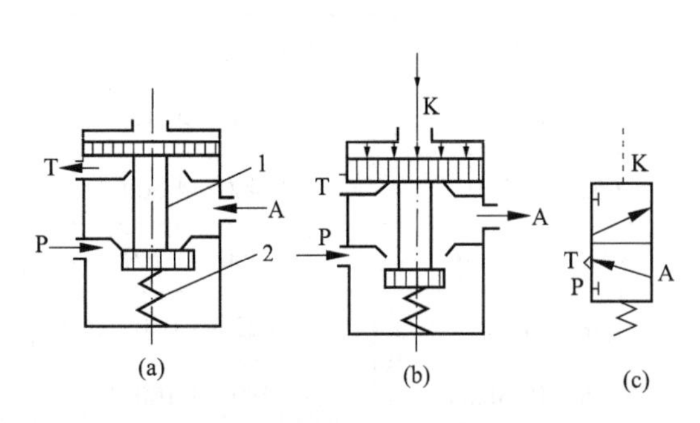

图 11-20 单气控制换向阀的工作原理

（a）无气控信号；（b）有气控信号；（c）职能图形符号

1—阀芯；2—弹簧

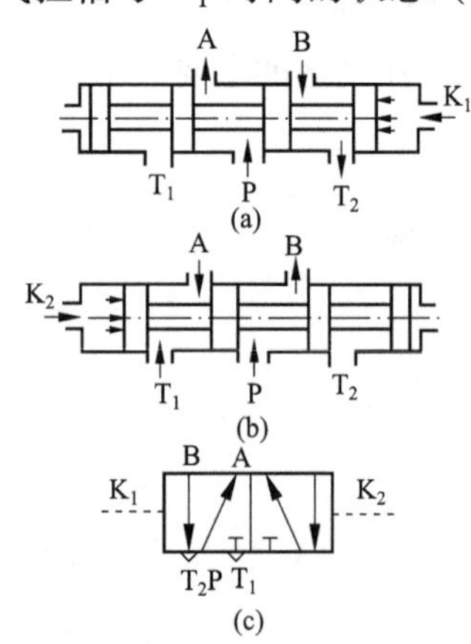

图 11-21 双气控制滑阀式换向阀工作原理

（a）有气控信号 K_1；（b）有气控信号 K_2；

（c）职能图形符号

的气室通大气)，此时阀芯停在左边，其通路状态是 P 与 A 相通、B 与 T_2 相通。图 11-21（b）为有气控信号 K_2 时阀的状态（阀芯右侧的气室通大气)。阀芯换位，其通路状态变为 P 与 B 相通，A 与 T_1 相通。双气控制滑阀具有记忆功能，即气控信号消失后，阀芯仍停留在当时的位置，所以阀仍能保持在有气控信号时的工作状态。

图 11-21（c）是该阀的职能图形符号。

2. 电磁控制换向阀

1）直动式单电控制电磁换向阀

与单气控制换向阀类似，只不过该阀是利用电磁力的作用使电磁控制换向阀的阀芯移动，实现阀的切换，从而控制气流流动方向。

图 11-22（a）所示为直动式单电控制电磁阀在电磁线圈不通电的状态，此时阀在复位弹簧的作用下处于上端位置，其通路状态为 A 与 T 相通。当电磁线圈通电时，电磁铁 1 吸动阀芯 2 向下移，气路换向，其通路状态为 P 与 A 相通，如图 11-22（b）所示。图 11-22（c）是该阀的职能图形符号。

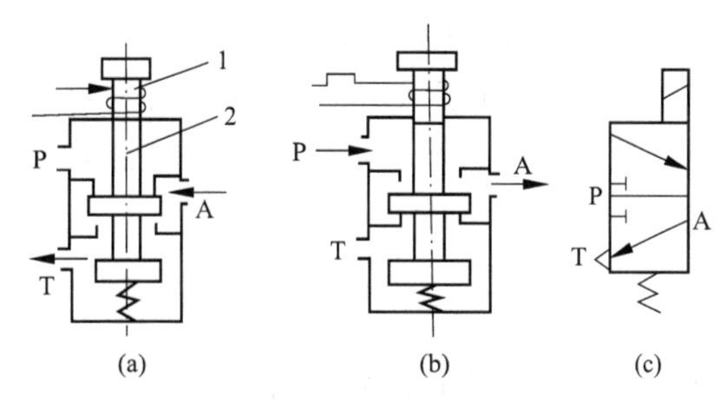

图 11-22　直动式单电控制电磁阀的工作原理

（a）电磁线圈不通电；（b）电磁线圈通电；

（c）职能图形符号

1—电磁铁；2—阀芯

2）直动式双电控制电磁换向阀

直动式双电控制电磁换向阀有两个电磁铁。

图 11-23（a）所示为直动式双电控制电磁阀，当电磁线圈 1 通电、2 断电时，阀芯 3 被推向右端，其通路状态是 P 与 A 相通、B 与 T_2 相通。即便当电磁线圈 1 断电时，阀芯仍处于电磁线圈 1 断电前的工作状态，即具有记忆功能。如图 11-23（b）所示，当电磁线圈 2 通电、1 断电时，阀芯被推向左端，其通路状态为 P 与 B 相通、A 与 T_1 相通。若电磁线圈 2 断电，气流通路仍会保持电磁线圈 2 断电前的工作状态。图 11-23（c）是该阀的职能图形符号。

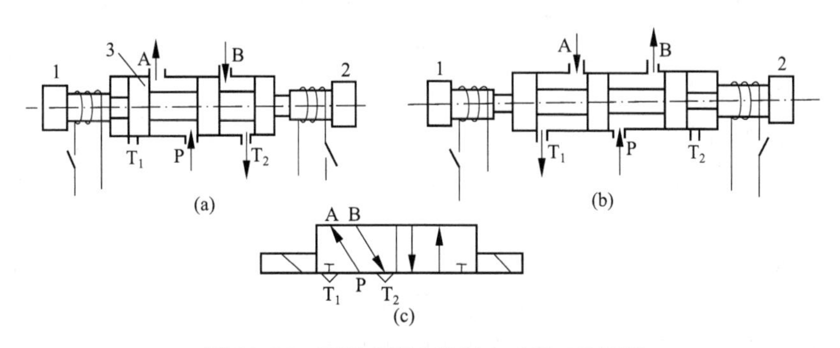

图 11-23　直动式双电控制电磁阀工作原理

（a）阀芯向右移；（b）阀芯向左移；（c）职能图形符号

1，2—电磁线圈；3—阀芯

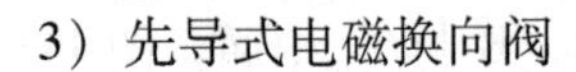

3）先导式电磁换向阀

先导式电磁换向阀的组成主要有电磁先导阀和主阀两部分。其原理是用先导阀的电磁铁首先控制气路，产生先导压力，再由先导压力去推动主阀阀芯，使其换向。

图 11-24（a）所示为先导式双电控制换向阀的电磁先导阀 1 的线圈通电、2 的线圈断电时的状态。此时，主阀 3 的 K_1 腔进气，K_2 腔排气，使主阀阀芯向右移动，P 与 A 相通、B 与 T_2 相通。而当电磁先导阀 2 通电、1 断电时，如图 11-24（b）所示，主阀 K_2 腔进气，K_1 腔排气，主阀阀芯向左移动。此时 P 与 B 相通、A 与 T_1 相通。先导式双电控制电磁阀具有记忆功能，即通电时换向，断电时并不返回原位。为保证主阀正常工作，两个电磁阀不能同时通电，电路中要采用互锁控制。先导式电磁换向阀便于实现电、气联合控制，所以应用广泛。图 11-24（c）所示是该阀的职能图形符号。

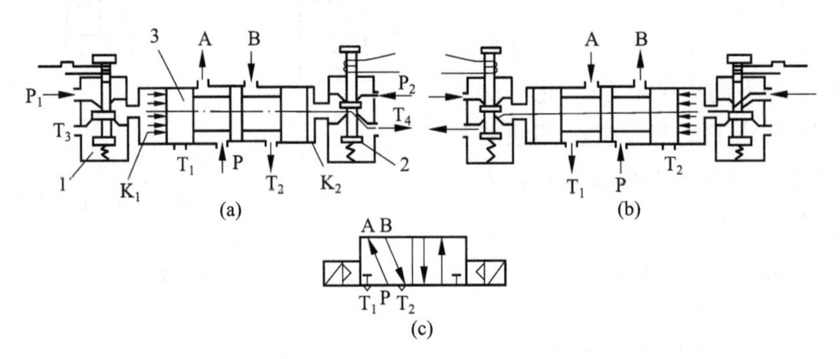

图 11-24　先导式双控制换向阀工作原理

（a）主阀向右移；（b）主阀向左移；（c）职能图形符号

1，2—电磁先导阀；3—主阀

4）人工控制换向阀

为了操作方便，有手动及脚踏两种人工操作方式对换向阀进行操作。手动阀的主体部分与气控阀类似，其操作方式有按钮式、旋钮式、锁式及推拉式等多种形式。

如图 11-25 所示为推拉式手动阀的工作原理、结构、职能图形符号图。当用手将阀芯拉出时，如图 11-25（a）所示，则 P 与 B 相通、A 与 T_1 相通。当用手压下阀芯，如图 11-25（b）所示，则 P 与 A 相通、B 与 T_2 相通。不论拉出或是压下阀芯后手放开时，阀芯能依靠定位装置保持状态不变。

5）机械控制换向阀

机械控制换向阀多用于行程控制（所以又称行程阀）作为信号阀使用，常依靠凸轮、挡块或其他机械外力推动阀芯，使阀换向。

图 11-26（a）为杠杆滚轮式机控换向阀的结构图，图 11-26（b）为职能图形符号。当凸轮或挡块直接与滚轮 1 接触后，通过杠杆 2 使阀芯 5 换向，其优点是减少了顶杆 3 所受的侧向力。同时，通过杠杆传力也减小了外部的机械压力。

6）或门型梭阀

梭阀相当于两个单向阀组合而成，其作用相当于“或门”的逻辑功能。

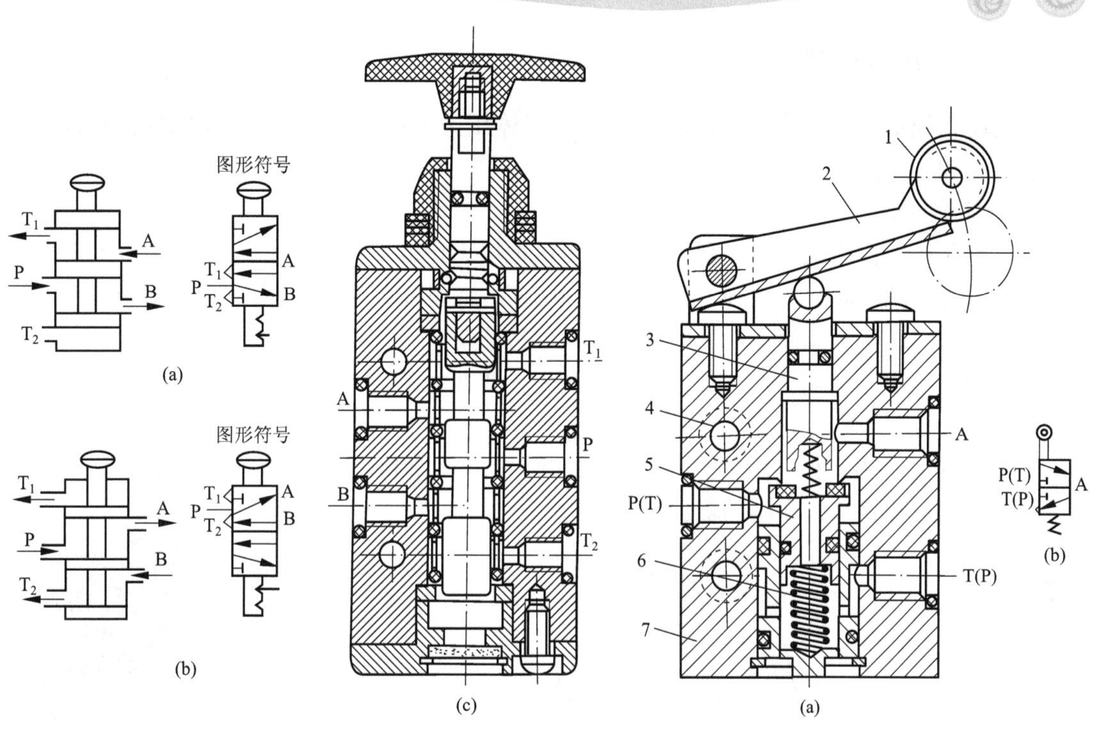

图 11-25 推拉式手动阀工作原理和结构

（a），（b）工作原理和职能图形符号；（c）结构

图 11-26 杠杆滚轮式机控换向阀

（a）结构；（b）职能图形符号

1—滚轮；2—杠杆；3—顶杆；4—缓冲弹簧；5—阀芯；6—密封弹簧；7—阀体

如图 11-27（a）所示为梭阀的工作原理图，图 11-27（b）为其结构示意图。梭阀有两个进气口 P_1 和 P_2，一个工作口 A，阀芯 2 在两个方向上起单向阀的作用。其中 P_1 和 P_2 口都可以与 A 口相通，但 P_1 与 P_2 不相通，当 P_1 进气时，阀芯 2 右移，封住 P_2 口，使 P_1 与 A 相通。当 P_2 进气时，阀芯 2 左移，封住 P_1 口，使 P_2 与 A 相通。若 P_1 与 P_2 都进气时，阀芯就可停在任意一边，若 P_1 与 P_2 不等，则高压气流的通道打开，低压口则被封闭，高压气流从 A 输出。图 11-27（c）是该阀的职能图形符号。

或门型梭阀工作原理

与门型梭阀工作原理

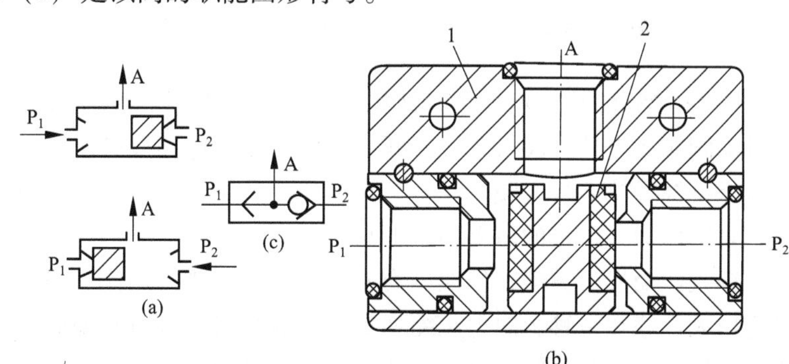

图 11-27 梭阀的工作原理与结构

（a）工作原理；（b）结构；（c）职能图形符号

1—阀体；2—阀芯

11.4.2 压力控制阀

在气动系统中，压力控制阀是调节和控制气体压力大小的控制阀，一般常用的有减压阀、溢流阀和顺序阀。

1. 气体减压阀

气体减压阀又称为调压阀，利用减压阀可以把压力比较高的压缩空气调节到符合使用要求的较低压力。减压阀与节流阀不同，不但能降压，而且能使调后的输出气压保持稳定。节流阀能降低压力，但不能使降低后的输出压力保持稳定。

减压阀按照压力调节方式，分为直动式和先导式两大类。

1）直动式减压阀

图11-28所示为一种常用的直动式减压阀结构原理图和职能图形符号。此阀可利用手柄直接调节调压弹簧来改变阀的输出气体压力。

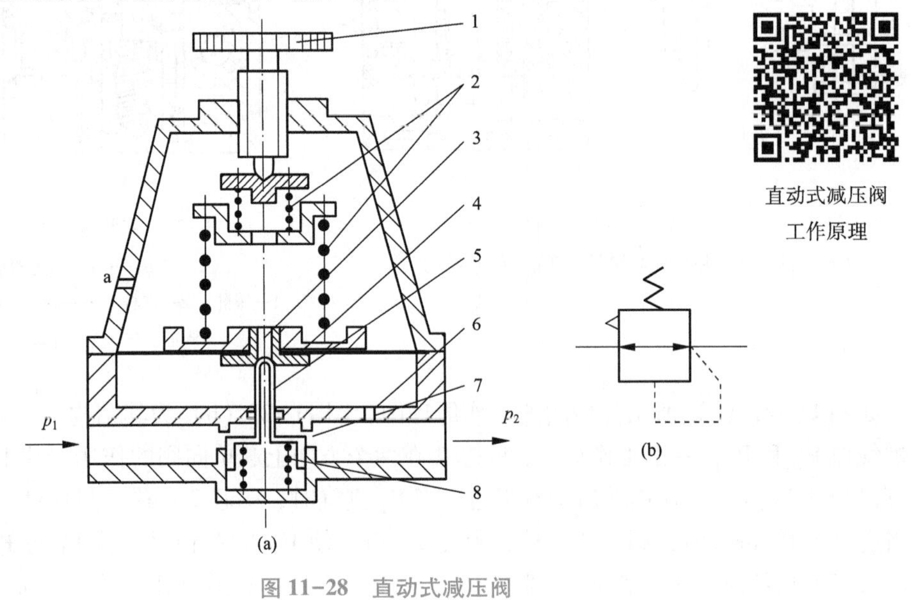

图11-28 直动式减压阀

（a）结构；（b）职能图形符号

1—手柄；2—调压弹簧；3—溢流口；4—膜片；5—阀芯；6—反馈导管；7—阀口；8—复位弹簧

如图11-28（a）所示，顺时针旋转手柄1，则压缩调压弹簧2，推动膜片4下移，膜片同时推动阀芯5下移，阀口7被打开。当有气流通过阀口时，压力降低；与此同时，部分输出气流经反馈导管6进入膜片气室，在膜片上产生一个向上的推力，当此推力与弹簧力相平衡时，输出压力在一定的值上稳定下来。

若输入压力发生波动，例如压力 p_1 瞬时升高，则输出压力 p_2 也随之升高，作用在膜片的推力增大，膜片上移，向上压缩弹簧，从溢流口3有瞬时溢流，并靠复位弹簧8及气压力的作用，使阀芯上移，阀门开度减小，节流作用增大，使输出压力 p_2 回降，直到重新平衡为止。重新平衡后的输出压力又基本恢复原值。

反之，要是输入压力瞬时降低，则输出压力也跟着相应下降，膜片下移，阀门开度增

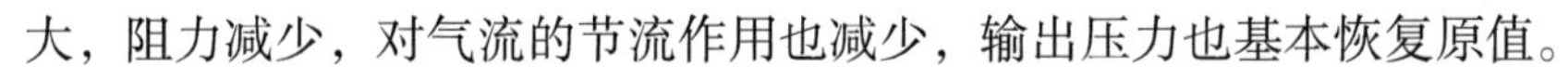

大，阻力减少，对气流的节流作用也减少，输出压力也基本恢复原值。

如执行元件所需的输出压力不变，输出流量有所变化，引起输出压力发生波动（增高或降低）时，依靠溢流口的溢流作用和膜片上力的平衡作用推动阀芯，仍能起稳定作用。

逆时针旋转手柄时，压缩弹簧力不断减小，膜片气室中的压缩空气经溢流口不断从排气孔a排出，进气阀芯逐渐关闭，直至最后输出压力降为零。

2）先导式减压阀

先导式减压阀工作原理

先导式减压阀是使用预先调整好压力的空气来代替直动式调压弹簧进行调压的。其调节原理和主阀部分的结构与直动式减压阀相同。先导式减压阀的调压空气一般是由小型的直动式减压阀供给的。若将这种直动式减压阀装在主阀内部，则称内部先导式减压阀；若将它装在主阀外部，则称外部先导式或远程控制式减压阀。

为了方便操作，安装减压阀时，手柄在上部。

2. 溢流阀

气压传动系统中的溢流阀和安全阀在结构与功能方面基本类似，甚至有时可以不加以区别。溢流阀的作用就是当气动回路及容器里的气体压力上升到超过规定值的时候，能自动向外排气，从而保证系统的安全和正常运行。

当回路中气压上升到所规定的调定压力以上时，气体需经溢流阀排出，以保持输入压力不超过设定值。溢流阀按控制形式分为直动式和先导式两种。

1）直动式溢流阀

直动式溢流阀的工作原理如图11-29（a）所示，当气体作用在阀芯3上的力小于弹簧2的力时，阀处于关闭状态。当系统压力升高，作用在阀芯3上的作用力大于弹簧力时，阀芯向上移动，阀开启并溢流，使气压不再继续升高，而维持在一个调定的值。当系统压力降至低于调定值时，阀又重新关闭。图11-29（b）是该阀的职能图形符号。

2）先导式溢流阀

图11-30所示为先导式溢流阀，用一个小型直动式减压阀或气动定值器作为它的先导阀。工作时，由减压阀减压后的空气从上部C口进入阀内，从而代替了弹簧控制，故不会因调压弹簧在阀不同开度时的不同弹簧力而使调定压力产生变化，阀的流量特性好，但需一个减压阀。先导式溢流阀适用于大流量和远距离控制的场合。

直动式溢流阀工作原理

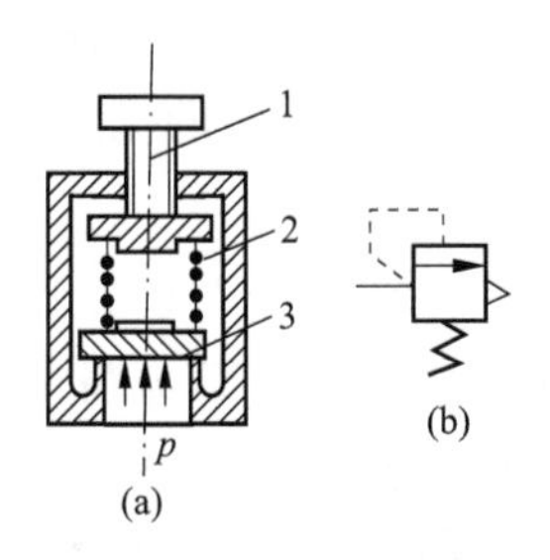

图11-29 直动式溢流阀工作原理

（a）结构；（b）职能图形符号

1—调节杆；2—弹簧；3—阀芯

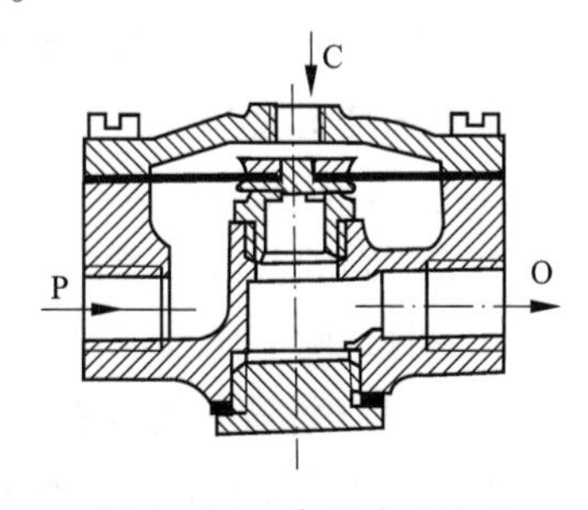

图11-30 先导式溢流阀

3. 顺序阀

利用气路中压力的变化来控制各执行元件按顺序动作的压力阀叫顺序阀。

与液动顺序阀类似，气动顺序阀也是根据调节弹簧的压缩量来控制其开启压力。当输入压力达到顺序阀的调定压力时，阀口打开，有气流输出；反之，阀口关闭，无气流输出。

顺序阀一般很少单独使用，往往与单向阀组合在一起。构成单向顺序阀。

图 11-31（a）为单向顺序阀正向流动的情况。压缩空气由 P 口进入顺序阀体后，单向阀 4 在压差及弹簧 5 的作用下处于关闭状态。作用在活塞 3 上的气压超过压缩弹簧 2 的力时，将活塞顶起，顺序阀打开，压缩空气由 A 输出。如图 11-31（b）所示，反向流动时，输入侧变成排气口，输出侧压力将顶开单向阀 4 由 O 口排气，调节手柄 1 就可改变单向顺序阀的开启压力，以便在不同的空气压力下，控制执行元件的顺序动作。图 11-31（c）是该阀的职能图形符号。

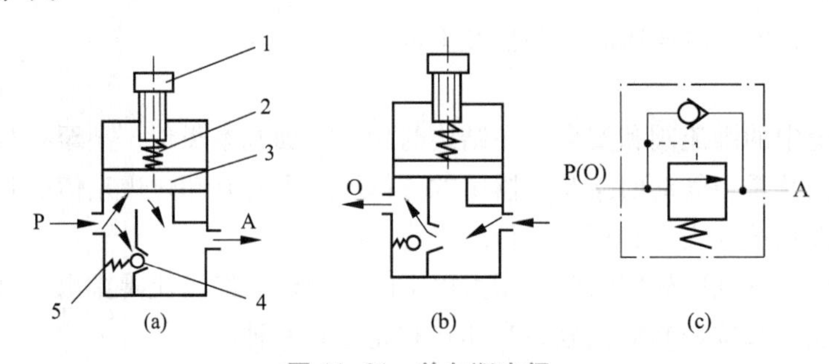

图 11-31　单向顺序阀

（a）正向流动；（b）反向流动；（c）职能图形符号

1—手柄；2—压缩弹簧；3—活塞；4—单向阀；5—单向阀小弹簧

11.4.3　流量控制阀

在气动系统中，控制气缸运动速度的快慢、控制油雾器的滴油量、控制缓冲气缸的缓冲能力等都需要用控制压缩空气的流量来实现。压缩空气流量的调节和控制是通过改变流量控制阀的通流截面积来实现的。现在常用的流量控制阀包括节流阀、单向节流阀和排气节流阀等。

1. 节流阀

节流阀用于调节气体流量的大小，达到满足执行元件对气体流量的要求。对于节流阀调节特性的要求是流量调节范围要大、阀芯的位移量与通过的流量呈线性关系。节流阀节流口的形状对调节特性影响较大。

常用节流阀的节流口形式如图 11-32 所示。图 11-32（a）所示的是针阀式节流口，当阀开度较小时，调节比较灵敏，但超过一定开度时，调节流量的灵敏度就差了；图 11-32（b）所示的是三角槽形式节流口，通流面积与阀芯位移量呈线性关系；图 11-32（c）所示的是圆柱斜切式节流口，通流面积与阀芯位移量呈指数（指数大于 1）关系，能进行小流量精密调节。

如图 11-33 所示的是节流阀的结构原理图及职能图形符号。当压缩空气从 P 口输入时，气流通过节流通道自 A 口输出。旋转阀芯螺杆，就可改变节流口的开度，从而改变阀的流

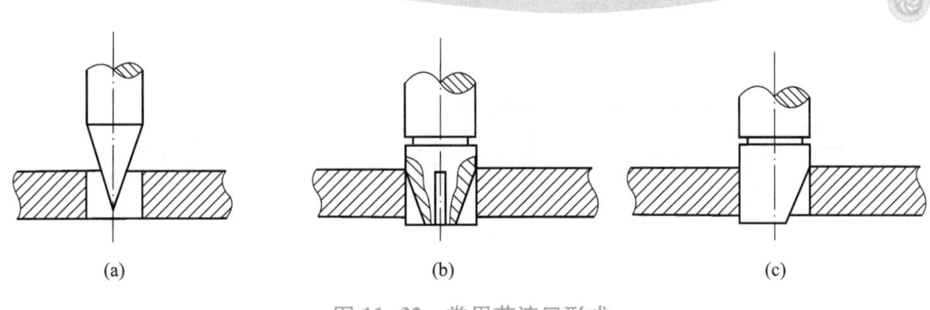

图 11-32 常用节流口形式

（a）针阀式；（b）三角槽形式；（c）圆柱斜切式

通面积，达到调节气体流量的目的。

2. 单向节流阀

单向节流阀是由单向阀和节流阀并联而成的组合式流量控制阀。一般情况下用该阀控制气缸的运动速度，故也称“速度控制阀”。

如图 11-34 所示是单向节流阀的结构图和职能图形符号。当气流正向流动时（P→A），单向阀关闭，流量由节流阀控制；反向流动时（A→O），在气压作用下单向阀被打开，无节流作用。

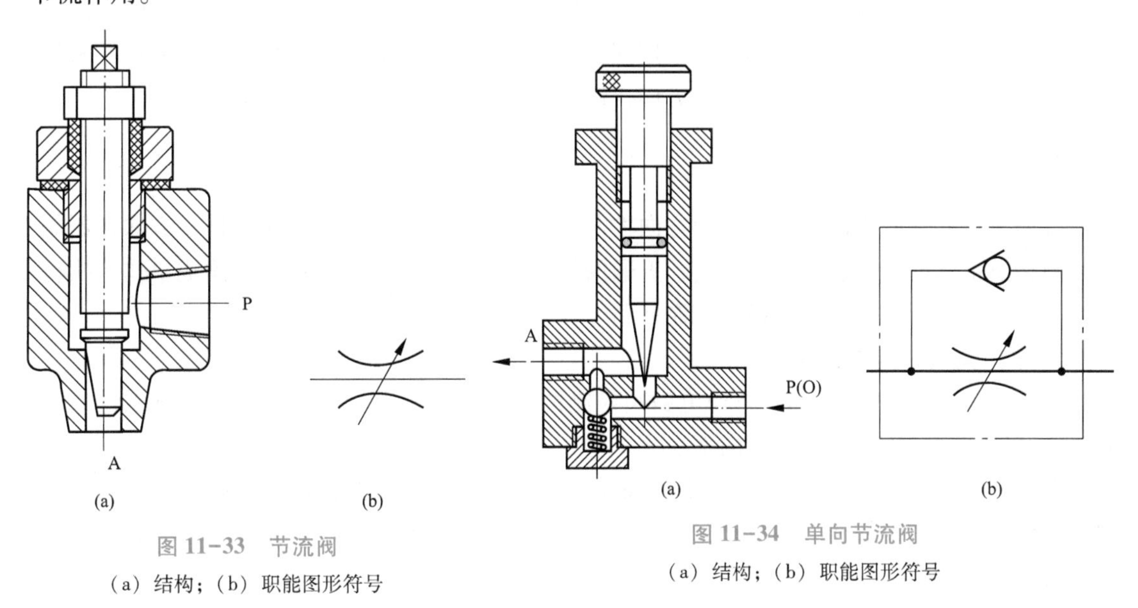

图 11-33 节流阀

（a）结构；（b）职能图形符号

图 11-34 单向节流阀

（a）结构；（b）职能图形符号

若用单向节流阀控制气缸的运动速度，安装时该阀应尽量靠近气缸。当回路中安装单向节流阀时不要将方向装反，否则，不能工作。当对气缸运动稳定性有要求时，要按出口节流方式安装单向节流阀。

3. 排气节流阀

排气节流阀安装在气动装置的排气口处，调节排入大气的流量，达到改变、控制执行元件运动速度的目的。在大多情况下，为了减少排气的噪声，排气节流阀上装有消声器，同时能防止不清洁的气体通过排气孔污染气动元件。

图 11-35 是排气节流阀的结构原理图和职能图形符号。

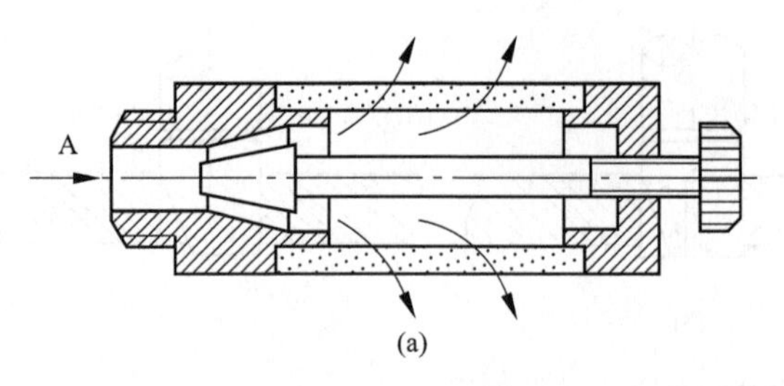

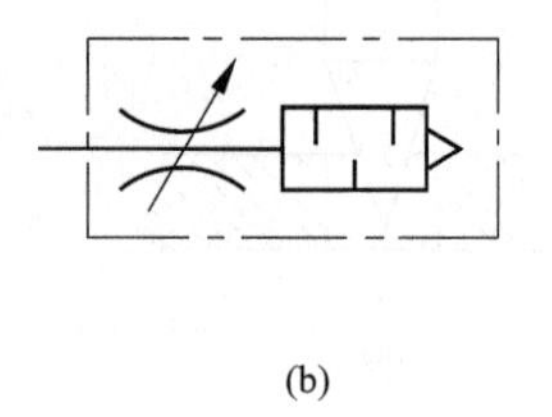

图 11-35 排气节流阀

（a）结构；（b）职能图形符号

11.5 气动基本回路

气压传动系统与液压传动系统一样，都是由各种具有不同基本功能的回路组成的，而且可以相互参考和借鉴。了解气动系统常用回路的类型和功能，合理选择各种气动元件并根据其功能组合成气动回路，实现预定的方向控制、压力控制和位置控制等功能。

11.5.1 换向控制回路

气动执行元件的换向主要是利用方向控制阀来实现的。如同液压系统一样，方向控制阀按照通路数也分为二通、三通、四通、五通阀等，利用这些方向控制阀可以构成单作用执行元件和双作用执行元件的各种换向控制回路。

1. 单作用气缸换向回路

图 11-36（a）所示为二位三通电磁阀控制的单作用气缸上行、下行回路。电磁铁通电时，气缸杆向上；反之，气缸杆向下。

图 11-36（b）所示为三位四通电磁阀控制的单作用气缸回路，可以控制气缸上、下和停止。该阀在两磁铁都断电时自动对中，能使气缸停止在任何位置，但定位精度不高，并且定位时间不长。

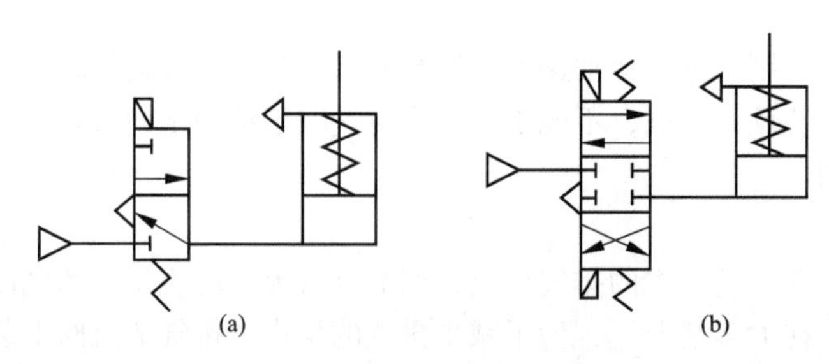

图 11-36 单作用气缸换向回路

（a）单作用气缸上行、下行回路；（b）单作用气缸上、下和停止回路

2. 双作用气缸换向回路

如图 11-37 所示为各种双作用气缸的换向回路，在实际中，可以根据执行元件的动作与操作方式等，对这些回路进行灵活选用和组合。

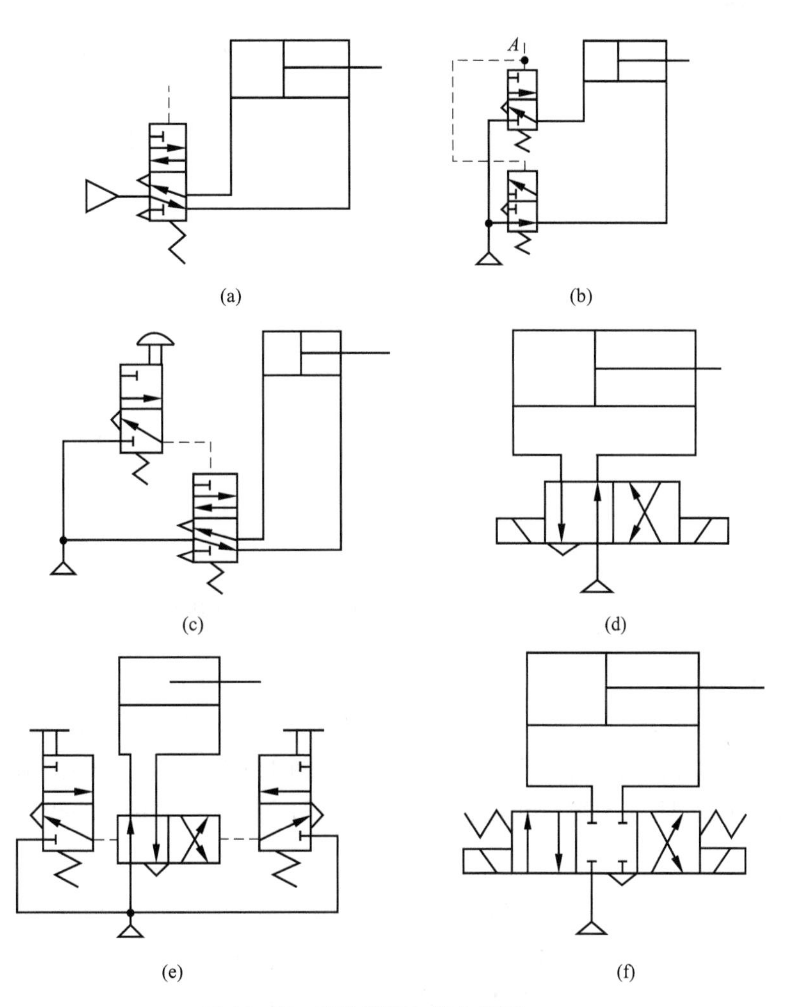

图 11-37　双作用气缸换向回路

（a）简单换向（二位五通）；（b）两个二位三通换向（气控 A）；（c）二位三通控制二位五通换向；（d）二位四通电磁换向（只能单边通电，不能两边同时通电）；（e）两个二位三通控制二位四通换向（只能单边手动压下按钮，不能同时压下）；（f）三位四通电磁换向（有“中停”功能）

11.5.2　压力控制回路

对系统压力进行调节和控制的回路称为压力控制回路。压力控制回路是使气动系统中有关回路的压力保持在一定的范围内，或者根据需要使回路得到高、低不同的空气气体压力的基本回路。

1. 一次压力控制回路

如图 11-38 为一次压力控制回路，也称气源压力控制回路。

图 11-38（a）所示是用安全阀 1 保持供气压力基本恒定，用电触点压力表 3 来控制空气压缩机的转、停，使储气罐内压力保持在规定的范围内。

图 11-38（b）是用压力继电器替代了图 11-38（a）中的电触点压力表，其他部分的工作原理都是一样的。

一次压力控制回路一般用于对小型空压机的控制，主要作用是控制储气罐内的压力。

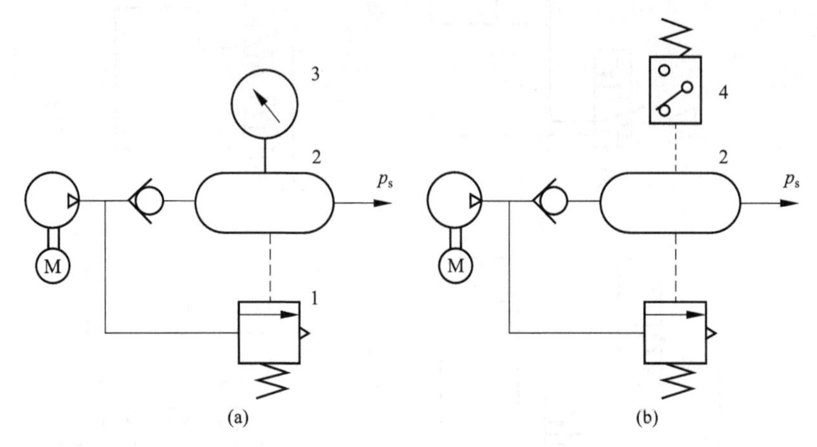

图 11-38　一次压力控制回路

（a）用安全阀保持气压恒定；（b）用压力继电器代替电触点压力表

1—安全阀；2—储气罐；3—电触点压力表；4—压力继电器

2. 二次压力控制回路

如图 11-39 所示为二次压力控制回路，利用溢流式减压阀来实现定压控制。二次压力回路的主要作用是控制气动控制系统的气源压力。图 11-39（a）是控制回路，由分水滤气器、减压阀和油雾器等元件联合组成，并且已经有组合件生产。图 11-39（b）是该回路的职能图形符号。

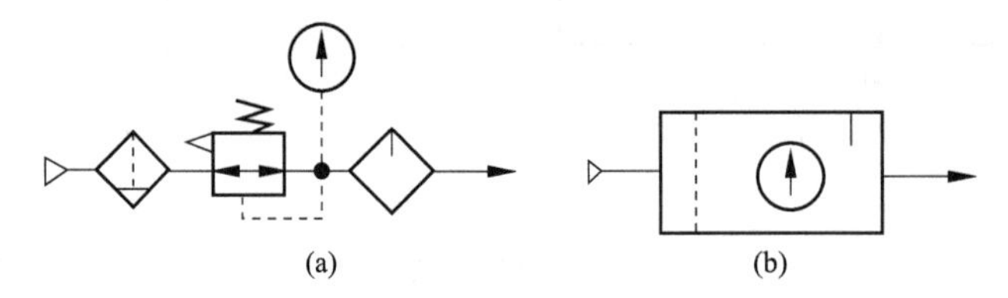

图 11-39　二次压力控制回路

（a）控制回路；（b）职能图形符号

3. 高、低压转换回路

如图 11-40（a）所示为利用减压阀控制高低压力输出的回路。在回路中，利用两个减压阀分别、同时输出不同的气体压力。图 11-40（b）是用换向阀控制输出气动装置所需要的压力，该回路适用于负载差别较大的场合。

11.5.3　速度控制回路

控制气动执行元件运动速度的一般方法是控制进入或排出执行元件的气流量。因此，利

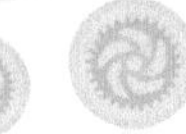

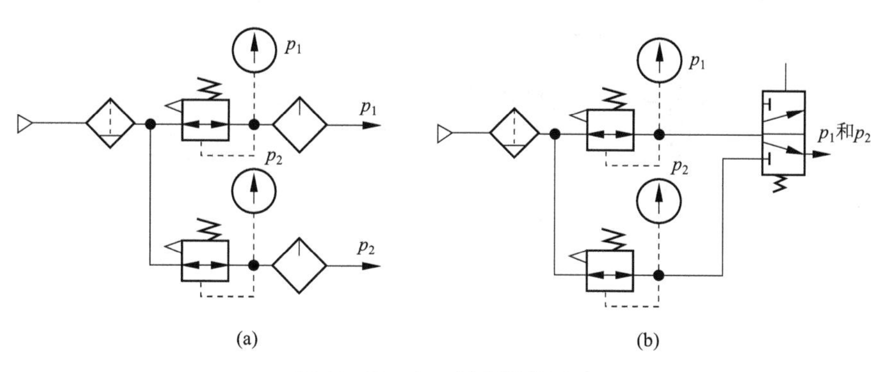

图 11-40　高、低压转换回路

（a）由减压阀控制高低压输出回路；（b）用换向阀选择高低压回路

用流量控制阀来改变进气管、排气管的有效截面积，就可以实现速度控制。

1. 单作用气缸速度控制回路

1）节流阀调速

如图 11-41（a）所示为两只反向安装的单向节流阀，通过调节各单向节流阀的气体流量，可以分别控制活塞杆伸出和退回的运动速度。

2）快排气阀节流调速

如图 11-41（b）所示为气缸的活塞杆上升时可以通过节流阀调速，活塞杆下降时通过快排气阀排气，实现快速退回。

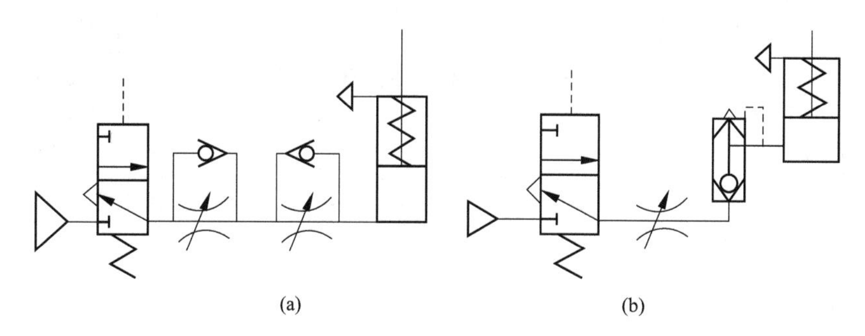

图 11-41　单作用气缸速度控制回路

（a）双向速度控制；（b）单向速度控制

2. 双作用气缸的速度控制回路

如图 11-42（a）、（b）所示的均为双向排气节流调速回路。

在气压系统中，采用排气节流调速的方法控制气缸运动的速度，活塞的运动速度比较平稳，振动小，比进气节流调速效果要好。

图 11-42（a）、（b）表示的双作用气缸的调速回路从原理上没有什么区别，只是图 11-42（a）所示的是换向阀前节流控制回路，采用单向节流阀。图 11-42（b）所示的为换向阀后节流控制回路，采用排气节流阀。

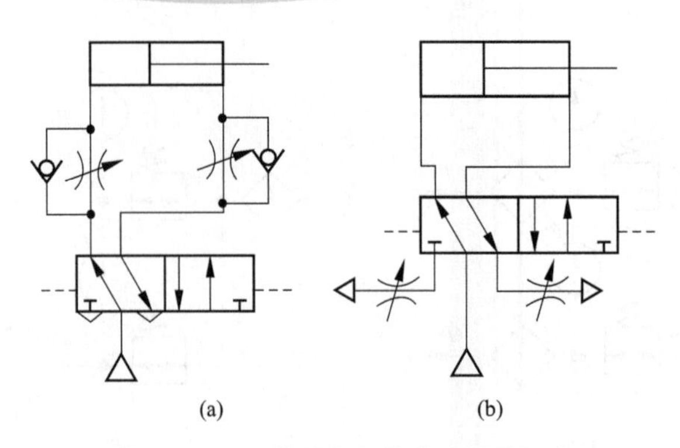

图 11-42 双作用气缸的速度调节回路

（a）换向阀前节流控制；（b）换向阀后节流控制

11.5.4 位置控制回路

位置控制回路的功用在于控制执行元件在预定或任意位置停留。

如图 11-43（a）所示为用缓冲挡铁的位置控制回路。靠缓冲器 1 使活塞在预定位置之前缓冲，最后由定位块 2 强迫小车停止。该回路结构简单，但有冲击振动，小车与挡铁经常碰撞、磨损，对定位精度有影响，适用于惯性负载较小，且运动速度不高的场合。

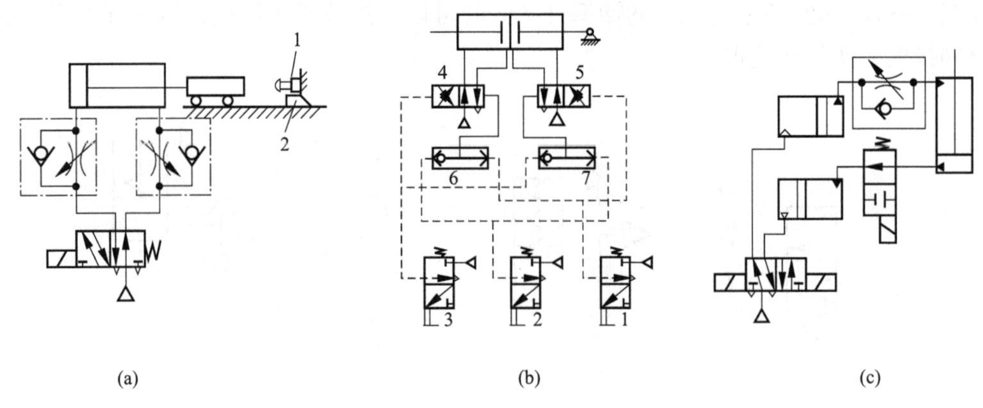

图 11-43 位置控制回路

（a）挡铁控制回路；（b）二位阀和多位缸控制回路；（c）气液转换器控制回路

图（a）：1—缓冲器；2—定位块

图（b）：1，2，3—手动阀；4，5—换向阀；6，7—梭阀

图 11-43（b）为用二位阀和多位缸的位置控制回路。人工控制手动阀 1、2、3，经梭阀 6、7 控制两个换向阀 4 和 5。比如：当阀 2 动作时，两活塞杆都缩回；阀 1 或 3 动作时，两活塞杆一伸一缩。这类回路一般用于流水线上对物品进行检测、分选等。

图 11-43（c）为用气液转换器的位置控制回路。利用二位二通阀可使液压缸活塞停留在任意位置。该回路适用于要求定位精度较高的场合。

11.5.5　同步控制回路

在气动系统中，有时需要两个或两个以上的气压执行机构以相同的速度移动或在预定的位置同时停下，即若干执行机构的动作保持同步。由于气体的可压缩性大及负载的变化等因素，要使它们保持同步并非易事。

能控制两个或两个以上的气压执行机构同时动作的回路叫同步控制回路。

1. 利用机械连接的同步控制回路

将两个气缸的活塞杆通过机械结构连接在一起，从理论上讲，此方法可以实现最可靠的同步动作。

图11-44（a）所示的同步装置是使用齿轮齿条将两只气缸的活塞杆连接起来，使其同步动作。

图11-44（b）为使用连杆结构连接起来的气缸同步装置。

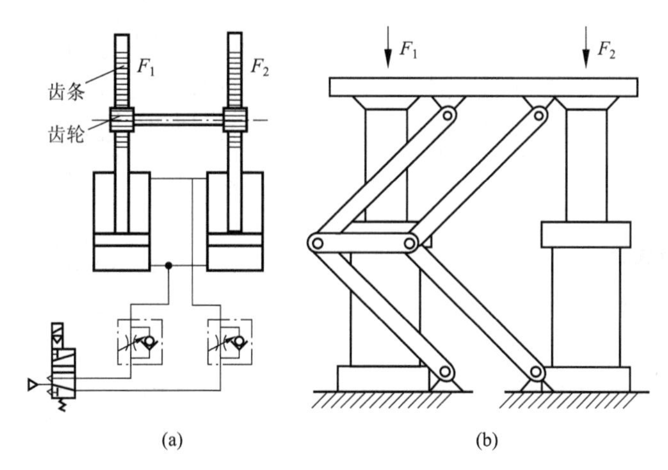

图11-44　利用机械连接的同步控制

（a）使用齿轮齿条；（b）使用连杆结构

对于机械连接同步控制来说，其缺点是机械误差会影响同步精度，且两个气缸的位置距离不能太大，机构较复杂。

2. 利用节流阀的同步控制回路

图11-45所示为采用出口节流调速的同步控制回路，分别用节流阀4、6控制气缸1、2同步上升，用节流阀3、5控制气缸1、2同步下降。采用该同步控制方法，如果气缸缸径相对于负载来说足够大，工作压力足够高的话，则可以取得一定程度的同步效果；否则，同步效果不好。

利用节流阀的同步方法是最简单的同步控制方法，但它不能适应负载 F_1、F_2 变化的场合，即当负载变化时，同步精度要降低。

3. 采用气液联动缸的同步控制回路

对于负载运动过程中有变化，且要求运动平稳的场合，使用气液联动缸可取得较好的效果。

如图11-46所示为使用两个气缸和液压缸串联而成的气液缸的同步控制回路。图中工作平台上施加了两个不相等的负载 F_1 和 F_2，且要求水平升降，当回路中电磁阀 7 的 1YA 通电时，阀 7 左位工作，压力气体流入气液缸 1、2 的下腔中，克服负载 F_1 和 F_2 推动活塞上升。此时，在从梭阀 6 来的先导压力作用下，常开型两通阀 3、4 关闭，使气液缸 1 的油缸上腔的油被压入气液缸 2 的油缸下腔，气液缸 2 的油缸上腔的油被压入气液缸 1 的油缸下腔，从而使它们保持同步上升。同样，当电磁阀 7 的 2YA 通电时，可使气液联动缸向下的运动保持同步。

由于泄漏造成的液压油不足可以从油箱 5 得到自动补充。为了排出液压缸中的空气，设置了放气塞 8 和 9。

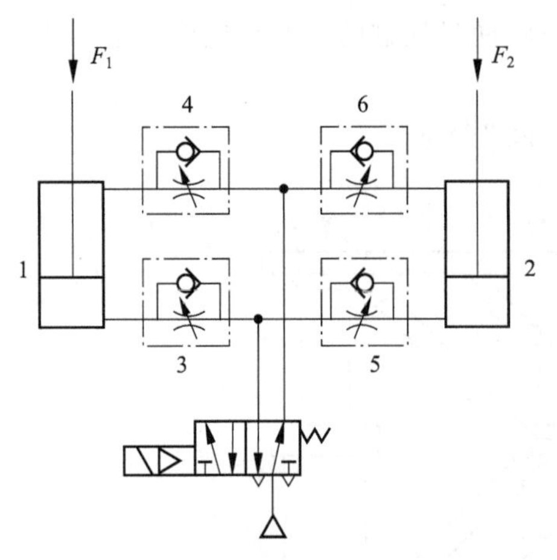

图 11-45　利用节流阀的同步控制回路

1，2—气缸；3，4，5，6—节流阀

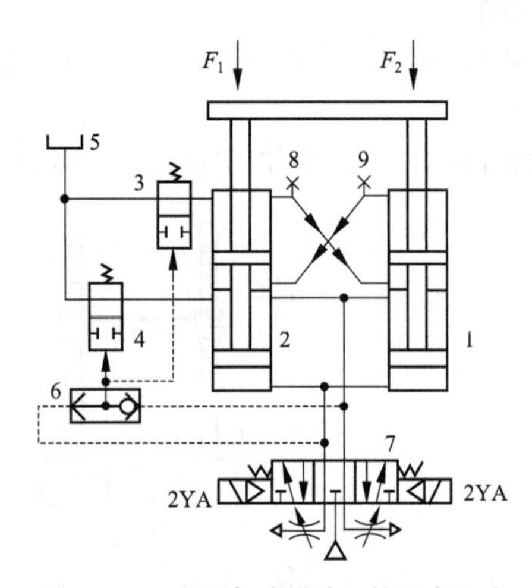

图 11-46　采用气液联动缸的同步回路

1，2—气液缸；3，4—两通阀；5—油箱；6—梭阀；7—电磁阀；8，9—放气塞

11.6　气动系统应用与分析

在工业生产飞速发展的今天，气压传动技术是实现工业生产自动化和半自动化的方式之一。由于气压传动的介质是空气，所以使用安全、可靠，能在高温、振动、腐蚀、易燃、易爆、多尘埃、强磁、辐射等恶劣的环境、气候下工作，因此气压传动技术使用日益广泛。

本节选取在实际工程中应用的气压传动技术的例子，帮助我们学会阅读和分析气压传动系统的步骤和方法。

11.6.1　工件夹紧气压传动系统

如图 11-47 所示为机械加工自动线、组合机床中常用的工件夹紧气压传动系统原理图。其工作原理是：当工件运行到指定位置后，垂直缸 A 的活塞首先伸出（向下）将工件定位

锁紧后，两侧的气缸 B 和 C 的活塞杆再同时伸出，对工件进行两侧夹紧，然后进行机械加工，加工完成后各夹紧缸退回，将工件松开。

专用夹具夹紧机构

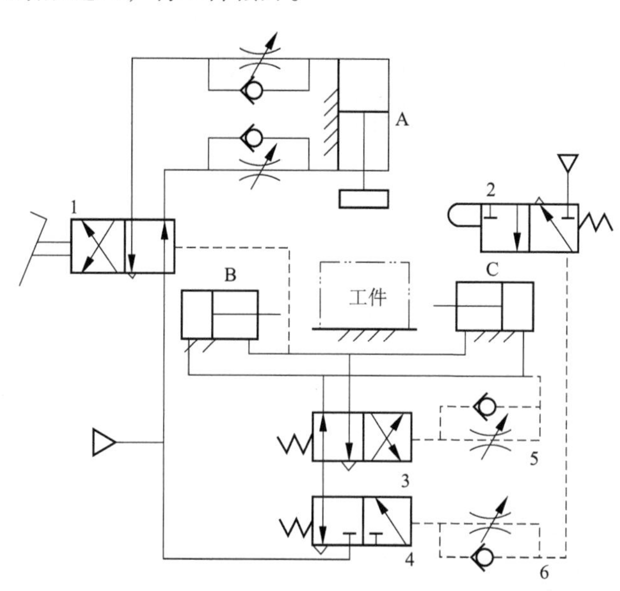

图 11-47 机床夹具的气动夹紧系统原理图

1—脚踏换向阀；2—行程阀；3，4—换向阀；5，6—单向节流阀

具体工作原理如下：当用脚踏换向阀 1，压缩空气进入缸 A 的上腔，使夹紧头下降夹紧工件的同时，压下行程阀 2 时，压缩空气经单向节流阀 6 进入二位三通气控换向阀 4 的右侧，使阀 4 换向（调节节流阀开口可以控制阀 4 的延时接通时间），压缩空气通过主控阀 3 进入两侧气缸 B 和 C 的无杆腔，使气缸 B、C 活塞杆伸出而夹紧工件，然后开始机械加工，同时流过主控阀 3 的一部分压缩空气经过单向节流阀 5 进入主控阀 3 右端，经过一段时间（由节流阀控制）后，机械加工完成，主控阀 3 右位接通，两侧气缸退到原来位置。同时，一部分压缩空气作为信号进入脚踏阀 1 的右端，使阀 1 右位接通，压缩空气进入缸 A 的下腔，使夹紧头退回原位。夹紧头上升的同时使机动行程阀 2 复位，气控换向阀 4 也复位（此时主控阀 3 仍为右位接通），由于气缸 B、C 的无杆腔通大气，主控阀 3 自动复位到左位，完成一个工作循环。

该回路只有再次踏下脚踏阀 1 才能开始下一个工作循环。

11.6.2 数控加工中心气动换刀系统

如图 11-48 所示为某数控加工中心气动换刀系统原理图，通过该系统要实现主轴定位、主轴松刀、拔刀、向主轴锥孔吹气和插刀动作。

具体控制、动作过程如下：当数控系统发出换刀指令时，主轴停止旋转，同时 4YA 通电，压缩空气经气动三联件 1、换向阀 4、单向节流阀 5 进入主轴定位缸 A 的右腔，缸 A 的活塞左移使主轴自动定位。定位后压下开关，使 6YA 通电，压缩空气经换向阀 6、快速排气阀 8 进入气液增压缸 B 的上腔，增压腔的高压使活塞伸出，实现主轴松刀，同时使 8YA 通电，压缩空气经换向阀 9、单向节流阀 11 进入缸 C 的上腔，缸 C 下腔排气，活塞下移实现

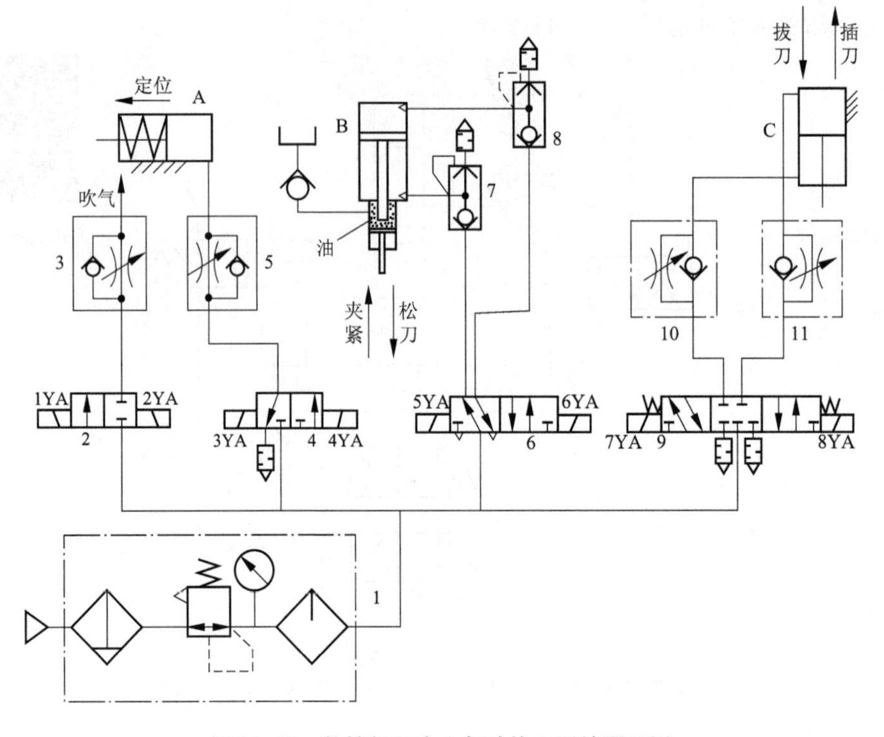

图 11-48　数控加工中心气动换刀系统原理图

1—气动三联件；2，4，6，9—换向阀；3，5，10，11—单向节流阀；7，8—梭阀

拔刀。由回转刀库交换刀具，同时1YA通电，压缩空气经换向阀2、单向节流阀3向主轴锥孔吹气。稍后1YA断电、2YA通电，停止吹气，8YA断电、7YA通电，压缩空气经换向阀9、单向节流阀10进入缸C的下腔，活塞上移，实现插刀动作。6YA断电、5YA通电，压缩空气经阀6进入气液增压缸B的下腔，使活塞退回，主轴的机械机构使刀具夹紧。4YA断电、3YA通电，缸A的活塞靠弹簧力作用下复位，换刀结束。

11.6.3　气动拉门自动、手动开闭系统

如图11-49所示，利用超低气动阀来检测人的踏板动作。在拉门内、外装踏板6和11，踏板下方装有完全封闭的橡胶管，管的一端与超低压气动阀7和12的控制口连接。当人站在踏板上时，橡胶管内压力上升，超低压气动阀产生动作。

首先使手动换向阀1上位接入工作状态，空气通过气动换向阀2、单向节流阀3进入主缸4的无杆腔，将活塞杆推出（门关闭）。当人由内向外时，踏在内踏板6上，气动控制阀7动作，使梭阀8下面的通口关闭，上面的通口接通，压缩空气通过梭阀8、单向节流阀9和气罐10使气动换向阀2换向，进入气缸4的有杆腔，活塞左退，门打开。

当人站在外踏板11上时，超低压控制阀12动作，使梭阀8上面的通口关闭，下面的通口接通，压缩空气通过梭阀8、单向节流阀9和气罐10使气动换向阀2换向，进入气缸4的有杆腔，活塞左退，门打开。

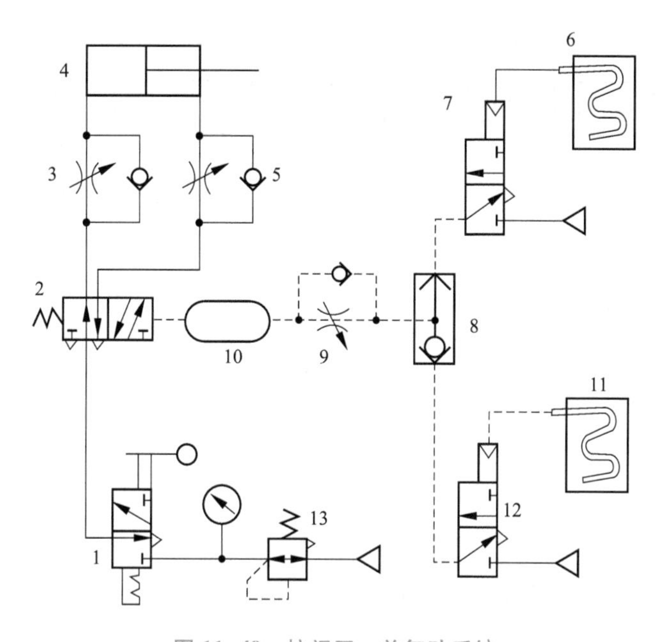

图 11-49 拉门开、关气动系统

1—手动换向阀；2—气动换向阀；3，5，9—单向节流阀；4—气缸；6，11—踏板；
7，12—气动换向阀；8—梭阀；10—气罐；13—减压阀

人离开踏板 6、11 后，经过延时（由节流阀控制）后，气罐 10 中的空气经单向节流阀 9、梭阀 8 和阀 7、12 放气，阀 2 换向，气缸 4 的无杆腔进气，活塞杆伸出，拉门关闭。

该回路利用逻辑“或”的功能进行控制，回路比较简单，很少产生误动作。人们不论从门的哪一边进出均可。减压阀 13 可使关门的力度自由调节，十分便利。如将手动阀复位，则可变为手动门。

11.6.4 车门气动安全操纵系统

如图 11-50 所示为汽车车门安全操纵回路系统原理图。

该系统能控制汽车车门开、关，且当车门在关闭过程中遇到障碍时，能使车门再自动开启，起安全保护作用。

气缸 12 中活塞的往复直线运动实现门的开、关，气缸用气控换向阀 9 来控制，而气控换向阀又由 1、2、3、4 四个按钮式换向阀操纵，气缸运动速度的快慢由单向节流阀 10 或 11 来调节。通过操纵阀 1 或 3 使车门开启，操纵阀 2 或 4，使车门关闭，起安全保护作用的机动控制换向阀 5 安装在车门上。

需开门时，操纵手动阀 1 或 3，压缩空气便经阀 1 或 3 到梭阀 7 和 8，把气压控制信号送到阀 9 的 a 侧。压缩空气便经阀 9 左位和阀 10 中的单向阀到气缸有杆腔，推动活塞而使车门开启。

需关门时，操纵手动阀 2 或 4，压缩空气则经阀 2 或 4 到梭阀 6，把气压控制信号送到阀 9 的 b 侧，压缩空气则经阀 9 右位和阀 11 中的单向阀到气缸的无杆腔，使车门关闭。

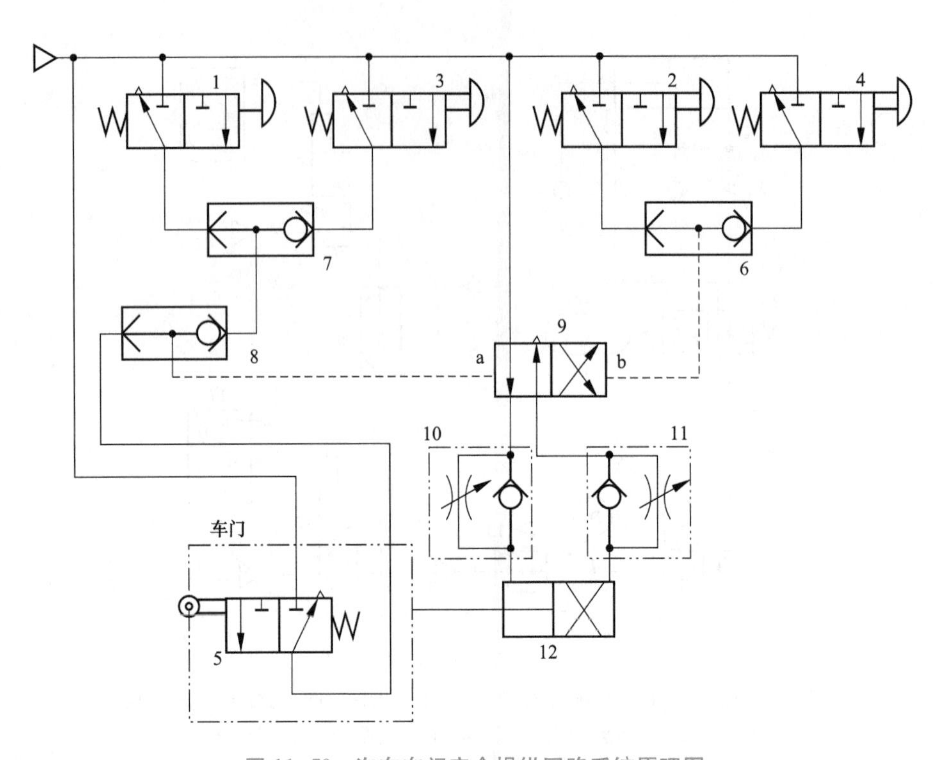

图 11-50　汽车车门安全操纵回路系统原理图

1，2，3，4—按钮换向阀；5—机动换向阀；6，7，8—梭阀；9—气控换向阀；10，11—单向节流阀；12—气缸

在关门过程中若碰到障碍物，便推动机动阀 5，使压缩空气经阀 5 把控制信号经阀 8 送到阀 9 的 a 端，使车门重新开启。但是，若阀 2 或阀 4 仍然保持按下状态，则阀 5 起不到自动开启车门的安全作用。

思考题与习题

11-1　简述气压传动系统的结构及各部分的作用。

11-2　简述活塞式空气压缩机的工作原理。

11-3　气源为什么要净化？气源装置主要由哪些元件组成？

11-4　气动三联件包括哪三个元件？它们的安装顺序如何？

11-5　气缸有哪些种类？各自有哪些特点？

11-6　单作用气缸的内经 $D=63$ mm，复位弹簧的最大反力为 150 N，工作压力 $p=0.5$ MPa，气缸的效率是 0.4，该气缸的推力是多大？

11-7　油雾器为什么可以在不停气的状态下加油？

11-8　什么是一次压力控制回路？什么是二次压力控制回路？

11-9　什么叫作气液联动？

11-10　分析图所示回路的工作过程，并指出元件的名称。

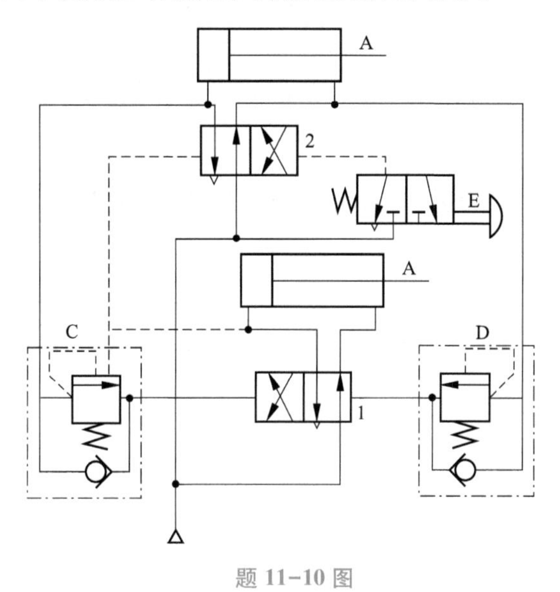

题 11-10 图

附录　常用液压与气动元件图形符号

（GB/T 786.1—1993 摘录）

表 1　基本符号、管路及连接

名　称	符　号	名　称	符　号
工作管路		管端连接于油箱底部	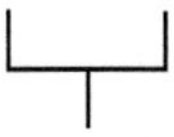
控制管路 泄漏管路		密闭式油箱	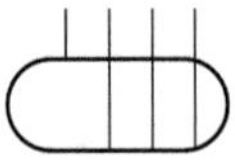
连接管路	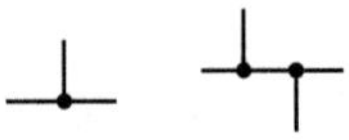	直接排气	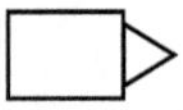
交叉管路	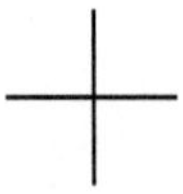	带连接排气	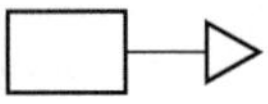
柔性管路		带单向阀快换接头	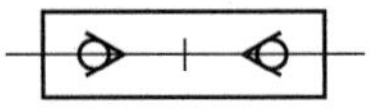
组合元件线		不带单向阀快换接头	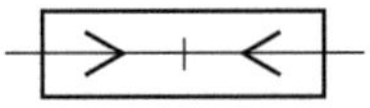
管口在液面以上的油箱	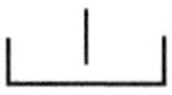	单通路旋转接头	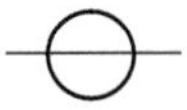
管口在液面以下的油箱	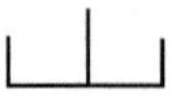	三通路旋转接头	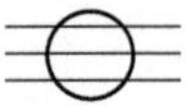

表 2　泵、马达和缸

名　称	符　号	名　称	符　号
单向定量液压泵		定量液压泵、马达	
双向定量液压泵		变量液压泵、马达	
单向变量液压泵		液压整体式传动装置	
双向变量液压泵		摆动马达	
单向定量马达		单作用弹簧复位缸	
双向定量马达		单作用伸缩缸	
单向变量马达		双作用单活塞杆缸	
双向变量马达		双作用双活塞杆缸	
单向缓冲缸		双作用伸缩缸	
双向缓冲缸		增压器	

表3　控制机构和控制方法

名　称	符　号	名　称	符　号
按钮式人力控制		单向滚轮式机械控制	
手柄式人力控制		单作用电磁控制	
踏板式人力控制		双作用电磁控制	
顶杆式机械控制		电动机旋转控制	M
弹簧控制		加压或泄压控制	
滚轮式机械控制		内部压力控制	
外部压力控制		电液先导控制	
气压先导控制		电气先导控制	
液压先导控制		液压先导泄压控制	
液压二级先导控制		电反馈控制	
气液先导控制		差动控制	

表 4　控制元件

名　称	符　号	名　称	符　号
直动型溢流阀		溢流减压阀	
先导型溢流阀		先导型比例 电磁式溢流阀	
先导型比例 电磁溢流阀		定比减压阀	
卸荷溢流阀		定差减压阀	
双向溢流阀		直动型顺序阀	
直动型减压阀		先导型顺序阀	
先导型减压阀		单向顺序阀（平衡阀）	
直动型卸荷阀		集流阀	
制动阀		分流集流阀	

续表

名　称	符　号	名　称	符　号
不可调节流阀		单向阀	
可调节流阀		液控单向阀	
可调单向节流阀		液压锁	
减速阀		或门型梭阀	
带消声器的节流阀		与门型梭阀	
调速阀		快速排气阀	
温度补偿调速阀		二位二通换向阀	
旁通型调速阀		二位三通换向阀	
单向调速阀		二位四通换向阀	

续表

名 称	符 号	名 称	符 号
分流阀		二位五通换向阀	
三位四通换向阀		四通电液伺服阀	
三位五通换向阀			

表 5 辅助元件

名 称	符 号	名 称	符 号
过滤器		气罐	
磁芯过滤器		压力计	
污染指示过滤器		液面计	
分水排水器		温度计	
空气过滤器		流量计	

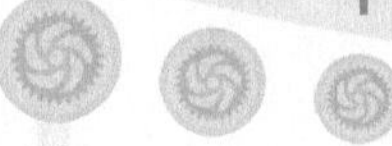

续表

名　称	符　号	名　称	符　号
除油器		压力继电器	
空气干燥器		消声器	
油雾器		液压源	
气源调节装置		气压源	
冷却器		电动机	M
加热器		原动机	M
蓄能器		气-液转换器	

参 考 文 献

[1] 曹建东，龚肖新．液压传动与气动技术［M］．北京：北京大学出版社，2006.
[2] 张宏友．液压与气动技术［M］．大连：大连理工大学出版社，2004.
[3] 贾铭新．液压传动与控制［M］．北京：国防工业出版社，2001.
[4] 张群生．液压与气压传动［M］．北京：机械工业出版社，2001.
[5] 邹建华，吴定智，许小明．液压与气动技术基础［M］．武汉：华中科技大学出版社，2006.
[6] 马振福．液压与气压传动［M］．北京：机械工业出版社，2004.
[7] 沈兴全，吴秀玲．液压传动与控制［M］．北京：国防工业出版社，2005.
[8] 左建民．液压与气压传动［M］．北京：机械工业出版社，1999.
[9] 李笑．液压与气压传动［M］．北京：国防工业出版社，2006.
[10] 王晓方．液压与气动技术［M］．北京：中国轻工业出版社，2006.
[11] 雷秀．液压与气压传动［M］．北京：机械工业出版社，2005.
[12] 赵波，王宏元．液压与气动技术［M］．北京：机械工业出版社，2005.
[13] 姜佩东．液压与气压传动技术［M］．北京：高等教育出版社，2005.
[14] 雷天觉．新编液压工程手册［M］．北京：北京理工大学出版社，1998.
[15] 陆望龙．实用液压机械故障排除与修理大全［M］．长沙：湖南科学技术出版社，1997.